哈佛大学的
八堂建筑课

RAFAEL MONEO

Theoretical Anxiety and
Design Strategies in
the Work of Eight
Contemporary Architects

[西]拉菲尔·莫内欧
Rafael Moneo 著
重庆大学建筑城规学院
翻译组 译

重庆大学出版社

献给 B.F.，他令我获益匪浅，
他对建筑学的一片赤诚
亦令我深表感佩。

翻译委员会名单（按姓氏音序排序）：

郭璇

黄海静

黄瓴

焦洋

卢峰

杨宇振

杨震

曾引

为方便读者阅读，本书将以章节为单位添加必要的英文注释。

目录

前言

我一直认为建筑学院必须要关注当代发生的事情，关注那些终将进入奥林匹斯殿堂的建筑师们。因此，90年代初我在哈佛大学设计研究生院（Graduate School of Design）开设了一门关于当代建筑师作品的课程。这些建筑师中，有几位是我的前辈和师长，还有几位是我欣赏的同事和朋友。

本书是针对詹姆斯·斯特林（James Stirling）、罗伯特·文丘里（Robert Venturi）、丹妮斯·斯科特·布朗（Denise Scott Brown）、阿尔多·罗西（Aldo Rossi）、彼得·埃森曼（Peter Eisenman）、阿尔瓦罗·西扎（Álvaro Siza）、弗兰克·盖里（Frank O. Gehry）、雷姆·库哈斯（Rem Koolhaas）、赫尔佐格和德梅隆（Herzog & de Meuron）的作品，在理论的焦虑和设计策略的主题下进行的详细的探讨。使用"焦虑"（Anxiety）一词，是因为近年来的建筑研究已经逐渐转向反思和批判，而不再局限于对系统性理论的阐述。罗伯特·文丘里的著作《建筑的复杂性与矛盾性》（*Complexities and Contradictions in Architecture*）可以佐证这一点。它由严苛的检验导向批判性的反思，严格来说，这是一种关于焦虑的理论研究或表达，而非理论。与之相反的是，阿尔多·罗西的《城市建筑》（*The Architecture of the City*）则反映了建筑师企图从都市理论入手，却最终沉迷于纯粹个人情感宣泄的戏剧性转变。基于此，我们对罗西的著作的欣赏并不在于

其对理论发展的贡献，而在于其为建筑师个人观点的表达和文字阐述提供了范例。当谈到彼得·埃森曼的著作时，理论的焦虑就比理论更为准确了。他的著作揭示了建筑师将当代哲学中的概念转换为建筑概念的智慧。至于雷姆·库哈斯，理解《癫狂的纽约》（*Delirious New York*）——迄今为止他最有价值的著作——便非常重要。该书由多篇小论文构成，包含了他对隐含在摩天大楼城市的建筑原则的原创性、个性化的思考。另一个需要解释的术语是"策略"（Strategies）。在这里，"策略"指的是反复出现在建筑师作品中，用来进行建构的机制、程序、范例和形式手法。当我提到形式的机制时，我同时想到了詹姆斯·斯特林在建筑中考虑平面和剖面的操作，以及弗兰克·盖里对建筑形式的呈现方法。也许对于阿尔瓦罗·西扎及赫尔佐格和德梅隆等建筑师而言，应用"策略"这一术语进行分析会比较困难，但是考虑到前者极为个性化的建筑语汇和后者对特定材料的追求，我认为他们也可以在"策略"的语义下一同被讨论。

解释完书名，接下来阐述对这些不同的建筑师分组论述的原因。我的目标是研究那些在当代最具影响力、在20世纪最后25年引起建筑学学生们的兴趣、作品受到广泛讨论、被诸多书著提及、形成广泛共识的建筑师。我必须从詹姆斯·斯特林开始，他促使我努力将20世纪60年代初仍活跃的、所谓前卫主义的语言学遗产与后来出现的

复杂性倾向联系起来。虽然时下鲜有人谈论他，但所有关于当代建筑演变的研究都必须从斯特林开始。

斯特林之后是罗伯特·文丘里和阿尔多·罗西。这两位建筑师通常被一同讨论，因为他们的著作《建筑的复杂性与矛盾性》和《城市建筑》同在1966年出版。但是，美国建筑师必须排在意大利建筑师之前，因为文丘里的影响是即刻的，他在60年代和70年代早期极具影响力，而罗西的作品尽管在欧洲影响广泛，但直到70年代末才在美国传播开来。这两位建筑师都通过自己的作品来阐述他们的理念。文丘里以他所建设起来的领域为起点，试图探索这个学科，并展现其抗拒常规、追求个性的特点。相反，罗西在解码解释城市建筑的关键之后才试图建立学科准则。这两者都对数十年间的建筑思想产生了影响，直至今日。

认为理论先于实践，是彼得·埃森曼这样的建筑师的特点。1972年出版的纽约建筑师作品合集《五位建筑师》（*Five Architects*）中作品背后的理论便出于埃森曼，他也是建筑与城市研究会（Institute of Architecture and Urban Studies）和《对立》（*Oppositions*）期刊成立的先驱，因此在美国建筑文化中扮演了重要的角色。虽然有时会被误解，但从未被忽视，埃森曼的理论著作在本书所要讨论的具有影响力的建筑师中占有重要的位置。

阿尔瓦罗·西扎和弗兰克·盖里主导了80年代的建筑界。对他们而言，理论让位给了通过实际建成作品来解释的建筑。虽然盖里年长几岁，我还是先介绍西扎。他的建筑作品一直被大家欣赏，并在职业生涯的早期就被意大利杂志发现，对欧洲建筑文化产生了影响。他的作品始终受到广泛关注，可以说，他的理念一直在随着时间演化，而未抛弃早期的理论和社会承诺。盖里则经过了一些时日才得到大家的重视，但他对80年代建筑的影响是毋庸置疑的。他审慎的实用主义，加之超脱了任何背景参照的对材料和形式的创新应用手法，立刻使他成为一名公认的著名建筑师。我们将回溯这段难以置信的经历，见证他从一名煽动性的、处于边缘的建筑师，成为90年代学院最受喜爱的建筑师的过程。这十年间，以毕尔巴鄂古根海姆博物馆为代表的一系列工作，确立了他职业生涯的巨大转变。

理论和业界的关注点在这十年间发生了巨大变化，雷姆·库哈斯是这个变化的典范。库哈斯希望建筑师们重新发现开发商建造的建筑中不言自明的合理性，摆脱自身作为专业人士的偏见。他认为，在那里，有鲜活的建筑根源，并未被鼓吹"文雅建筑"的理论的焦虑所扭曲；在那里，有通往全球化世界的建筑之钥，而不用抱着过去世代那样的怀旧心态来对待历史。早在1978年出版的《癫狂的纽约》，在90年代再次激起了反响。此外，他还出版了极受欢迎的 *S, M, L, XL*，此书成为一种更注重影像和图片，而非文字的新兴书籍类型。

与库哈斯形成对比的是赫尔佐格和德梅隆的早期作

品，他们认为自然具有的纯粹性非人所能及。这与极简主义艺术家们心中的象征世界具有明显的联系，复兴了建筑师和画家作品之间的关联性。赫尔佐格和德梅隆很快在建筑院校产生了影响。他们处理各种问题和适应各异环境的能力，是学生们对他们的作品如此关注的原因。他们无疑是我认为屈指可数的最具影响力的建筑师之一。

说明了选择建筑师的原因后，我想再简述一下这些课程成书的过程。正如之前所说，上述内容被作为哈佛大学设计研究生院1992—1993学年和1993—1994学年的一门课程。1995年11月，受佩莱兹（José Manuel López Peláez）邀请，在我对马德里艺术文化组织（Círculo de Bellas Artes）的系列演讲中重现。如果不是佩莱兹，可能本书中的一切就不能为大众所知。在该组织演讲时录制的磁带成为书稿的来源。因此，本书保留了一些课堂上和学生们的互动，口语化的表达也被尽可能地保留下来，课堂上所投影的幻灯片也一一列出。读者将会了解，文字与影像的结合在这类书著中非常重要。因此，本书的版面设计也花费了大量心血，这要感谢主导了版面设计工作的ACTAR出版社的普拉特（Ramon Prat）总监。

另外有几点还需说明。首先，我在马德里艺术文化组织的演讲中并没有真正讨论文丘里、赫尔佐格和德梅隆。但当我考虑将演讲内容出版成书时，他们是不可或缺的，因为这位美国建筑师和两位双人组瑞士建筑师在当代建筑界扮演了重要的角色，且我在其他课程中也确实强调过

他们。其次，在整理旧的讲义时，我曾希望将这几位建筑师们在1995年后建成的作品一并纳入。尽管我获得了一些许可，如引用埃森曼在1995年之后建成的作品，但最后我还是选择将演讲的状态完整地依照原样在书中呈现。在谈到赫尔佐格和德梅隆的章节中，我也没有完全遵照作品讨论截止的年代，因为这些文字是晚几年我在哈佛授课的内容。

在结束前言之前，我要感谢哈佛大学设计研究生院的院长彼得·罗（Peter Rowe）对将课程出版成书的长期支持。感谢玛蒂娜（Carmen Díez Medina）帮助我重新撰写这些文字，没有她的才华、细致的投入和对本书的巨大贡献，今天就不会有这本书。

詹姆斯·斯特林 James Stirling [1]

翻译 黄瓴，骆骏杭

以詹姆斯·斯特林（James Stirling）来开始这一系列课程并非偶然，也不是按时间排序的结果。今天的斯特林也许并不如当年那般家喻户晓，但如果要再找出其他建筑师，其作品像斯特林那样能够有力、全面地反映整个近代建筑史，可以说是非常难或者近乎不可能的。斯特林常留给人一种生性善良、直言不讳的印象，这恰是理性建筑师的对立面。尽管如此，他却从未落后于当时的潮流趋势与大众兴趣。如今他的作品被认为是他执业期间对建筑历史最完整的记录。因而斯特林的这一课完全可以作为其他课程的背景基础放在最前面。

1949年，斯特林获得利物浦大学建筑学学位。柯林·罗（Colin Rowe）曾对其母校利物浦大学的建筑学氛围做过生动的描述，该校被视作经典英格兰式的范例。[2]学校里的建筑让斯特林对建筑结构的重要性印象深刻，在实际运用中，利物浦码头的厚重感一直影响着他的作品并成为其中永恒的元素。在利物浦的经历无疑是斯特林接受正规教育的一部分。同时，他又开始逐渐了解勒·柯布西耶（Le Corbusier）的作品，这一经历同样成为贯穿他整个建筑事业中的另一基调。按柯林·罗所说，斯特林对柯布西耶的热情纯属机缘巧合。柯林·罗表示

斯特林还是一名学生的时候，利物浦大学建筑学院成了华沙建筑系师生的避难所，华沙的教授正是柯布西耶最严谨的追随者。怀着一种更近于西方而非东方的渴望，这些波兰教授对柯布西耶更是敬佩有加。无论如何，需要说明的是，早熟的斯特林在这一时期已经不仅仅从传统学院教育中吸取营养，这位瑞士大师（柯布西耶）对他的影响早在那时就已根植于心。

在20世纪50年代，英国社会就高举"现代主义建筑"旗帜并将其作为象征。无须大做宣传，"现代主义"已成为普遍认可的语言。这是建筑师的时代，诸如弗雷德里克·吉伯德（Frederick Gibberd）、

1　本章使用的所有图片经加拿大建筑中心（加拿大蒙特利尔建筑中心）的詹姆斯·斯特林基金会许可（Fonds James Stirling,Centre Canadiand' Architecture/ Canadian Centre for Architecture Montréal）

2　Colin Rowe. " James Stirling : A Highly Personal and Very Disjointed Memoir, "introductory essay in *James Stirling, Michael Wiford and Associates*, complied and edited by Peter Arnell and Ted Bickford（New York:Rizzoli International, 1984）,p.10-27.Also, " Eulogy:James Stirling" and " Jim Stirling（1923—1992）" in Colin Rowe. *As I was Saying*, ed.Alexander Caragonne（Cambridge:MIT Press,1996）,vol. 3,p.341-358.

巴兹尔·斯宾思（Basil Spence）、埃里克·莱昂斯（Eric Lyons）、鲍威尔（Powell）和波亚（Poya）、莱斯利·马丁（Leslie Martin）等一系列著名建筑师，他们或许并未展示出像30年代的意大利建筑师们那样的创新能力，但他们吸取了建筑现代主义运动的设计原则并在作品中大量使用，以至于我们可以认为正是他们推广了这些原则。斯特林意识到，这种极具冲击性的前卫语言一旦大肆流行只会使其趋于平庸，最终消耗殆尽。正如1951年由罗伯特·马修斯（Robert Matthews）和莱斯利·马丁设计的新皇家节日音乐厅（the new Royal Festival Hall），这栋建筑明确展示了现代建筑语汇工具化导致的结果。我确信，斯特林在他事业之初就已着手为现代主义建筑寻找新出路。和他持有相同态度的还有一些同时代的建筑师们，尤其是史密森夫妇（Alison and Peter Smithson）在他们成立的十次小组（Team X）中承担的正是发起者和推动者的角色。正是这些对现代主义充满热情的人们发现了现代主义的缺陷。也许他们并未特意说明此事，但他们的思想在各自的建筑设计作品中却体现得淋漓尽致。以史密森夫妇为中心的建筑师们推崇中世纪的城市发展、18世纪风景如画的英国建筑（由英国造园家将其推向高潮）、19世纪的工业建筑以及俄国构成主义建筑等。斯特林吸收了这些元素，我们可以在他的众多早期作品中看到他与这些元素的直接对话。怀着必须超越现代主义规则的信念，斯特林在50、60年代为现代主义建筑语汇寻找新结构付出了令人敬佩的努力。

斯特林在建筑事业的早期便发现了建筑剖面及线性错位所蕴含的潜力。如果说柯布西耶在某种程度上认为"建筑即平面"，即建筑师总是从平面开始设计，那么斯特林则从19世纪工业建筑剖面中发现了新的建筑模式。此外，他观察到这一模式也与俄国构成主义中我们所熟知的景象有些相似。他发现，建造即是对剖面的掌握和处理，依据能够定义所有区域与"簇群"的线性结构，可以将剖面移动到平面上。这一做法正如他在十次小组的同事教会他如何看待英国农村地区的城市化发展过程那样。美术学院（Beaux-Arts）的建筑强调平面，而现代建筑则关注剖面。一方面，建筑的所有技术与建造问题都可以反映到剖面上，借此建筑才可以达到时代所要求的先进程度。另一方面，伴随着现代主义而来的自由主义精神在涉及剖面的空间运动中也得到了充分展现。

斯特林在一系列杰出项目的探索中开拓了剖面的潜力，他的作品得到广泛的认同。然而到了60年代末期，对剖面的处理大体而言只是纯粹的体量拉高或者挤压，内容繁复，导致设计方案的吸引力骤减。斯特林意识到了这一问题，也关注到60年代在建筑理论方面发生的观点转变。因此，他很欢迎年轻的里昂·克里尔（Leon Krier）来到他的工作室。克里尔与意大利坦丹萨学派（Tendenza）的建筑师想法十分一致，他们都致力于使城市建筑具有意义。毫无疑问，克里尔的到来引发了斯特林在思考与设计建筑方式上的巨大变化。斯特林一定读过柯林·罗和弗瑞德·科特（Fred Koetter）的著作《拼贴城市》（Collage City）[3]，他早期的良师在书中表达了对古老城市的无限赞美。在这一时期，

3 Colin Rowe and Fred Koetter, *Collage City*（Cambridge, MIT Press, 1978）.

斯特林的作品不再被剖面和线性结构主导，书中那引导着老城、拼贴艺术、景观的平面此时又重新流行起来。同时，《建筑漫步》（The Promenade Architecturale）一书中柯布西耶的建筑原则也成为斯特林设计的指导工具。在汲取了此书的营养后，斯特林的建筑作品逐渐富有叙述性与教育性，他借机在德国的项目里表明了这一新态度。当时，德国正在重建城市，并坚持认为建筑应当具有代表性，且能反映出设计机构的特性。这个机会出现在三个博物馆——杜塞尔多夫（Düsseldorf）、科隆（Cologne）和斯图加特（Stuttgart）的设计项目上。这三个项目称颂了平面的胜利，当我们审视它们时，可以看到一个优秀的建筑师是如何毫不费力地将之前使用的方法论工具转化，并开始一个全新的设计手法。这一现象在建筑史上频频发生，斯特林作为真实范例，向我们展示了一个建筑师可以成为什么以及可以做什么。

斯特林在欧洲的成功由此转变为全球性的成功，我们可以在他职业生涯的最后15年看到大量由平面主导的作品。我想我没有夸大其词。如果剖面变为纯粹的设计步骤，平面处理也只是例行程序，那能让斯图加特国立美术馆（Staatsgalerie）成为建筑经典的张力也就不复存在了。我们后续将会对斯图加特国家美术馆详细讲解，此处不再赘述。斯特林作为一位直觉敏锐的建筑师，也意识到了自己在这一方案中所冒的风险；因而一些后续可能会发生的新转变就在被视为他最后的作品、位于梅尔森根的布朗工厂（Braun factory in Melsungen）设计中初现端倪。布朗工厂一案可以看出建筑师想要简化多种元素、并强化元素间自协调的企图，这种模式可能会带来新的解放，将建筑从平面的专制中解放出来。遗憾的是斯特林过早去世，无人可以预测他事业的下一个阶段将会如何，但毫无疑问的是，作为一个极其关注历史动向的人，当他的生命被迫中止时，他就已经改变了历史的动向。

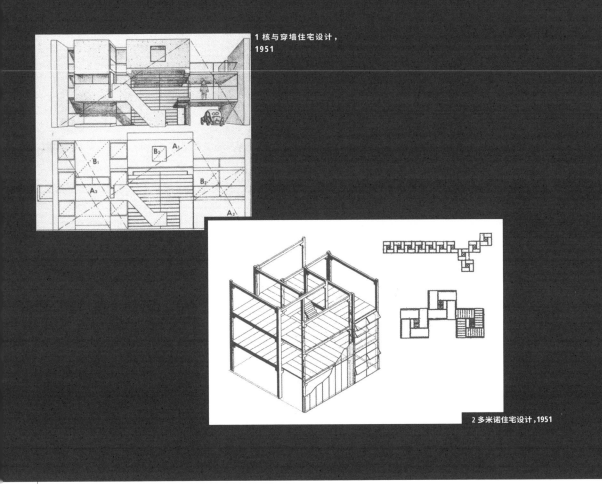

1 核与穿墙住宅设计，1951

2 多米诺住宅设计，1951

1

1951 年的核与穿墙住宅（The Core and Crosswall House）具有明显的柯布西耶特征，不仅体现在建筑语汇的要素上——水平长窗与楼梯、强调布局控制（tracés régulateurs）以及建筑物的正面本质，还体现在构成要素上，与 20 世纪 50 年代柯布西耶的风格一样，该设计对建筑材料十分重视。核与穿墙住宅对体量而非单纯平面的明显倾向，成为其最显著特征。

2

同年，斯特林提出要用预制元素来构建多米诺住宅（Mansion Domino）。与柯布西耶倡导的绝对自由的平面设计原则不同，多米诺住宅在建筑结构以及围护结构的设计中采用了几何要素——一种产生标准化结构的几何形状（支持预制构件）。斯特林致力于将这一住宅设计为一个独立单元，该单元可以通过整体规模的改变，相应地扩大整体或其中某一部分。在这一点上，它就有别于柯布西耶的多米诺别

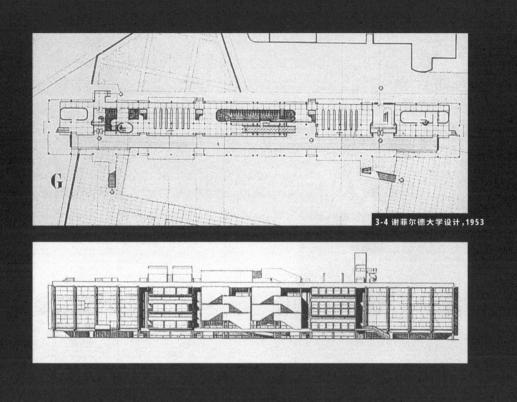

墅，后者通常被视为一个特定的建筑事件。斯特林在这个项目中体现出典型的英式实用主义特征，使他在职业生涯上往前再进一步，而我们用来评价核与穿墙住宅的"天真""单纯"等形容词对此时的他已不复适用。

3-4

这里所展示的是 1953 年的谢菲尔德大学（University of Sheffield）的设计方案。请大家留意，当平面被视为一个整体且符合句法规范（syntactic guidelines）的集合来构思，比平面被用来作为构成标准去服务展开的元素更重要时，接踵而来的是什么？此案没有运用《建筑漫步》一书中的原则，也不存在任何象征性暗喻（iconographic allusion）。我们也不能再按美学认知来进行讨论，例如，当我们观察屋顶时，会发现元素的组合决定了建筑的轮廓。这栋住宅可以归类为一种使用了诸如反复、交替、数量等流行标准的抽象建筑的转化，它超越任何具象的要素。这就是结构即语法（This is architecture as syntax）。

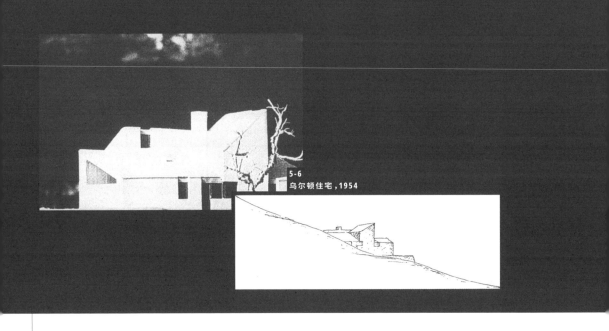

5-6
乌尔顿住宅,1954

5-6

通过 1954 年更为复杂的乌尔顿住宅（Woolton House）项目，我们可以清晰地认识到斯特林对新事物极强的接受度。他的核与穿墙住宅主要是一个抽象体量，没有强调建筑传统；而乌尔顿住宅则集合了一系列明显源于乡村建筑的元素。与此同时，在英国第一次出现了反对现代主义运动的论调——现代运动正逐步走向因循守旧的道路，而开始被各个设计机构消耗殆尽。那时，组成"十次小组"的年轻人们开始思考，建筑真理是否更有可能存在于乡村建筑中。比起越发循规蹈矩的现代建筑，乡村建筑则更能反映出本质问题（address the specific）。乌尔顿住宅强调了丰富而美丽的建筑轮廓，这一轮廓由一个较高的房间、一根烟囱、一扇窗户和一个屋顶组成。此外，建筑精心处理了与地面的联系，以一种毫不费力的方式落地，没有勉强，也没有宣扬柯布西耶那"底层架空"（pilotis）所明确的建筑物与地面的二分关系。在 50 年代早期，斯特林已开始探索一条完全不同于由现代传统所建立的、已被英国官方建筑界所吸收接纳的新道路。

7-8

1955 年，斯特林对现有乡村核心扩展的研究与十次小组成员的工作步调相一致，如史密森夫妇、西奥·克罗斯比（Theo Crosby）、画家爱德华·赖特（Edward Wright）等。这些人都在寻找一种新形式，一种更加自然有机且被结构主导的形式，并最终在无名氏建筑（anonymous architecture）和早期的城市发展中找到了答案。他们忖度着像位于白金汉郡的西威科姆（West Wycombe）那样的中世纪城镇，自己是否有能力重现它的结构感？这里的结构感，不只是将一系列句法规范应用于抽象的设计（就像谢菲尔德大学所做的那样）。斯特林的设计手法在这一年转变巨大，意义深远。唯有对自己掌握的建筑原则有着深刻反思的人，才会有如此彻底的态度转变。

尽管在与街道平行的建筑外墙体设计中仍强调了明显的等级次序，但斯特林在此处使用的结构却更加灵活。他在这一设计中更关注结构的形式。斯特林绘制出街道轮廓，借由轮廓反映基地地形变化，而没有过多关注实际的建筑。结果呈现出一个都市

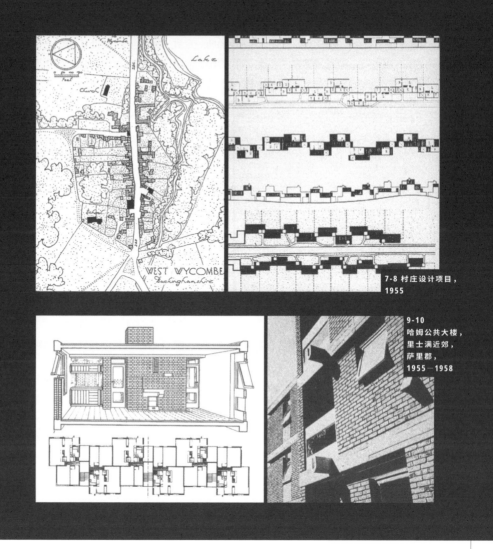

7-8 村庄设计项目，1955

9-10 哈姆公共大楼，里士满近郊，萨里郡，1955—1958

韵味十足的设计，此案最成功的一点或许就在于它表达出一种连续性的概念。

9-10

1955—1958 年，年仅 29 岁的斯特林在萨里郡的里士满近郊设计了一座哈姆公共大楼（Ham Common flats），他依靠这个作品成功进入了英国建筑圈。对于这样一位年轻的建筑师来说，设计出像哈姆公共大楼这么成熟的作品是十分难得的。这个设计也可以说是他在埃里克·莱昂斯那里学习的成果，同时也与当时许多其他英国住宅的设计有雷同之处。但后来柯布西耶的系列作品——朗香教堂（Ronchamp）与印度的萨拉巴伊女士住宅（Madame Sarabhai house）方案都对斯特林的室内和室外设计产生了显著影响。可以说斯特林通过对哈姆公共大楼的设计，提出了他对粗野主义（brutalism）的独特观点。可以注意到，他赋予了各个元素夸张的自主性，比如窗户、排水管和烟囱。这些元素成为建筑物的主角，整个量体看起来像是被简洁的砖结构支撑着。斯特林后来也将此方法用在了诸如普雷斯顿的无装备住宅开发和位于伦敦帕特尼的儿童之家（Children's Home）等设计案中。

11-12

年轻的斯特林在英国建筑界产生的影响，使他在1958年受邀参加了剑桥大学丘吉尔学院（Churchill College）的限制性竞赛。路易斯·康（Louis Kahn）的作品在当时的英国建筑界掀起了一股浪潮，也引起了斯特林的注意。例如在1960年，与十次小组的思想理念不谋而合的《建筑师年鉴》（*Architects' Year Book*）第九期便刊登了路易斯·康的作品，这也是欧洲最早呈现他作品的杂志之一。对于斯特林而言，大学像一座有围墙的城市，学生公寓便是其最外围的城墙。为了使校园内部焕发活力，他设计了可以承载各种公共功能的建筑物，例如图书馆、餐厅、诊所等。该设计项目可说是斯特林以前所有作品的总结，同时也影响到未来的另一个同类型项目：他对1978年"断裂之罗马"（Roma Interrotta）展览的贡献。这两个项目涵盖了他职业生涯的两个不同阶段。丘吉尔学院项目使斯特林变得更加老练，他不再是那个对建筑之路感到彷徨焦虑的年轻人，此后他的思路变得更加清晰，这从随后的塞尔文学院（Selwyn College）项目便可以看得出来。

13-16

同样是在剑桥，尽管这个1959年所做的塞尔文学院设计案没有得以实施，但在我看来，这是了解斯特林之后作品的关键。一方面，它探讨了线性发展的潜力，以及它们对界定范围和强调边界的价值；另一方面，它开创了剖面对于生成建筑形式的重要性研究。事实上可以说从塞尔文学院设计案开始，斯特林的建筑都始于剖面。更重要的是，塞尔文学院设计案为他提供了一个可以采用新方法来运用玻璃的机会。斯特林在用玻璃建造平面帷幕墙时，不再着重体现它原先透明的特性，而是借由剖面产生的间隔点以及线性布局带来的位移将玻璃转化为类似于实体的东西。这种让玻璃呈现实体感的可能性，成为斯特林作品中反复出现的主题。并且从塞尔文学院设计案开始，玻璃被作为一种材料，被斯特林用来将线性发展所需的轻巧感与建筑作为实体的厚重感结合起来。

这些引人注目的设计图，是对他之后十五年建筑发展的简要介绍。我们可以通过研读它们来了解斯特林构思建筑的方法。首先，建筑的新建部分通过一条波浪起伏的边线将花园围合起来，与现存建筑进行对话，从而使空间具有了围合感，同时也给予了旧学院新的特征。但是这种波浪起伏的玻璃墙更像是一次剖面练习，在其中可以很容易识别出类似阿尔瓦·阿尔托（Alvar Aalto）这样的建筑师的影子，这种手法和古典建筑师们在图纸中坚持使用垂直序列感的装饰线条没有太大差别。斯特林非常关注室内和室外的剖面，正是在内与外的辩证中，玻璃在正立面找到了它的位置，正如实心墙在背立面的作用一样。仔细看他的空间就会发现，其实剖面在落于图纸之前斯特林就早已了然于心：扶手便是证据。不然，这个建筑物会非常简单朴素。而现在，特意被包裹在塔楼里的楼梯可以通向更小的空间，里面是管道系统和公用设施——卫生间、淋浴间和小厨房等，从而促进了每层楼四至五位居住者之间的交往，这种形式，不由得令人联想到路易斯·康的服务性空间。平面图在这里不过是对项目的直接表达，因此只是极少的表现内容，不像是在剖面图中呈现的那样自由放纵。

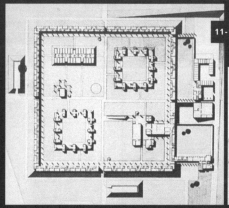

11-12 丘吉尔学院设计，剑桥大学，1958

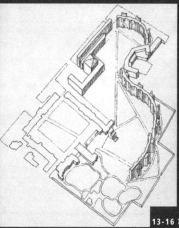
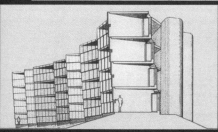
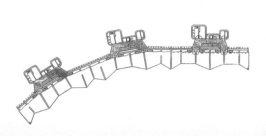

13-16 塞尔文学院设计，剑桥大学，1959

17-23

塞尔文学院设计案虽未得以实施，但它却让斯特林得到了莱斯特大学的工程馆（Engineering Building）委托设计项目。该设计始于 1959 年，结于 1963 年，被认为是斯特林职业生涯中最重要的四或五个设计项目之一。由于我们这堂课的引导脉络是斯特林从剖面到平面的探索过程，因此我会将剖面是如何成为这个方案的建筑基础这一问题阐述清楚。但我并不喜欢只是阐释这个客观问题，因为这样的教学目的在与建筑本身相关的议题面前黯然失色。例如：这个设计案和 1972 年汉斯·梅耶（Hannes Meyer）的国际联盟（League of Nations）设计方案类似的地方在于两者都是抽象和量体的，而且都忠实于同一个理念——建筑最重要的是形式。在这两个方案中，建筑师似乎都很关注量体平衡，甚至以一种教条式的方式达成。在国际联盟设计案中，办公大楼与礼堂形成了完美的量体对比，而莱斯特大学的工作室与塔楼亦然。在这两者之间，我们可以将弗兰克·赖特（Frank Wright）设计的强生制蜡品公司（Johnson Wax）的实验塔楼也加入对比，这个塔楼虽然和斯特林的建筑手法不同，但是玻璃在其中的运用都同样具有实体材料的质感。

包含工作室在内的基座，可能是这个项目最亮眼的部分，或者说它成了其他部分的参照。我们可以说几何练习赋予了建筑抽象感。斯特林从思考 19 世纪工业建筑的厂房为起点，接着将它们转化成了更有活力的东西，再借由一个戏剧化的转折，使得矩形对角线成为一个关键元素：对角线和周长接触时产生了引人瞩目的轮廓，从而成为这个方案最明显的形式特征，建筑的抽象本质被强化，在这里一切都是量体。

值得注意的是斯特林在这里有一种运用玻璃的新手法，即玻璃是"可实体化的"，而且可用于建造抽象概念的建筑。从莱斯特大学的塔楼上可明显观察到，楼板与窗台上的玻璃和仿砖贴面的表面是连续的。如果有兴趣的话你可以仔细地检视塔楼本身，因

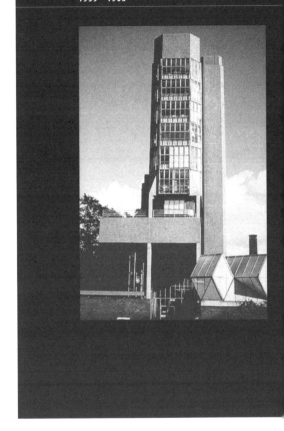

为这确实是一个严格的设计实践，它的结构与外壳的关系不只是为了彰显建筑师的设计才华，还在于他将设计操作这件事转化为重要的反思能力。彼得·埃森曼（Peter Eisenman）在其杂志《反对派》（Oppositions）的文章中有所说明，大家可以去阅读了解。[4]

但是形式设计策略（例如：包含工作室在内的基座和包含实验室在内的塔楼之间的辩证关系）几乎

4　Peter Eisenman, "Real and English:The Destruction of the Box I,"*Oppositions 4*（New York,1974），p.5-34.

都是通过一些着重音符来调味和催化的。斯特林善于强调重点，想想他是如何运用不同的建造元素来形成哈姆公共大楼的砖墙外壳便知，在此他也大量使用了同类手法。砖制的扶手栏杆、旋转楼梯的玻璃棱柱、塔楼角落的轮廓、向外突出的窗户、维护的支架，每一个元素都可以提出来单独思考，因为它们在设计时都被赋予了自主性。可以说，尽管这些建造元素的功能需求并没有妨碍建筑师自由而大胆地去设计其形式，但在一个抽象形式的世界中，它们都证明了各自存在的必要性。斯特林喜欢这种挑

战——将使用性的构成部分转化成有自己形式价值的外形。因此，他的设计作品中常常存在不确定性和令人惊喜的元素。

拥有大量的故事片段是斯特林建筑作品的一大特征，并且这些片段都因各自具有丰富的愿景和意向而可以进行独立思考。但是，这种局部和元素的自主性，并没有促使他在职业生涯的这个阶段采用拼贴的策略。拼贴是涉及更广范畴的一种形式策略，它保证了完整性，可以更巧妙地探讨建筑营建中隐含的最急迫的问题。在我看来，斯特林在维持一个

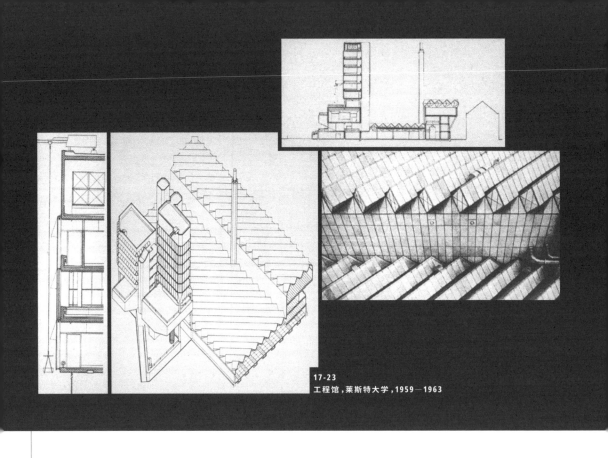

17-23
工程馆,莱斯特大学,1959—1963

完整概念的同时还能够创造丰富多样的故事片段,这便是他建筑的特征。也因此能将斯特林的建筑作品与他的追随者区分开,对于斯特林高明的融合境界,他们只能望尘莫及。

另一方面,需要注意的是这个设计案和建筑电讯学派(Archigram)都出自同一时期,它呈现的那种夸张的机械装置形塑出一个意向——莱斯特大学的垂直沟通元素形成了量体的对位,这也验证了我们在讨论丘吉尔学院时提到的斯特林所受的路易斯·康的影响。这些元素与包含教室的斜方体形成对比,体现了斯特林对构成主义(constructivist)建筑师的钦佩之情。

现在回到阐述剖面重要性的这一论点,来审视在莱斯特大学项目中剖面的重要性:外表皮在建筑定义中的重要性。例如,看一看塔楼的剖面,观察窗户上的几何图形,或者停下来检查入口平台,并注意看扶手在这里不仅仅具有功能性的价值,还是一个在界定整体空间时具有形式价值的元素。或者说,如果我们回忆一下这其中任意两个面的接触,就不得不赞美那在连接处几乎是属于工匠般的精细程度。

我们也可以感受到斯特林在较大的区域范围内对剖面的兴趣,如在走廊中占用空间的夸张斜撑,形成了一种强烈的建筑体验。入口处亦是如此,在倾斜地板下的一个演讲厅中,玻璃覆盖的旋转楼梯占据门廊空间的方式就如同大型的圆柱,玻璃在此处看起来像是一个实体的元素。总之,莱斯特大学杰出的建筑核心,并非线性概念而是剖面。在这个方案中,

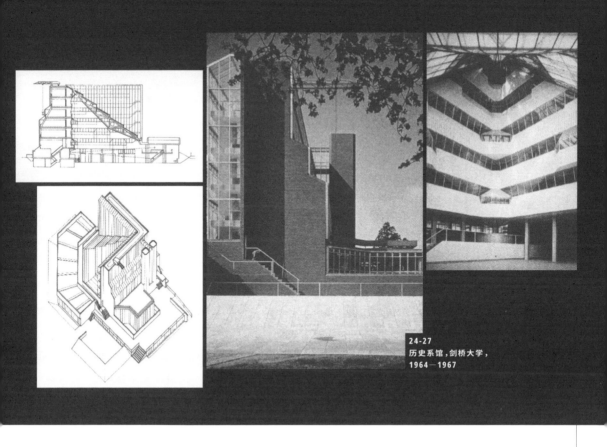

24-27
历史系馆,剑桥大学,
1964—1967

剖面即是他的表层外壳。与传统建筑中色彩暗淡的墙体相对立,现代建筑师发现了操作建筑表皮的巨大吸引力。斯特林以自己是一名直觉敏锐的建筑师而感到自豪。在莱斯特大学一案中,他则成为一位对发掘感知与触觉感受充满热情的建筑师。

24-27

斯特林 1964—1967 年设计的剑桥大学历史系馆（History Faculty building）,是剖面如何决定整个建筑的一大体现。其策略很简单,在斯特林的脑中似乎有经典图书馆的范例,即像大英博物馆图书馆那样有着大圆顶覆盖的阅览室。来看看他是如何巧妙地将大圆顶和图书馆结合在一起的。你可以想象一下自己在一间 1/4 圆顶下的阅览室里工作学习,这 1/4 的阅览室两侧同时又通过两个量体连接。这就是剑桥大学历史系馆,圆顶不像是一个圆顶反而比较像一个帐篷。你可以理解为这是古典类型在平面上的巧妙使用,然后再马上被运用到剖面上。玻璃空间两侧的两个量体的发展是通过控制剖面来实现的。斯特林可以借由剖面去追求他作品中的垂直空间序列。这种对剖面的强调也同样在中庭中出现,它帮忙解决了建筑物与地面的接触,同时还有很多小细节被强调出来,如同我们在莱斯特大学中提到的一样。不同实体之间的辩证也在这个方案中呈现。一方面,玻璃罩强调了类似金字塔几何形体的 1/4

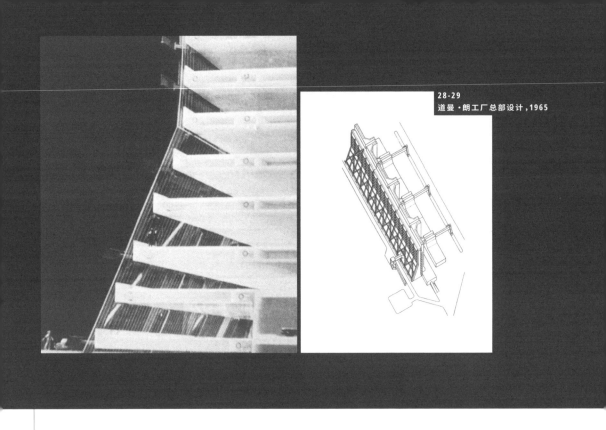

伪圆顶；另一方面，是与之相邻的大量砖造饰带，在那里一些后退的玻璃平面与倾斜的构件相连接，呈现出实体的性质，从而赋予了立面一种连续感。

28-29

1965 年绘制完成的道曼·朗工厂总部（Dorman Long headquarter）设计，是最能体现斯特林对剖面和线性发展研究兴趣的作品之一。由于项目受雇于道曼·朗钢铁公司，这似乎也给予了斯特林一个让他能在主要工作流程中融入剖面结构设计理念的机会。在设计中，剖面以一个楼层越高而深度越浅的形式呈现，由此得到建筑师想要的倾斜玻璃平面，但这种玻璃的量体在此案中并没有一直保持完整。我们可以说，斯特林几乎是以米开朗琪罗式（michelangelically）的方法，即以整体而富有美感的钢构外壳使其生色，以此来彰显业主的产品。但实际上，由钢构轮廓所产生的人为秩序有些过多或不必要，同时这些轮廓与易碎材料接触的方式——也就是赋予建筑体量条件的玻璃——又显得过于夸张和突兀。几年后，文丘里（Robert Venturi）会对"建筑的全部心血仅仅是为了传递信息"这样的说法表示蔑视，并捍卫其理论"装饰建筑"（decorated shed）中所隐含的合理性。当斯特林提出要在设计中使用有着公司名字的具有明显现代主义风格的三角旗帜时（例如 Asplund 的商标），他实际上也是在质疑建筑所拥有的表达能力。无论如何，在这里我们感兴趣的是，这些模型清楚地表明了建筑是按照剖面来设计的。从剖面来看，此案似乎略微暗示了斯特林从垂直和倾斜的平面碰撞中所产生的对形式的思考。

30-33

我们现在来到 20 世纪 60 年代后期，这时候的斯特林仍然对之前描述的设计流程给予了极大重视，但是这种重视可能有点太过了，这一点我们在他于 1966—1971 年完成的牛津大学王后学院（Queen's College）一案中也能看到。王后学院坐落于一条蜿蜒曲折的美丽河流旁，建筑的线性结构以"U"字形态流动，如同一条开放的回廊，试图让牛津这一传统大学的庭院更富有现代感。你能从这样一个斯特林式的几何图形中找到个人空间与群体空间的二分法，并在开放的公共空间中得到体现。因此这个以面向河流敞开的庭院作为式样的平台，成为王后学院最重要的元素。除了被作为主要的户外空间，平台的下方还可以容纳大学宿舍生活中与餐厅和厨房相关的非常重要的活动。

　　剖面再一次掌控了全局，在我们所熟悉的那种倾斜与垂直的玻璃平面相互碰撞的模式下，诞生了"U"形。这种 U 形的设计策略，强制创造出一种强烈的公共生活意识，由于斯特林无意将玻璃作为一种实体材料使用，因此这样的处理让人对透明的室内空间一目了然。事实上，建筑的使用者对这样的设计反应强烈，而不得不用雨棚和百叶窗来遮蔽过于透明的建筑立面。斯特林对于剖面的兴趣在建筑的阁楼中体现得最为明显，那里的跃层式房间是他诠释空间的典范。仔细观察，你就能发现许多由建筑师为了详尽地展现剖面而精心营造的细节，比如落水管和水沟，就是用来展示玻璃面交汇的表现。

　　遗憾的是，斯特林对于剖面的关注似乎有些过于片面，这导致了他对建筑背立面的忽视，这个忽视带来的影响可以说非常严重。斯特林在维持建筑

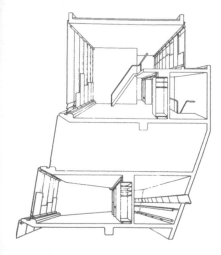

30-33
王后学院，牛津大学，1966—1971

30-33 王后学院，牛津大学，
1966—1971

34-35

的某一个视角上花掉了太多精力，任何抛开那个被
精心设计的视角去关注那与之矛盾的背立面的人，
都将明白这一点。

1969—1972 年设计的位于萨里郡黑斯尔米尔镇的
奥利维提职业学校（Olivetti Training School），是
斯特林一个非常重要的项目。当时斯特林已经开始
显示出一些不安与焦虑的迹象。虽然此案中两个办

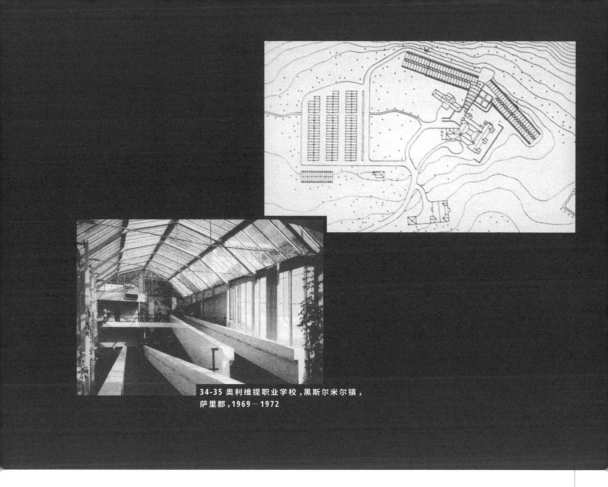

34-35 奥利维提职业学校,黑斯尔米尔镇,
萨里郡,1969—1972

公室的侧翼是清晰地按照其一贯的线性和剖面设计来构思的,但它们也发出了信号——改变即将到来。两个办公室侧翼,一条走廊和一个可分割的十字形多功能厅,这些不同性质的元素都是可以被一一识别的。斯特林在此案中为了表现不同的元素而改良了设计策略。新的建筑被认为是原有建筑的延伸,并将某种拼贴的味道赋予新与旧的关系中。平面开始变得重要起来,而走廊则反映了斯特林对玻璃的使用充满了游移不定的态度,由此造就了一处美丽的室内空间,这在组织建筑流线方面起到了重要作用。

除了用来连接各个楼层以外,走廊的设计也同时预见了斯特林对于用活动和故事来描述建筑的兴趣。

那些可以被视作传统的元素,与当时不常被使用的技术性材料形成对比。这里的多功能厅以框架结构的形式呈现出来,而屋顶则由预制的塑料元件构造而成。

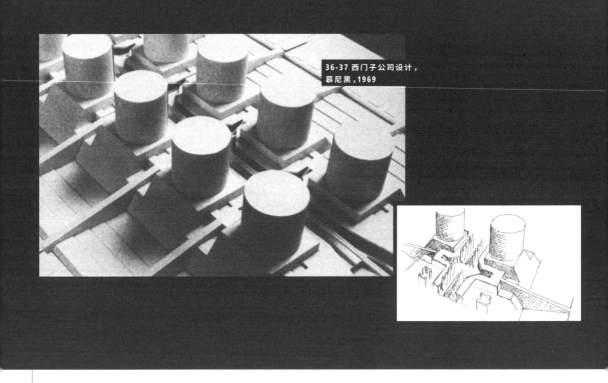

36-37

斯特林 1969 年在慕尼黑完成的西门子公司（Sie-
mens AG）设计案是一个非常具有线性特点的项目，
其尺度似乎使得在设计中采用重复和蒙太奇的手法
成为一种必然，与此同时以剖面为主导的设计模式
被转移到了背景中。斯特林在这里试图去淡化建筑
的纪念性，而热衷于将技术成分融入作品中，包括
使用复杂的技术，使巨大的弧形隔板像可移动的遮
阳板（brise-soleils）一样，环绕在圆柱形建筑外围。

38-41

1964—1968 年在苏格兰的圣安德鲁斯大学完成的
宿舍扩建一案是个特别的项目——它可以说是斯特
林那些年的作品中一个真正的岛屿或绿洲。并未受
到既有建筑形式和结构的束缚，斯特林在此案中不

羁地挑战着空间与景观，于是这栋复杂的综合大楼
似乎轻轻松松地就被安放在山坡上。一般任何一栋
建在山坡上的建筑物，都会人工营造出一种水平状
态，使其与建筑物产生对立的 一贯手法在这里都有
所体现。扩建的建筑部分似乎需要一种纵向的鱼骨
结构来服务于空间，这种结构同时也解决了房间与
外部的联系以及从走廊进出房间的问题。斯特林通
过对建筑朝向的巧妙处理，避免了任何机械性的重
复，同时变化的视角赋予了每个房间不同的属性，
但这并不妨碍一种统一的体量出现，在这种体量中
建筑的室内和室外空间都具有同样的重要性。另外，
两栋大楼之间的开放空间也令人十分难忘，我会把
对这栋建筑的体验分享给每一个前往英国参观斯特
林作品的人。我们的建筑师已经意识到了这个开放
空间的重要性，你从走廊就可以感受到，走廊的设
计似乎是坚持要给我们留下极深刻的印象。而学生
的房间设计则保留了他对于景观的个人沉思。

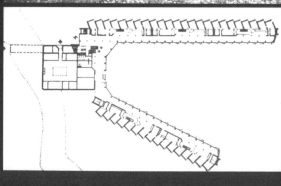

38-41
宿舍扩建，
圣安德鲁斯大学，
1964—1968

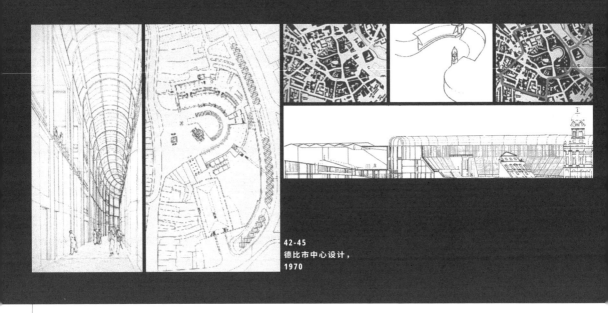

42-45
德比市中心设计，
1970

42-45

1970 年，斯特林受劳斯莱斯的发祥地德比市之邀为其做设计，彼时正处于经济繁荣时期的劳斯莱斯也决定通过参与这次项目来帮助德比市进行城市美化。此时若从一个更大的建筑全景角度来观察，则更有助于理解这个设计项目。当时发生了很多事情。例如，以建筑电讯学派为代表的技术乐观主义开始初露头角：一方面，有以阿尔多·罗西（Aldo Rossi）为代表的意大利坦丹萨学派对城市的研究，另一方面罗伯特·文丘里一本强调不规则建筑的突出价值的著作也在这一时期出版。所有这些事情共同营造出的是一派建筑现行规范日渐衰竭之象。而毋庸置疑的是，斯特林非常明白公众对他作品的评判——皆认为他正在走向建筑设计的新方向。毕竟像纪念碑风格式的道曼·朗工厂总部和极简风格的王后学院这样的设计项目在那个同时提倡建筑的现实主义和复杂性的时期是毫无地位可言的。

差不多在此阶段，里昂·克里尔走进了斯特林的工作室。克里尔此前早已主导过类似利用源自具

有民间风格的历史建筑中提取的混合元素进行设计的项目。他主张一栋建筑可以和谐地介入旧城且同时不会因为自身的现代性而对旧城造成影响。可以肯定的是，克里尔的理念在这个项目上对斯特林的影响是巨大的。他思考方式和绘制的图纸都清楚地呈现于此。

德比市当即成为这一理念的拥护者，并表示支持任何建筑的介入。斯特林通过两张地图的对比阐述了他的设计理念：一张反映了德比市当下的城市现状，另一张则呈现完成本次设计以后会出现的结果。由此，建筑成为一个专为城市服务的设计。斯特林提议要"重建城市"，确切地说是重建城市广场——借由一个宏伟的拱廊商业街，一方面可变成一处大型停车场，另一方面则帮助界定出一处开放空间，这个空间将一系列可以代表德比城市特征的突出片段表达其中。斯特林同时特意为德比市设计了一条长廊所以无须嫉妒伦敦那条维多利亚时期的金色回廊，即使身着爱德华时代的装束穿过它也不觉违和，行走其中，仿佛能让人回想起劳斯莱斯繁荣时期的无数美好时光。或者说，此处的公共空间是更加复合的，斯特林认为他可能需要一个更加文丘里式的论证。在一些图纸中，一栋原本会被拆除的建筑物被改造为建筑插画，这种方式与我们所

悉的波普艺术（Pop art）中的去情景化（decontex-
tualization）相去不远。这次设计中还有一个无法预
计是否会对整个设计风格有所影响的市集。斯特林
通过将劳斯莱斯的"胜利"（Victory）标志按比例放
大，将其转化为一件艺术品。[5]有些人想将所有的这
些解释为英国建筑师热衷于反讽的表现，但在我看
来，它们不过纯粹是一种才智的练习与运用，是建
筑师愿意从未知的领域去理解新的建筑理论和挖掘
自己的才能与优点的体现。

　　斯特林将其精通的剖面设计也自然而然地运用
到了这个项目。广场的侧面轮廓线、老旧建筑的保
留部分、被祭坛华盖打断的环形玻璃、其后的电影
院、停车场等，都促成一些自发性的片段被整合进
一张参考性的剖面图中，并通过一条拱廊商业街将
这一建筑群统一为一个整体。在这里，建筑不再仅
仅只由剖面形成了。斯特林在设计中追随着柯林·
罗和弗瑞德·科特的范例开始学着在黑色斑块肌理
中绘制平面，这种平面图的出现预示着一个全然不
同的设计策略的产生。

46-48

1971 年在米尔顿·凯恩斯所做的奥利维提公司总部
（Olivetti headquarters）设计项目是斯特林运用这
种平面图表现形式的巅峰时期。平面图在此时已经
可以做到将建筑与景观整合起来统一表达。这个工
厂的设计提案完全弱化了 19 世纪工厂车间里艰苦严
肃的工作氛围——那些我们认为的 60 年代建筑发展
的初期形式——发展到现在则更加贴近于 18 世纪英
国贵族的乡间别墅。平面布置图所体现的是一个非
常乌托邦的工作车间，理论上，工人们可以在车
间旁湖边的小树林里闲庭信步，吟诗诵词。

——
5　Erwin Panofsky, *Studies in Iconology:Humanistic
Themes in the Art of the Renaissance*（New York:Oxford
University Press,1939）.斯特林对劳斯莱斯标志图形的强
调似乎让人回想起欧文·潘诺夫斯基相同的研究。

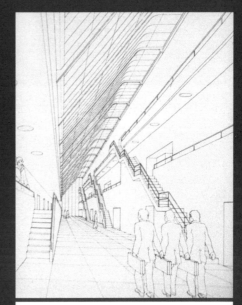

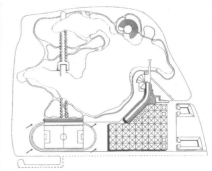

46-48
奥利维提公司总部设计，
米尔顿·凯恩斯，
1971

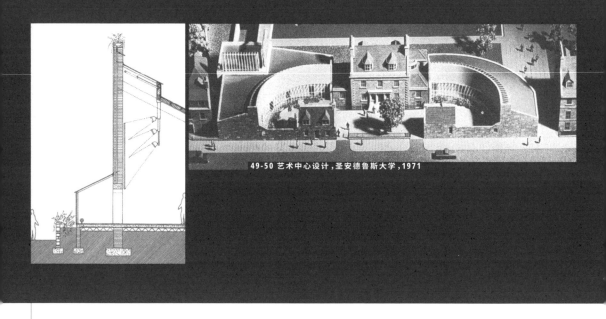

49-50 艺术中心设计，圣安德鲁斯大学，1971

49-50

半圆形的建筑结构则满足了他们能在此举行冬至或夏至日的集体庆典活动的需要。当然，这个设计项目也并没有忽视运动的重要性，运动场的设计不像是某个俄国构成主义的项目那样只是为了让工人保持健康和强健，而是为他们提供纯粹的休闲娱乐之处。所有的这些内容此时已经不再通过剖面，而是通过平面图来表达。平面图现在完全可以进行自我整合统一，将一个完整的空间设计包含在内，然后把其中的建筑经验转化为一部文学作品。这距离建筑可以将创造叙事当作其主要的构成工具只有一步之遥。

在一幅可能是里昂·克里尔所绘的图中，我们能看到斯特林正端坐在他收藏的托马斯·霍普（Thomas Hope）那极具新古典主义风格的扶手椅中。这幅图正描绘出了一位建筑师已不再热衷于对不同形式的探索，转而对建立一种闲适愉悦的人生状态充满了兴趣。

与米尔顿·凯恩斯项目同一时期起草设计，但最终未得以落地实践的圣安德鲁斯大学艺术中心方案，就是那些年里对斯特林闲情雅趣的最好体现。它可以被看作一份斯特林在 70 年代所做之事的完整报告。这次的设计工作旨在完成和转化一栋现存的帕拉第奥主义风格（Palladianism）的建筑，将其设计改造为学生中心。斯特林通过在两侧加建圆形侧翼来强化这栋其貌不扬的建筑的存在感。弧形的两翼把原来的开放环境围合起来，并将沿街两个毫不起眼的构筑物也包含其中。这种明确而有力的包围感让斯特林可以将建筑占据整个基地并做到充分的集约利用，正如项目所要求的那般。由此产生的拼贴艺术，则源自多种构成要素的混合，此后便成为斯特林建筑设计中的一大特色。这给人的印象是，斯特林并不满足于由一人之手来设计建筑，相反，他更倾向于书写建造一个经得起时间考验的建筑故事。他在平面图上越发自信流畅的线条表达也印证了接

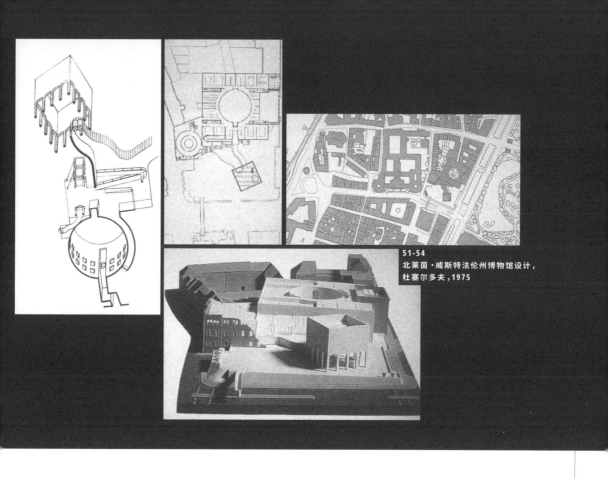

下来故事的发展走向。斯特林作为一名建筑师的天赋在这个设计项目上开始大放异彩，虽然此案以平面图的表现为主，但是通过两条侧翼长廊的设计仍可看出这个方案毫不逊色于他那些拥有扎实剖面经验的设计项目。

51-54

斯特林为圣安德鲁斯大学艺术中心所做的提案，是在70年代做一系列德国设计项目期间同时草拟完成的。而这一系列项目中的第一个设计，就是1975年在杜塞尔多夫完成的北莱茵·威斯特法伦州博物馆（Mu-

seum of Nordrhein-Westfalen）设计。有了圣安德鲁斯大学艺术中心项目的设计经验之后，斯特林如何拿捏杜塞尔多夫的城市遗迹也就不令人意外了。在杜塞尔多夫项目中，某种与后现代主义（postmodernist）趋势接近的蓬勃生机要求斯特林必须完成一个更加复杂的设计方案并进行更加自由的多元素融合。该项目的首要任务是完成一个充满战争遗迹特色的城市街区。这也是斯特林毕生作品中，第一次出现圆形中庭这样一个由圆柱体创造出的重要元素。圆柱体由此成为一个衡量所有自发性事件的依据，就像戏剧中的角色人物，会对某些可以被界定的建筑景观抑或一栋建筑单体产生一定的影响。在此，若要将这些景观完

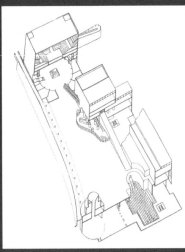

55-56 沃尔拉夫·理查兹博物馆设计, 科隆, 1975

全展现出来则需要同时建造一个可以在其下隐藏停车设施（一个我们现在习以为常甚至不可避免的建筑要素）的平台。事实上也多亏了汽车，让这些古典的裙楼建筑得以再度兴起。

但我所说的"戏剧中的角色人物"具体是指什么呢？一座有着某种文丘里建筑范式的小教堂标识出了门的位置。这座小教堂包含了从停车场出来的所有流线，我们可以通过小教堂直接前往博物馆，也可以选择通过它走一条蜿蜒的小路，经过博物馆下面，穿过城市街区，最后进入这个圆柱形的空间。斯特林于此要说明什么？在我看来，这栋建筑在表现其自身功能的同时也参与创造了一个更广范围的议题——城市。这类似罗西的理念，但采用了一种完全不同的方法表达。此时的斯特林认为建筑和城市同为一体。这也许是一个非常好的时机帮助我们理解，在介入城市的方式方面，斯特林与柯布西耶的理念有着某些关联。尤其是成熟时期的勒·柯布西耶，他非常看重活动与建筑之间所产生的关联性。当然，若将柯布西耶早期在《建筑漫步》中用来描述萨伏伊别墅（the Villa Savoye）的思维，和后来斯特林决定在里昂的奥利维提办公大楼设计中采用的流动性运动区分开来会更有帮助。可以说斯特林在这个项目中同时探讨了活动与公共散步场所的概念和联系。那些体现公共散步场所理念的元素如何能够恰当地与流畅的活动事件结合在一起来呈现和排列，斯特林出人意料地借由一条简单的路线设计，就把其中的各类建筑实体串联了起来。

柯布西耶对活动的看法与古典形式中活动的呈现有所冲突，古典形式是静止的，仿佛又带我们回到了申克尔（Schinkel）（一位克里尔非常崇敬的建筑师）所处的时代。因此，当建筑师吸收整合了许多迥然不同的建造想法以后，就会产生一个极其复杂的建筑物意象。这种多元性在平面图上被具体化。对称与断裂在这里同时存在，就如同圆形、正方形这样完美的形状与非有机的波浪线条同时存在，历史建筑的图像与其他能让人联想起现代传统的建筑语汇同时存在。我们确实是在讨论平面图，平面图是这里的焦点所在。建筑在平面图中被编织或是被解构。而剖面图则被用作对景观的表达，此时的斯特林似乎对城市景观的设计兴致浓厚。

55-56

斯特林同年在德国完成的另一个项目是沃尔拉夫·理查兹博物馆（Wallraf-Richartz Museum）设计，该项目旨在将科隆大教堂周边的区域进行联合统一。这也给了斯特林一个机会，让他可以深入研究在杜塞尔多夫所提出的问题。博物馆屋顶洒下的光被赋予重要的作用，促使我们将这个设计项目与现代传统联系起来。事实上，这栋建筑的大部分被立刻分解成了一系列自主性的片段，这也是斯特林一向擅长的用来赋予项目生命的手法。尽管建筑自身有了自主性，但是裙楼、被开凿出的教堂地面、交叉错列的塔楼、大量的集会礼堂等，都成为更加广泛的由壮观的科隆大教堂主导的城市景观中的组成元素。

57-64

杜塞尔多夫和科隆的设计项目是 1977—1983 年斯特林完成的斯图加特国立美术馆设计案的序幕。毋庸置疑，这是斯特林职业生涯第二阶段中完成的最完整的设计。在本案中，城市的框架结构与杜塞尔多夫项目并无太大差异，甚至可能还会被更加精确地定义。基地一侧紧邻一条从美术馆前就开始下斜的道路，垂直于这条道路的是一栋教学楼，它有着我们都十分熟悉的建筑形态：对称、轴线、入口门廊、走廊、规则有形的房间、天窗等。在该项目的竞标说明中，要求建筑师的设计方案要与这些现存的建筑物产生对话。因此，斯特林凭借他过去丰富的经验，让建筑远离道路，并提升高差修建了一块平台以方便在其下设置停

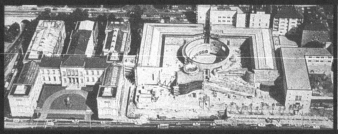
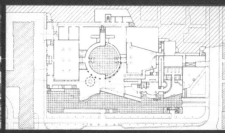

57-64 国立美术馆，斯图加特，1977—1983

车场。同时他特意为基地设计了很多此前未能在杜塞尔多夫项目中实现的环境，即重建城市景观。为了将所有这些元素呈现出来，他必须去创造他所用到的景观，与之前一样，圆形、圆柱形的空间都被用来回应过去。一旦圆形开始发挥作用，平面图的设计就是成功的。事实上，国立美术馆的设计也确实是由平面图主导的。我们在斯特林的建筑项目中常常能看到圆形和倒"U"形这样的空间。它们不仅能平衡这里的景观环境，而且也与前文提到的教学楼内新古典主义风格的长画廊紧紧呼应。这样的参照一旦被确定，斯特林就会将其运用到不同的事件上，我们能经常在他的设计作品中看到他对此类事件的处理，他就像大师一般将它们运用在设计中并表现到极致。

但除了这两个关键要素，斯特林在这里建造的与其说是一栋建筑，倒不如说是一处建筑景观。美术馆与城市原有的肌理完美地融合在一起，以至于很难将城市的建筑和斯特林的作品区分开来。在建筑主入口处，有一个假的雨篷用以指示行人可由此通过楼梯或坡道登上平台。建筑往往给人带来一种良好的视觉体验，这种乐趣使得华盖成为进入建筑物的第一道门槛。当你跨过由华盖界定的门槛，就能走进建筑去品味一个令人熟悉的人造景观的多样化世界。通向建筑入口的曲形墙面加强了作为景观的特性：它与支撑穿越建筑物的斜坡面相连接，使得人们能够很好地欣赏圆柱虚体内，敞向天空的室外景致，这为人们示范了经常出现在英国大师作品中的，从相对的某一点开始设计的倾向。

在这个建筑里，偶然占据了主导地位，其中引导行人的流线也在不断变化。而这导致的结果就是，一旦被困在里面的人接受了它，这个建筑就会成为一个场景，不断促使人们去感知它。那么什么是偶然发生的？这栋建筑物没有提供专门停歇的地方。它有斜坡、栏杆、平台上的弯曲座椅、与活泼色彩和充满历史感的石头纹理形成鲜明对比的金属雨遮以及天窗等。这些要素，都出现在我们进入这个建筑之前，或是在从拱下经过时引导我们来到

内接圆柱体内的半圆形斜坡的这个过程中。毫无疑问，斯特林的建筑意图正是在这个圆形的中庭内达到了顶峰。除了对形状所激起的火花感兴趣外，这里有一系列引人注目的元素设计，比如以标准的古典主义轮廓精心设计过的开口，在其精致的石造工艺上，雕刻家们还细心地用铜做了处理，那些被视为是对穹顶渴望的飞檐，从来没有像我们现在这样成为建筑历史上意象宝库的一个重要部分，它们在中途就被半掩埋的柱子破坏掉了。就连斯特林这样始终如一的建筑师，都无法不受到后现代主义浪潮的影响。

但是在这栋国立美术馆中，还有更多的建筑事件。其中之一是一个犹如引自佛罗伦萨罗马式风格（Florentine Romanesque）的窗口，斯特林知道这样的设计让他冒着可能被贴上历史主义者标签的风险极端样式化以至于被讽刺；或者是巧妙地将楔形拱石结合，用这种表现方式使得石材渐渐消失在立面中，犹如水彩画家将颜料稀释淡出背景一样；又或者是将墙上一些石头移出来散落在地上，以此营造出一种建筑已饱经风霜之感。

一方面，国立美术馆的建筑景观是需要有时间闲逛的人才能真正享受到的，斯特林为他们设计了一条穿过建筑的路径 —— 在中庭的半圆形斜坡处我们可以清楚地感受到建筑师的用意。我们在杜塞尔多夫一案中看到的混合的散步和凝固的活动相结合的方式，亦呈现在斯图加特项目中。

另一方面，斯特林为了使新馆能够融入已有的建成环境，采用和相邻建筑类似的布局方式，完成了以 U 形老馆为参照的新馆扩建计划，并利用一个不完整的 U 形，将曲折的步行道引入建筑，为未来的新馆能更好地融入城市肌理做好了充足准备。为了突出建筑主体，斯特林一方面采用让人易联想到柯布西耶的弯曲形式，另一方面则在立面材料的选取上使用与博物馆本身的巴洛克砂岩对比不明显的石膏，来刻意削弱图书馆、剧院等附属建筑的存在感。

与外观的怪异又不乏趣味相比，博物馆的室内

并非那么吸引人。当然，环顾四周，也不是完全没有能让人产生强烈空间感的地方，尤其是在圆形中庭的周围。但是，这不是斯特林在这次设计中唯一受人诟病的地方。他的好朋友柯林·罗就对国立美术馆没有设计立面而感到失望。[6]柯林·罗认为，虽然斯特林努力地想要把古典建筑元素融入其中，但即使是在必要的情况下，他也无法按照文艺复兴时期建筑师建造宫殿的方式来解决前立面的设计问题。我们可以发现建筑立面所使用材料质感的有趣性，同时还可以透过斯特林发现德国砂岩在处理得当时所发挥的潜力。但是由于一直担心会被当作传统的建筑师，斯特林便用有着蓝色、红色这种夸张色彩的粗大管状扶手来装点金黄色的石材立面，以此制造强烈的对比，营造出诙谐的氛围。

正如我所说的，这是栋不容眼睛休息片刻的建筑，借由不同元素在空间上制造的多样事件（incidents），让人置身其中目不暇接。建筑强调这些"事件"，我们必然会受到他们的吸引：通道／隧道从南面的小广场通向平台；从有角度的窗户向外看去是一个多变的角柱，它被漆上强烈的黄色并饰以截断的锥形柱冠，使其在整个场景中备受瞩目；位于装卸平台上那有着粗犷主义风格的阳台；以及作为当下盛行建筑表现的最好反映，不规则的雨篷将一切形式问题都推回至背景，并对建筑表面进行着激烈地切割。这些都包含在一个故事的章节（episode）内。建筑的密度如此之大，以至于对任何精确度的尝试都显得多余。

就像在杜赛尔多夫美术馆提案中一样，斯图加特国立美术馆的剖面也不是重点。它只是用来向我们展示建筑是如何融入城市的环境中去的。而我们需要用剖面来了解如何在建筑物中移动。实际上剖面从某个角度来说只是一个纯粹的设计方法，真正重要的应该是平面。如我们所看见的，斯特林精通于从平面着手构思整个建筑空间。就像常常提到的那样，斯特林脑中可能深深印刻着申克尔设计的柏林皇家美术馆（Altes Museum）或者阿斯普林德（Asplund）设计的斯德哥尔摩公共图书馆（Stock-holm library）。但是现在这些都已经不重要了。有些人或许现在意识到了圆形在处理平面上所扮演的重要角色。毫无疑问，斯特林早就凭着直觉洞悉了这一点，斯图加特国立美术馆一案为他提供了展示的机会。

65-66

斯特林设计建筑平面的精湛能力，在 1979 年柏林的科学中心（Wissenschaftszentrurm）设计中达到顶峰。说实话，我在第一次看见它时，并没有完全理解到这个设计背后的深度。评论家们只是将他视为斯特林的另一讽刺之作。但是，这个设计案绝不是个笑话。它是将平面在建筑中的重要性提升到最高而成就的典范。在科学中心设计中，斯特林似乎想把他所追求的连续结构是如何实现的展现给我们看——一栋顺着纵向街廓的条形建筑（我们可以将它理解为当代的理性主义建筑），将其与一栋拉丁十字的巴西利卡（basilica）、一处罗马式的圆形剧场、一座诺曼风格（Norman）的城堡和一座属于加洛林王朝（Carolingian）时期的塔通过角柱连接于一体。这些类型的原型被塞进各种功能房间，也由此可以看出此案的平面对于功能的漠视。在设计之初就有了平面，并且只有平面。试想一下，在受到迪斯尼风格那庸俗建筑的诱惑下，一位后现代主义的建筑师会如何着手处理这样的设计。他们或许会认为这个将多种建筑类型融于一体的建筑是非常怪异的。然而斯特林对这个问题的解决方案说明了他作为建筑师的强烈直觉。斯特林采用在各单体立面上统一的开窗方式和色彩来形成整体感，以减少平面呈现的多元性；即不同的平面，融合成相同的建筑语言。斯特林本可以在设计中省去那些他喜欢用来为其作品添彩的意外事件，但他并没有这样做。因而这个设计的优势在某种程度上被有玻璃的门廊、雨遮及

6　Colin Rowe, " James Stirling : A Highly Personal and Very Disjoined Memoir."

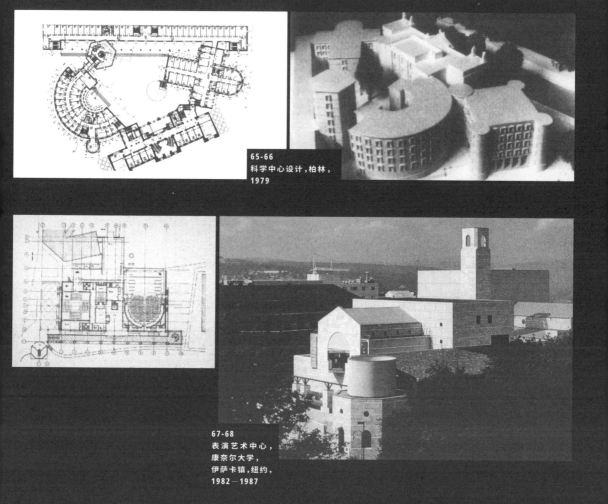

65-66
科学中心设计，柏林，
1979

67-68
表演艺术中心，
康奈尔大学，
伊萨卡镇，纽约，
1982—1987

67-68

其他不必要的元素削弱了。平面中固有的如画之美（picturesqueness）使得本案可以被简化到仅是立面上的重复开窗这样一个过分单调的语言。因此，这里的平面成了任何建筑设计的典范，即使是那些看起来纯粹是视觉化的操作。

1982—1987 年完成的康奈尔大学表演艺术中心设计（Performing Arts Center），是斯特林展现出他处理多种元素和建筑经验中一个较为轻松的设计案。但是，与柏林的科学中心相比，它的楼层平面图与建筑语言似乎就显得很普通了。

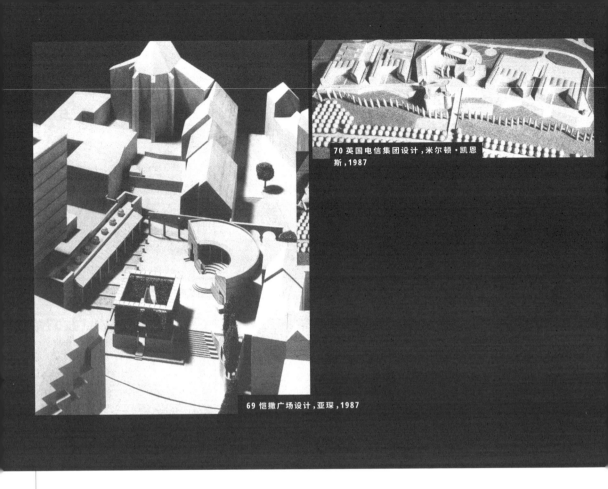

70 英国电信集团设计，米尔顿·凯恩斯，1987

69 恺撒广场设计，亚琛，1987

69-70

位于米尔顿·凯恩斯的英国电信集团（British Telecom）和亚琛的恺撒广场（Kaiserplatz）两个设计案，展现了斯特林80年代在专业设计方面的广度。值得注意的是，这个时期平面已经成为他主要的设计工具。

71-72

这个项目的模型和图纸向我们同时展现出如何在平面规划中融入建筑的问题。在1988年洛杉矶南加利福尼亚大学的科学图书馆（Science Library）设计中，斯特林以轴的序列展开了一个完整的项目，它是建筑再次以平面方式来展现的一个例子。

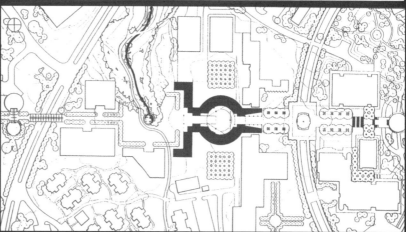

71-72
科学图书馆设计，南加利福尼亚大学，
洛杉矶，1988

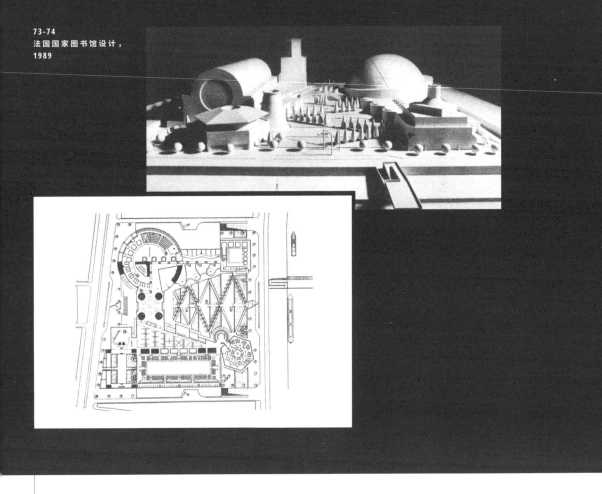

73-74

如果平面可以组织一个叙事，那么在 1989 年的法国国家图书馆（Bibliotheque de France）设计案中，平面被转化为一段完整的建筑通用历史。建筑师艾蒂安 - 路易·布雷（Etienne-Louis Boullée）设计的图书馆穹顶元素作为一个意料之中的图书馆典型范式出现在了这里，同时出现的还有工业烟囱、来自法国南边小镇的阿尔比塔（Albi）、现代风格的测地线穹顶（geodesic domes）等，各种各样的建筑类型汇集在这个花园中，让人不由自主地想起凡尔赛宫（Versailles）。

75-76

也许斯特林对建筑设计的过程感到了些许疲倦，需要休息调整。1986—1992 年他为布朗工厂设计的项目似乎反映了这一点。位于德国梅尔松根的布朗工厂是有趣的，但也显得有些困惑不安。设计中运用到的纺锤形元素，让我们联想到伦佐·皮亚诺（Renzo Piano）和诺曼·福斯特（Norman Foster）的建筑设计；斯特林似乎想要在区域内使用产生影响的大曲线元素，让我们仿佛置身于某个 70 年代的建筑中；同时还有显露建筑结构的纪念性猫墙（cat walls），似乎是

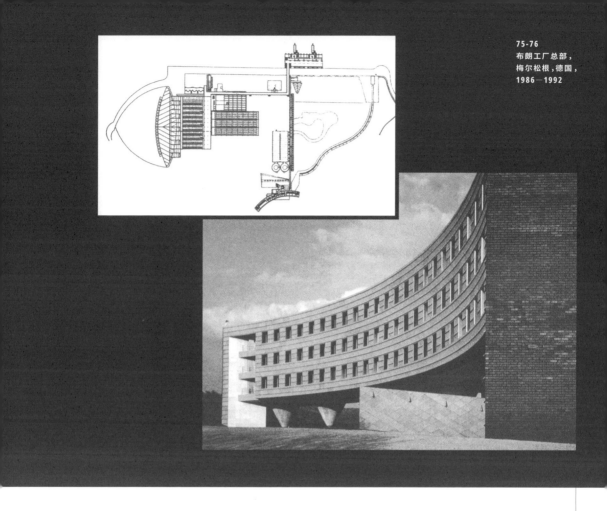

某种新的激进主义的反映。与之前斯特林所强调的建筑平面相比，这样的建筑语言带有一定的矛盾性，恢复对建筑中自主性元素的重视，直接导致我们对建筑平面的遗忘，此举不禁使我们思忖斯特林是否要迈进其职业生涯的新阶段。在此，我并不是要弱化斯特林在布朗工厂设计案中留下的传奇性，而是这个设计真正打开了斯特林通往新时代的大门，同时也证实了我在这堂课开始时对斯特林的看法——他是一位关注历史和建筑潮流演变的建筑师。

当然所有这一切仅仅是我的揣测。斯特林无法在这里告诉我们他如何看待当今的建筑。但是，他将会一直被视为过去50年来，建筑界不可或缺的建筑师。从这个方面来看，斯特林在建筑历史上早已占有一席之地。

罗伯特·文丘里和
丹妮斯·斯科特·布朗
Robert Venturi &
Denise Scott Brown

翻译 焦洋

20 世纪 60 年代中期，罗伯特·文丘里（Robert Venturi）的著作《建筑的复杂性与矛盾性》（*Complexity and Contradiction in Architecture*）的出版受到了那些关注建筑文化发展的人们的广泛欢迎。不仅现代美术馆的亚瑟·德雷克斯勒（Arthur Drexler）通过撰写前言为其背书，另外一位或许是当时最具影响力的建筑评论家文森特·斯葛利（Vicent Scully）也对该书赞誉有加，认为该书有可能是自 1923 年勒·柯布西耶（Le Corbusier）的《走向一种建筑》（*Vers une Architecture*）问世以来，建筑学领域内最为重要的著作。[1] 读者们也很快认可了文丘里是一位令人信服的评论家，因为在该书中他通过清晰的语言及一整套的案例与图示来揭示自身不同寻常的敏锐头脑，并且以不容置疑的建筑师的能力去展示其作品，因而无怪乎这部著作具有如此的影响力。

在当年对于现代性的批判并不常见，现代性已成为必须要被严格遵循的正统艺术。正因如此，年轻的建筑师们将文丘里的观点看作一种焕然一新的选择。那种创作更为复杂的建筑，并将自由视为高于规范的观点极具吸引力。设计机构和建造商们不遗余力地屈从于现代性，于是现代性的信条成为必须遵守的教条。这样一来，现代性的原则被日益庸俗化。在美国，密斯的约减句法被从业者们不加辨别地采纳，但是源于密斯语言的张力却被剥离掉了。设计机构、建造商和施工企业整体来说完全吸收了先锋派建筑师们的经验却没有吸收其经验背后的意义。在欧洲，人们对柯布西耶的崇拜使集合住宅的体制化大行其道，虽然其本意是努力忠实于生活方式，而事实上这种体制化并非总是具有合理性，同时导致了住宅与城市原有环境的冲突。因此，对此种理念的批判及替代方案自然而然产生了，这之中就有布鲁诺·赛维（Bruno Zevi）试图复兴赖特"救世主"式的有机建筑观的倡议，这种观念的要点在于将空间视为影响建筑的首要因素。此外，还有产生于现代建筑领域内部的批判声音，例如十次小组（Team X）努力去克服现代性的庸俗化造成的僵化和停滞。甚至像阿尔瓦·阿尔托（Alvar Aalto）和路易斯·康（Louis Kahn）等人——前者以本能般的冲动理解建筑，后者则在历史的语境下对建筑的机制进行诠释，他们

1　Vincent Scully，instruction to Rebort Venturi, *Complexity and Constradiction in Architecture*（New York: Museum of Modern Art, 1966），p.11

都力求打破现代建筑那种丧失动力并成为习以为常和不可置疑之教条的状态。但是，赛维、十次小组的理论家们、康和阿尔托都在遵循现代性的正统地位，他们之中没有人敢于以文丘里那样的力量和信念去指出"皇帝的新衣"的事实，因为在当年，这样做是很具冒险性的。所以，文丘里的这部著作引发了广泛的关注。

文丘里的意图在如下的段落里得到了清晰的展示：

> "建筑师们不能再被现代建筑中的那些刻板的道德话语恐吓了。我喜欢混合而非'纯粹'，折中而非'纯净'，变形而非'直线'，含混的而非'清晰'，有悖常理亦是'客观'，乏味亦是'有趣'，惯常而非'设计'，包容而非'排他'，多余而非简单，退化亦是创新，不一致和模棱两可而非直接的和明确的。我喜欢混乱的活力而非清晰的整体，也包容不合逻辑的推论并宣称二元性。"

> "我支持意义的丰富而非清晰，因为含蓄与清晰具有同样的功能。我倾向于'两者皆是'（both and）而非'两者之一'（either or），比方说倾向于黑与白，且有时是灰而非黑或者白。健全的建筑可以引发出多层级的意义和多个要点的组合：它的空间与要素可以经由多种方法被阅读与被操作。"

> "但是具有复杂性与矛盾性的建筑对于整体有一项特殊的责任：即它的真实性必须存在于它的整体性之中或者整体性的意涵之中。他必须体现出包容性的复杂整体性而非排他性的简单整体性。多并不是少（More is not less）。"[2]

请原谅上面做了这么长的引述，但是似乎没有比这更好的方法能更为准确地对这部著作做出概括。

总之，《建筑的复杂性与矛盾性》一书是对现代建筑理论专制的一次谴责。在现实中，建筑并不简单，它不能受制于所谓正统确立起来的语言规范。文丘里被他的同僚们激怒，这些人宣称所有表达建筑的手段都已经被探索过了。他却站了出来，向着那些为正统辩护，将密斯所提倡的"少就是多"（Less is more）当作旗帜的人发怒。现代主义的建筑师们沉湎于集约和缩减。这或许可以解决问题，但却忽视了建筑师们有义务去强调的具有复杂性的各种议题和要素。文丘里早期引用了保罗·鲁道夫（Paul Rudolf）的话，而后者后来成了他讽刺的对象。保罗·鲁道夫清楚地意识到了密斯这位同事的局限性，他写道："要想解决所有问题是永远无法实现的⋯⋯实际上20世纪建筑师们的一个特征就是他们对于想要解决的问题有高度的决断力。比如以密斯为例，他之所以创作出许多优秀的建筑物只是因为他忽略了建筑的许多其他的方面。如果他想要解决更多的问题的话，那么他的建筑所具有的说服力就会大大减弱。"[3]

文丘里知道他可以借助自身的优势去维护其观点，这一优势在于作为学者和实践建筑师的双重身份去体验建筑。他反复说，在书的起始部分就声明了同时作为一个批评家和建筑师使他有能力提出一种特殊的"观察建筑的方式"。以 T. S. 艾

2　Venturi, *Complexity and Contradiction in Architecture*, pp. 22-23.

3　Paul Rudolph, in Perspecta 7（1961），p. 51, quoted in Venturi, *Complexity and Contradiction in Architecture*, p. 24.

4　Thomas Stearms Eliot, *The Use of Poetry and the Use of Criticism*（Cambridge: Harvard University Press, 1933）.

略特（T.S. Eliot）为例，他写过的有关诗人和批评家的关系，[4]让文丘里觉得同样可以应用到建筑上："批评作为伴生产物一直不可避免地伴随着创作的过程。"[5]在证明他作为建筑师的身份之后，文丘里公开发表了他的观点，并且是通过其早期的作品去阐述这些观点。毕竟正是在不断精细化建筑作品的过程中，他的观点得以铸成。他说："如同其他的体验一样，建筑可直接面对分析，而且会因比较而变得更加生动。"[6]与柯布西耶的"准宗教性"文本，十次小组志愿者般的宣称以及康的"伪神秘性"诗学等当时的建筑师们推崇的文本不同，《建筑的复杂性与矛盾性》一书将自身呈现为一种分析与思考的练习，它没有要求读者能马上接受。相反的，文丘里为读者提供了一个可以深入探查他所汲取到的资源的机会。为了帮助我们了解他的主张，他提供了那些生成他本人观点的建筑图像，以便我们自己去思考和判断。在那里有理性与情感的空间，跨越了过往与当下使读者可以接受，在那个年代，人们被期许忠实于建构出来的被片面诠释的形式原则。欧洲人将文丘里的著作视为一种参与成熟文化的新契机，不用抛弃智识的价值，并且在其中建筑是自由的铸成，并不屈从于常规。在大西洋的另一端，这本书就像一阵清风吹散了建筑学对于先锋派（avant- gardes）建筑师所建立起的信条的依赖，进而促成了一种直接且实用的新美国主义的形成。

一直保持着警惕性的赛维认为文丘里的著作值得在他的杂志《建筑》（L' Architecttura）[7]中占据完整的报道，而斯葛利则称《建筑的复杂性与矛盾性》是"一部非常美国的书，它采用的方法是严谨的

多元化以及现象学的，"[8]他称赞文丘里是"为数不多的几位美国建筑师达到了佛内斯（Furness）、路易斯·沙利文（Louis Sullivan）、赖特（Wright）和康等人所形成的传统中的悲剧地位。"[9]

正如该书中强烈表达的，文丘里感觉受到了简化的现代性的限制，他认为这种简化希望取得一种平静的状态，却忽视了建筑内在的复杂性。复杂、含混和张力是具有吸引力的，他希望给予分析和解释。文丘里喜欢的建筑，是那些工作或过程未被揭示，看似非理所当然的，使人觉得被迷惑，而须进一步理解，以及意图超越基本和透明的形式建筑。他并不是孤单的，因为有 T.S. 艾略特和威廉·恩普森（William Empson）等人的支持。对于文丘里来说，感到慰藉的是艾略特认为伊丽莎白一世时诗人的艺术是"一种不纯粹的艺术"。[10]而恩普森将莎士比亚看作"最极致的含混者，这与其说是因为如一些学者所认为的，他的想法以及文本令人迷惑，不如说是因为他的智慧与艺术所具有的复杂性与力量。"[11]尽管还有许多相关的引言，但我觉得没有必要在此

5　Venturi, *Complexity and Contradiction in Architecture*, p. 18.

6　同上

7　*L'Architectura*,Cronache e Storia 140（June, 1967）: pp72-73

8　Scully, introduction to Venturi, *Complexity and Contradiction in Architecture*, p. 11.

9　同上：13.

10　T.S.Eliot, *Selected Essay: 1917—1932*（New York: Harcourt Brace, 1932）, p.18, quoted in Venturi, *Complexity and Constradiction in Architecture*, p.28.

11　Stanley Edgar Hyman, *The Armed Vision*（New York: Vintage Books, 1955）, p.240.

罗伯特·文丘里和丹妮斯·斯科特·布朗 Robert Venturi & Denise Scott Brown　41

全部罗列。在文丘里的著作中，他所寻求的是重新获取往建筑师在达至复杂性、含混性以及张力时所采用的机制，这些机制已经被诗歌分析者们讨论过。和他们一样，他通过引述与案例来支撑自身的想法。

含混性体现在相互矛盾的要素的并存状态之中。文丘里为自己设定的任务是去探索这些互相矛盾的要素是如何体现在建筑中的。他所探索的第一个现象是这些要素在不同的面向上如何同时发挥作用。"双重性"使它们可以发挥不同的功用，使得可以谈及"两者并同时存在"（both and at once）和"两者—以及"（both-and）的要素。毫无疑问，文丘里赞同那些表里不一致的建筑。正如我们记得的，他理所当然地会选择"两者并同时存在"而非"两者之一"（One or the other）。"包括在内"而非"排他性"，丰富的差异性相对于由排他性的规范所产生的独特性，矛盾、意义的双重性以及阐释的不确定性对于显然不可转移的形式。建筑的历史中大量存在双重功用的要素，诸如豪克斯摩尔（Nicholas Hawksmoor）、波洛米尼（Borroumini）、柯布西耶等人。这些要素使文丘里可以解释"两者并同时存在"的现象，进而使得矛盾性成为建筑师作品的基础性原则。

在另一方面，与现代主义建筑师们的创新动力截然不同的是，他强调接受传统要素的重要性。"通过对传统要素用非传统的方法进行组织，建筑师可以创造新的意义……熟悉的事物出现在不熟悉的文脉中，使人感觉既是新的又是旧的。"[12]文丘里的美国主义不仅存在于方法上，也不仅是接受诡辩的系统，而是一种现实主义的追求。这一点从他对于实际工作的重视上，以及热衷于使用日常生活中的材料上展现出来。以赖特为首的有机建筑所维护的一致性和连贯性对于日常性采取了排斥的态度，并将其等同于粗鄙。所有的事物都因其个性所决定，是独一无二的，特殊的和专一的。文丘里对这种理想主义的做法施加了积极的反作用力，并将这种反作用推广至建筑与城市的关系上。"通过对已有的传统要素进行调整或者增加，建筑师能够将文脉扭转，从而以最少的方法实现最大的效果。"[13]

在书中，文丘里引用了康的格言："设计的任务是根据周边的环境进行调整的"，[14]并以此来解释设计者如何对可能存在的矛盾持开放的态度。接下来，他通过对案例的梳理，继续去寻找建筑中的"变形"与"异常"，以及它们如何演化为不对称，出乎意料的并列、片段和断裂、破碎以及尺度上变化。他揭示出在一致性和连贯性的名义下，建筑师们忘却了对于自然的追求。形式主义导致了垂直交接的专制地位。通过对自然的背书使建筑师们可以在平面中引入斜线。学校教育将基于网格这一预设的策划方法教给学生，在方案需要的时候就可以自由地开洞。他继续深入探寻建筑史中的矛盾与冲突，其中最为赞赏的是那些自由胜于常规的建筑。那些特定的建筑，例如哥特主教堂，文艺复兴的宫殿展现出了他所说的在适应和调整过程中的矛盾性，或者他所说的矛盾性是必须的并置所导致的结果。

12 Venturi, *Complexity and Contradiction in Architecture*, p. 50.
13 同上：50.
14 同上：54.

文丘里在书中所提出的大量体现出矛盾性的案例可以使我们探寻室内和室外的类别。"室内与室外的对比是建筑矛盾性的主要体现。"[15]只要建筑师学会不带偏见地去思考建筑历史，那么现代建筑所宣称的作为其正统性之基础的室内外连续性就会被瓦解。文丘里引用了众多没有"空间中的连续性"的案例，这些案例都刻意地明显区分室内与室外。他不遗余力地向我们展示穹顶和灯笼如何造就无法从外部观察到的空间；多层次结构建造出来的建筑；"冗余的围合"和"残余的空间"[16]这些我们认为在不真实的时空中才会感受到的复杂和不明确的环境。另一方面，对于建筑室内与室外的检视将会把主题引向城市。城市以防御性的城墙、环城道路、公园等来划出它的范围，并通过复杂的设计使这些要素内部得以协调。建筑则经由室内外的墙体使其具有成为创造出的二元性与戏剧性的实际证据的能力。

在明确了建筑中的明显复杂性，并指出了建筑中众多和持续的矛盾性之后，文丘里转向了更具思辨性的立场，提醒我们建筑中"整体"（the whole）的重要性。他说："建筑的复杂性与适应性并不能使之舍弃整体性"，[17]并且通过引用葛楚·斯坦因（Gertrude Stein）的话"我已经强调过整体性的目标，而不是'它的真实性存在于它的整体之中'这样对艺术进行约减"[18]来使他的思考得以完整表述。文丘里采取了古代亚里士多德所推崇的从整体的观点去观察现实，并进一步解释如何呈现现实的整体状态，与此同时避免在简化过程中对现实的消减，以及避免对各部分自主性与独立性的否定。他倾向于"经由包容性而达至的得之不易的整体"而不是"经由排他而达至的唾手可得的整体。"[19]因此，借助于

思辨，他将注意力集中于发现与艺术工作中整体状态伴随的复杂机制。文丘里对"二元性"比"三位一体"更感兴趣——"'三'是构成建筑中纪念性整体的最常见的要素"[20]——沙利文、弗朗西斯卡（Piero della Francesca）、凯利（Ellsworth Kelly）和路易斯（Morris Louis）的作品都是展示二元性组合之美的、有说服力的例子。接下来，文丘里又介绍了转调（inflection）这一概念，在建筑中，转调指的是"一种方式，即整体的意义经由揭示每一个体的本质而体现，而非经由每个个体的位置和数量而体现。"[21]每一个部分，都是自主和自由的，并有着不同的功用，它们对于整体发挥作用而并不需要成为整体的一个部分，也不需要成为界定整体时所必要的从属或者附属要素。文丘里有充足的案例去支持他的理论：诸如范布勒（Vanbrugh）和蒙蒂塞洛的英式巴洛克建筑，锡耶纳的平民宫（Siena's Palazzo Pubblico），土伦斯（Toulouse），勒斯琴（Lutyens）和莫瑞蒂（Moretti）的詹姆士一世时期的教堂。这些作品的整体性并不意味着一种忽视各组成要素的自主性与自由的层级体制。

文丘里列举的这些案例中的多样性显示出了"转调"这一概念如何应用于所有的建筑。他站到了学院派的对立面。建筑本身就对特殊的解决之道和

15 同上：57.
16 同上：84.
17 同上：89.
18 同上：89. 文丘里从海克雪尔的《大众的幸福》（纽约：Atheneum 出版，1962）中引述。
19 同上：89.
20 同上：90.
21 同上：91.

不确定性持开放的态度，这也使我们可以看到一些不寻常的现象，不过这并不意味着要忘记一个整体中的个体性。赞扬整体并不是要贬低未解决和未完成者的价值："一个复杂以及矛盾的建筑所应具备的整体性并不是将无法解决的问题排除在外。诗人和剧作家都承认存在找不到解决办法的困境，问题的合理性以及意义的生动性使得他们的作品更具艺术性而非哲学性。诗歌追求的是表达上的一致与完整，而不是单个地解决问题。"[22]这一思考使得他将结论延伸至对于城市的理解和设计。他写道："复杂的程序作为一个过程，随着时间的不断变化与成长，在每一个阶段都或多或少与整体性有关，这在城市设计中应该被认为是不可或缺的。"[23]接下来，似乎是要证实刚才所说，他又补充道"建筑物……在一个层面上是一个整体，而在另一个层面上是更大整体的片段。"[24]对于上述问题的清晰认识，使文丘里比起那些与现代性有密切关系的批评家在看待城市问题上更为深入。"事实上，66号公路上的商业带不是很好吗？"[25]尽管在20世纪60年代，文丘里还未像他在70年代那样在著述和作品中宣称"民粹主义"（就此我们将在下文有所讨论），然而《建筑的复杂性与矛盾性》以赞颂大街为结束，就是一个预示。

《建筑的复杂性与矛盾性》一书具有高度的批判性，它对于文丘里的成功起到了很大的作用。他反抗对于现代性的诠释所导致的体制化，这种阐释使得从学院派到社会学家与政客的所有人都梦想着实现一种秩序井然的，令人熟悉的，可被预期的城市。他讲到，这种阐释会导致建筑中结构观念之语汇的衰减及体系的简化。赖特、密斯、柯布西耶等人的离经叛道道式地散布用以庇护他们作品的口号，文丘里对此强烈反对，为此《建筑的复杂性与矛盾性》一书明确地指出了严格地遵循预先设定的形式原则会导致夸大偏颇。这三位大师都是他批判的靶子，这些批判很大一部分是公正的。确实，在书中有大量难免流露出的对于莱特和柯布西耶的敬意，比方说用他们二人的作品去印证自己的主张，但是对于密斯和他的作品，文丘里却没有那么喜爱。毕竟密斯的建筑在没有经过检视和批判权衡的前提下大量扩散，只是为了遵循城市更新的必要性而对美国城市进行改造。阿尔托是文丘里唯一感兴趣的现代建筑师。文丘里发现这位芬兰建筑师的建筑承认矛盾性，并且对于每一件作品中所出现的人居环境和功能需求的复杂性有所回应。

文丘里也研究了与他同时期的一些盟友的作品和著作，例如康，凡·艾克（Aldo Van Eyck），槙文彦（Fumihiko Maki）。前面已经有多处写过路易斯·康对于文丘里的影响，事实上在《建筑的复杂性与矛盾性》中的确存在大量引自康的话。文丘里认为他的原则，他所尊崇的建筑特质都体现于康的格言中："建筑中既要有好的空间，也要有不好的空间。"[26]文丘里同样赞成康将结构诠释并使用为一种"双重功用"要素的方法，并且很高兴在他的建筑里能发现出乎意料的多余空间。然而，正如我将在后文做出解释的，康和文丘里在对待建筑历史时有着截然不同的方式。康对于纪念性的成分总是持有敬畏与尊

22 同上：101.
23 同上：101-102.
24 同上：102.
25 同上：102.
26 同上：31.

崇，而文丘里在对复杂性与矛盾性的追求中对于纪念性建筑较少表达尊敬。我觉得纪念性建筑完全不是他所认同的类型。在后面我们将会看到他对于康的象征性的研究是如何在其作品中呈现出来的。另外，文丘里很关注十次小组对于前辈建筑师的公开批判，并且不止一次地引用凡·艾克的话，他们两人都对惯常的现代建筑持保留态度。

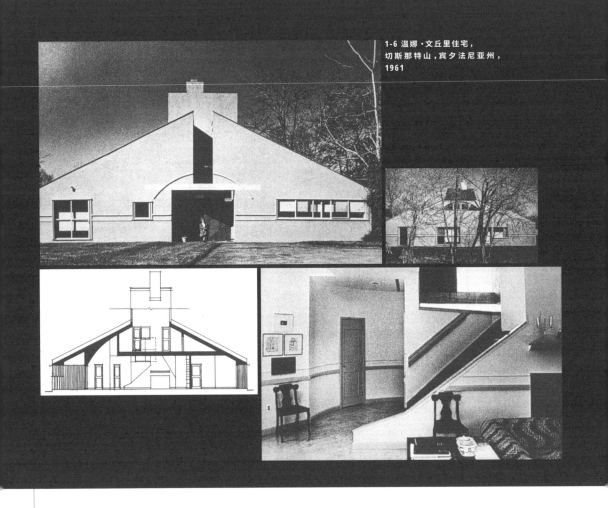

1-6

文丘里 1961 年为他母亲建造的住宅——位于宾夕法尼亚州切斯那特山（Chestnut Hill）的温娜·文丘里住宅（the Vanna Venturi House）——可以被称为是文丘里建筑的全面展示。这座住宅与《建筑的复杂性与矛盾性》为同时期的作品，可以作为他本人所有建筑观念的一个范例或者一个图解。在我们详细分析这一设计之前，请允许我对这座住宅的本质特征做出评论。通过这座住宅，文丘里向我们展示了如何把建筑体验的"文化"建造出来。我们在记忆里存储了图像、参照物以及故事情节，它们留存在那里，只有在它们被作为一个新作品的一部分时才会显现出来。我们对于建筑的体验以及与建筑的联系都将成为一种建造材料，并且将会真实地投射到建筑的结构体之上。在文丘里的特定案例中，有关建筑的体验已经超越了过往已知和熟悉的一切：建筑师不再是一个专业者，而是一个善于探寻记忆的行家，由此建筑成了一种不能被转移的个人化的反思。这个早期尚未成为民粹主义者的文丘里将责任归于个体的建筑师之上。建造过程是一个建筑师表达自我意识的过程，这种自我意识是亲密的，深入人心的，但更是敏锐的，足以收集建筑存在整体中所有未经过滤和排斥的令人感兴趣的故事情节。这个过程是具有创造性和吸引力的，意味着一种破碎和片段的建造观点，尽管与一些先锋派的主张不谋而合，但是它的整体观是截然不同的，因此，文丘里开辟了一个后来被其他同行利用的领域。当建筑从个人体验入手时，会间接地导致一种感性的建筑，结果就会变得很不同。先锋派建筑师宣扬物体的自主性，而文丘里则宣扬观者的自主性。我会尽量不提及使用者，对那时的文丘里而言，主角是建筑师本人。以另一座标志性住宅，柯布西耶成熟期的作品——斯坦因别墅（Villa Stein）为例，这座建筑所界定的空间使自身成为可以被感知到的现实存在，而其自身并不适合于记忆。对文丘里来说，建筑产生于体验，它是一个不断认知的过程。不管我们是否愿意，我们无法从"已知"的罗网中逃脱。不过，矛盾的是，自由存在于蒙太奇（montage）之中，对此我们将在后文再做讨论。

当我说温娜·文丘里住宅是从平面布置开始构思的，大家应该都会觉得理所当然。文丘里从一个普通的形状开始：一个比两个正方形大一点的矩形，不过在这个形状里并没有对于中心的暗示，如果我们要界定一个中心的话，那就应该是壁炉，但我们要先说明，尽管壁炉具有重要的象征性，但它并不是一个结构部分。矩形本身就暗示了一种惯常的建造方法，它的尺幅是家庭式的并且预示了住宅整体的方正。平面布置具有双重正面性，即产生了入口处的垂直面，并与后花园的私密范围相呼应。平面布置可以被理解为从一个立面到另一个立面的过渡。在公共立面一边是厨房、储藏室和差不多位于正中的入口，以及浴室和次卧室，而在私密性立面一边则是餐厅、起居室和主卧室。在公共立面上的假窗排列紧密，而私密立面上的则排列疏朗。从一侧立面到另一侧立面的过道形成了一个可以容纳一个拱形的几何外形，反过来又为斜线确定了方向。所有事物都以这样一种方式表达，平面布局可以被解读

为一个故事情节：从入口处虚假的门廊起经过舒展的波浪式展开直到被背立面的正面性突然打断。

让我们来探索一下"建筑的体验"是如何被容纳进由矩形以及虚拟的拱形所造就的几何网之中的。当然，我们尝试指认这座建筑的特性时，门廊、主要入口、楼梯和壁炉都存在于这个矩形之中，并都是讨论"密度"的片段。门廊作为理解公共立面的关键，并未架构出一个位置正中的入口。文丘里认为，大门如同古代的堡垒，必须掌握在主人的手里。每一个要素都可以与特定的体验联系起来。大门与储物室相联系，可以使访客的视野涵盖全部的起居空间，楼梯环绕壁炉而上，使得楼梯成为具有自我价值的建筑要素。事实上，不难发现将我们与美国郊区这个外部世界联系起来的"隔板—立面"（diaphragm-facade）是由楼梯与壁炉所形成的景观。这座住宅似乎是要将最熟悉或者最标准化的活动都推至最边缘。厨房和两个卧室据于矩形的三个角上。尽管立体派艺术家教会我们如何处理面的方法，但是文丘里并没有像其他受到立体派影响的建筑师那样使用任何叠置的手法。为了坚持维护每一个要素的独立与自主性，他做了一些调整并且通过切割和斜线的方法解决问题。那个将我们从一个垂直的正面引向另一个正面的虚拟拱形，是解决问题的有效助手。文丘里将整体中的每一个部分都视作不同的场景。建筑师的技巧在于将它们整合在一起并维持其整体性，以使作品具有清晰的身份表征。

尽管设计是起始于平面布置，然而这座建筑最有趣味的却是立面，这也是我们将要着力关注的部分。立面作为你进入住宅的一个面当然是更具吸引力的。它具有清晰的正面属性，显然，它会使人想起古典建筑中的三角形山墙、对称性以及集中性等。由轴线对称所产生的平衡决定了立面的形式规则。在整体上，作为一种虚拟的平衡，外观具有主导地位。在轴线附近建筑更加"密集化"。简朴的门廊和门楣之上弧形的板，似乎无视门楣的存在。聚集起这些要素，将它们分布于烟囱之上，就创造出了与这座住宅的谦逊毫无关联性的自以为是的垂直感。

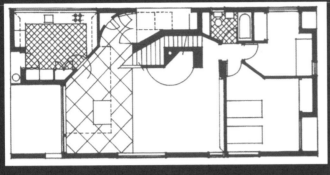
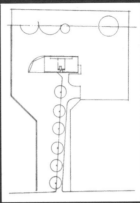

但当我们停下来去检视立面时，就会发现一种在安排开门洞时有意识的不对称性，这一点与现代主义传统中为了体现内部空间多样性时的做法一致。厨房的水平向窗，卧室唯一一扇的位于正中的窗以及被拱形所忽视的窗，都很容易融入场景之中。被打断的山墙加强了虚拟的对称性，这使人联想到文丘里所崇拜的路易吉·莫雷蒂（Luigi Moretti）在罗马的基拉索别墅（Palazzina Girasole）。这种对称性在烟囱借由那个缺口而脱离轴线时得以清晰地显现出来。在另一方面，正面性似乎探索了这一建造体系所导致的"平板性"，即产生于传统建筑的形式叠置样式，并且以线脚的方式将这种样式加以界定，它们的本质未被隐藏，反而实际上作为独立于结构之外的附加要素而体现出来，并促进了含混图像的形成。文丘里在研究建筑历史的过程中曾对这些机制和成分有过深入的认识，毫无疑问，他希望这些也出现在自己的建筑作品中。经过这些年，那些自20世纪60年代后期初次发表后就给建筑评论家与专业人士留下深刻印象的立面活力并未消失。与之相比，

背面的私密性的立面则较少引发兴趣。现代建筑所采取的那种通过开洞以体现内部空间的方式，当容纳这空间的"形体"失去其价值时，就不再有效了。门廊上的开洞，起居室的开洞以及起居室和卧室共有的开洞，都无法使得二楼平面上的那个充满争议也不具说服力的水平开口变得有活力。在立面上曾分析过的水平线脚系统在此又出现了。因此，立面上的要素所具有的连续性，在其他要素之间却被有意地忽视了。

　　检视这一案例是一件有趣的事，因为它展示出了文丘里对于建筑的理解，即建筑最终就是它自身，即使要以牺牲场地环境——一个典型的美国郊区——为代价。这栋房子刻意呈现出一种含混性，不理会它所处的社会与物理环境。从场地设计来看，前立面与周围的环境毫无关系。对早期的文丘里来说，提出一个建筑宣言，比与地方和空间需求产生关系来得更重要，他念兹在兹的是能使这栋房子变为呈现故事的舞台，演绎出他记忆中精彩的建筑体验的片段。

7-12 吉尔德公寓，费城，1961

7-12

与温娜·文丘里住宅同一时期，在 1961 年位于费城春天花园街的吉尔德公寓（Guild house）中，文丘里产生了一种新的方法。这种方法与现实主义有关：一种保持其特征的，而不是"常规和日常的"建筑，它既不令人惊奇，也不张扬，不追求新颖。在当时的欧洲建筑师们正在应用柯布西耶"集合住宅"（Unité-d'Habitation）中的复式（duplex）设计方法以及十次小组探索的自主性高的集合住宅的城市规模。文丘里却在热衷于使用并不复杂的建造要素，希望建筑能从

平庸中实现自我解救。但是建筑实际的规律性机制，丝毫不需要创造新的要素。换句话说，即使对于发挥余地不大的商业建筑来说，建筑一直是有机会的。吉尔德公寓是准对称的，正面性的。温娜·文丘里住宅与这些费城的高级公寓之间没有太大的差距。在这两个案例中，我们都可以讨论正面与背面等。吉尔德公寓的平面设计策略在于，将更多的单元布置在靠近马路一侧。这就带来了一种分隔错开的组合方式，并显示出文丘里长久以来对于阿尔托的崇拜。但是对角线

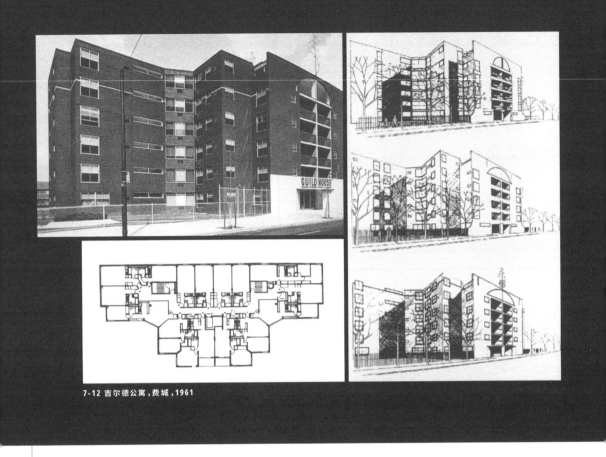

7-12 吉尔德公寓,费城,1961

揭示出面与面的向内交汇,将我们引向一个假设的中心,并表明了这是一个高密度的住宅建筑,那些布置成环绕着走廊的为公寓服务的浴室和厨房就证实了这一点。提到阿尔托,这个案例有助于回忆起这位芬兰建筑大师如何在住宅中细心地布置这些作为公共空间的走廊,并且比较他与文丘里对待走廊的态度。在阿尔托的设计中,走廊是独特的空间,具有独特的存在价值。在吉尔德公寓中,文丘里选择不浪费任何公共空间,于是坚持使用控制性的几何方法去应对要求严苛的商业建筑。个人空间居于主导地位,但却不是独特的。相反地,它们被设计得最为规整,并且在空间尺度上最优化、最适当。

那么吉尔德公寓到底是哪里有趣呢?其中之一

是文丘里聪明地将立面的尺寸缩减,这就使得设计聚焦一个面上并且赋予它一个密集的图像内容。在传统的砖立面上,文丘里布置了一系列的图示符号,从入口处门廊的圆柱形壁柱到顶端的电视天线。一个具有幽默和讽刺意义的顶端要素,提醒大家电视已成为很多人的生活中心。这种赋予立面上一系列凹凸断裂纪念意义的序列,可以被认为是意义含混的和互相冲突的。举例来说,阳台上方的高拱形窗的光滑玻璃表面与阳台的深度发生强烈的不协调感。而圆柱支撑物与垂直于立面的墙体之间几乎没有对话,只有通过巨大的"吉尔德公寓"标识来使它们协调起来。多彩的肌理全然依靠一种材料——砖,而并未使用正统的建造方式。外形、轮廓与侧面可以被

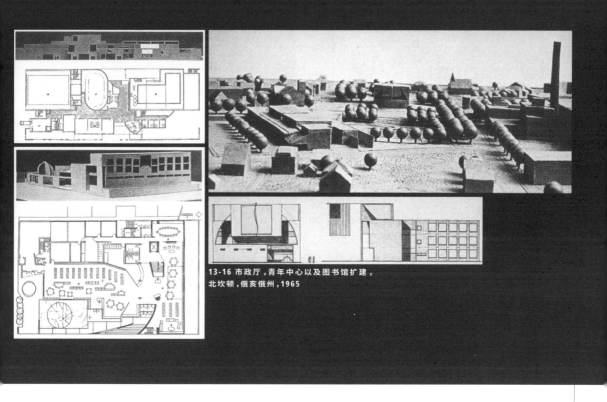

13-16 市政厅，青年中心以及图书馆扩建，
北坎顿，俄亥俄州，1965

视为像康的做法，但是康的建造处理方式确实与之有显著的不同，因此这种所谓的关系应该被摒除。

文丘里非常重视入口，这在早期的三张草图中就已经显露出来了。吉尔德公寓与温娜·文丘里住宅预示了他日后宣称的入口的重要性，在他的设计策略中，入口往往是作为整个设计的起始点。

13-16

在 1965 年为俄亥俄州北坎顿小城所做的设计中，文丘里与劳奇（Rauch）有机会展示将他们的设计原则应用于任何环境的能力。他们的设计任务是建造一个市政和青年中心（YMCA），并扩建一所图书馆。建筑师没有畏惧这一项目中几个部分在功用上的本质不同，而是以强调建筑的自主性和独立性的策略，让它们"漂浮"在小镇范围中，它们之间经由一个"空"的体系产生联系，因而免于受到几何形式的影响。每一座建筑都在"观察"着对方，与此同时承担着自身的功能，并且摆脱了任何要形成一个整体的压力从而得以自由存在。

让我们从市政厅开始。文丘里以此告知我们："市政厅在比例关系上，像一座罗马神庙，而且因为它是独立的，因此与希腊神庙相比，它具有方向性，即前立面要明显比背立面重要。我喜欢路易·沙利文在他后期的银行设计中，运用巨大的拱形去创造形象、整体性以及纪念性的尺度，它们虽然是位于中西部城镇主要街道上的小建筑物，但仍然非常重要。"[27] 毫无疑问，文丘里的这些话有助于我们去理

27 Stanislaus von Moos, *Venturi, Ranch & Brown:Buildingsand Projects*, trans. David Antal（New York:Rizzoli,1987),p.154

解图纸。建筑物具有立面的、正面的、公共的形象。所有的行政区域都被安排在立面上，置于一个有着常见的方形开口的立方体形的体量之内。两位建筑师没有去分析空间而使生活复杂化，他们要做的就是设计一个具有表现力的立面。那些创造"形象，整体性以及纪念性尺度"的要素是一个自由的，独立出来的立面，它的特征是被饰板打断了的拱形。这些能使人回想起康的几何处理方法。由拱形所确立起来的对称性在出口处轴线消失时被打破了。一面巨大的旗帜消除了对这座建筑功能的任何疑惑。立面从体量隔离出来，使其成为"面"与"体"承担不同任务的清晰注脚，而建筑师们正是集中全力于此处。在这里并不存在所谓"风格"。"形象"满足了建筑师们认为这座建筑应有的整体性与纪念性尺度。

青年中心与图书馆扩建如同温娜·文丘里住宅那样，其建筑亦是从平面产生出来的。在这两个建筑中，设计策略立足于将一些大型空间比如体育馆、运动场、游泳池等与行政区域加以区分。为此，建筑师设计了走廊，走廊的重要性就在于它是一种缝隙空间，其他的空间都被规则化，以一个矩形作为收束并漂浮在北坎顿城中心的中性城市空间中。对于图书馆扩建，文丘里和劳奇采取了与上述不同的方法。在此，不同的尺度被创作出来，它们彼此共存而不会产生不连贯、不一致的地方。既有的传统建筑被炸开，外形轮廓四散开来，界定出一个同时用作阅览和储藏书籍的空间。使文丘里与劳奇的作品有趣的并不是这些剩余空间，而是分割空间的元素以及所创造出来的连串事物。请观察对角线如何帮助界定阅览室与藏书区，同时塑造出接待区。在这里，对周廓的自由处理方式又使我们想起阿尔托。不过，在矩形中以一个拱形作为入口，并经由内庭持续延伸，这就塑造出了建筑的性格，强调了它的自主性。可惜的是，这一方案并未付诸实施，但它仍具有不可低估的影响力。文丘里将它也收入到了《建筑的复杂性与矛盾性》的案例中。对于城市设计来说，其教育性是明白无疑的，因为它显示出设计语汇发展的线索，例如被打断的对称性，以规则性

为基础，不同尺寸间秩序的共存等。北坎顿已经是一个成熟建筑师的设计方案。

17-19

文丘里与劳奇在北坎顿市政厅的设计准则被同样应用于下一年（1966年）在印第安纳州哥伦布市四号消防站的设计中。这个方案得到了实施。在此，平面布局是简单的，它反映出基地的几何形态。背立面的倾斜特征是作为虚假对称性的一个借口，这一手法产生了方案中最有趣也最为复杂的空间，将一个小厨房融入消防水塔的体量之中。在平面布局解决后，建筑师转向了立面。在此设计的核心观念又一次是一座互为正确与错误立面的建筑，即正面同时也是背面。主要的立面再次探索了正面性同时融合了不同尺度的运用：大尺度用于消防车库，小尺度用于消防站内的小空间，诸如厨房、起居室、储物室等。由此，厨房的水平向窗与起居室的方形窗并存，车库的开洞与居家的开洞并存。每一个开洞都有其自治性并不具有相互

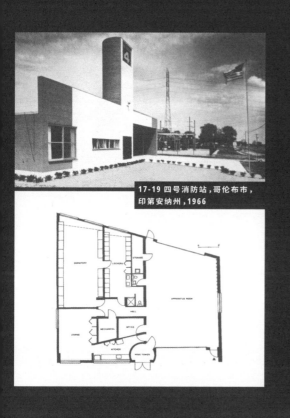

17-19 四号消防站，哥伦布市，
印第安纳州，1966

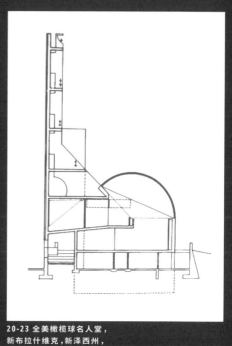

20-23 全美橄榄球名人堂，
新布拉什维克，新泽西州，
1967

的关联性。另一方面，立面表面在传统的红墙以及白色釉面砖之间转换，因而两种不同的肌理结合所形成的不连续性成为其主要的特征。这一立面的用意在于使人无法感知作为其建造基础的形式准则。我们可以简化事物并将功能主义者的作为发挥到极致。但是，我们也可以关注多样性，并由此产生一种可以消除强调公共建筑特征的"如画风格"（picturesqueness）。哥伦布市的这座消防站是一个令人赞许的作品，它的建造始于立面，立面被刻意地解释为一个独立且自治的故事情节。立面作为垂直面的精华所在，在这里预示了文丘里作品中常出现的一个特征，将平滑的表面用作建筑的外部覆盖物。所以，外部覆盖物在他的早期作品中是非常重要的一个领域。他距离自己前辈导

师有多么远！哥伦布市的消防站与康的体量建筑没有多大关系，同样与埃罗·沙里宁（Eero Saarinen）在后期建筑中常使用的壳体也没有关系。

20-23

《建筑的复杂性与矛盾性》时期的文丘里逐渐让位于《向拉斯维加斯学习》（Learning From Las Vegas）时期的文丘里，对此我们将在后文详细讨论。不过，1967 年新泽西州新布拉什维克的罗格斯大学的全美橄榄球名人堂（National Football Hall of Fame）是展现这一演变的很好范例。文丘里曾在罗马和更早期的建筑中发现将"规则"抛开的乐趣，现在他又受

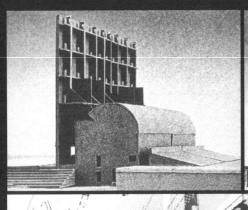

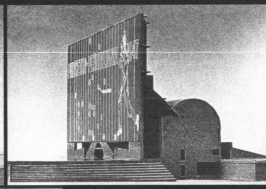

20-23 全美橄榄球名人堂，
新布拉什维克，新泽西州，
1967

到了"自发性"建筑背后逻辑的吸引。他宣称自己是一个美国商业建筑的热情崇拜者。文丘里与劳奇的全美橄榄球名人堂方案尝试运用那些并非来自纯建筑领域的要素，例如广告牌。这是文丘里在欧洲古建筑旅行中乐于发现的"偶遇"的结果。一幅巨大的屏幕是可移动的，有活力的立面，这一立面没有沉溺于传统立面的静止与仪式性的状态，而是像威尼斯别墅的立面那样，创造出了作为建筑形象的垂直面。尽管文丘里在谈及拱顶时提到了丁托列托（Tintoretto），但是剖面仍会使我想起斯特林这样的建筑师。屏幕与拱顶连接的地方建造在一个复杂的斜线系统上，这展示出建筑师的精湛才能。在此，文丘里

和劳奇将建筑师视为操纵木偶的提线，作为一个可以评估问题的专业人士而不屈从于对形式的预先判断。

24-27

1970 年位于马萨诸塞州南塔科特岛的楚贝克住宅和维斯洛基住宅可以展现出文丘里、劳奇和斯科特·布朗（Scott Brown）对建筑形式的态度。这种态度既不具批判性也不具理论性，就像姆拉多利（Muratori）、阿尔甘（Argan）、罗西、柯尔宏（Colquhoun）和科里尔（Krier）兄弟所做的那样。文丘里、劳奇和斯

24-27 楚贝克住宅和
维斯洛基住宅，南塔科特
岛，马萨诸塞州，
1970

科特·布朗试图通过建造体系和形象去恢复美国传统的木构架住宅，与此同时忽略形式组织。他们极为谨慎地去尊重受欢迎的住宅形式的外观，而似乎并无顾及地去自由对待室内。除了维持受欢迎的外观，建筑师们也加入了所有他们想要的元素，不论是窗户还是楼梯，他们并不过渡担心会违反曾经设计的初始模式。这些住宅由"形象"界定，包含了许多完全不同的元素，虽然大部分是标准化的，但是却摆脱了与形式体系的所有关联。建筑师们将这些要素当作熟悉的材料，就像有结尾的故事情节那样，这些住宅因而像是独特而精确的事件，它们既不能被看作既有类型的表达也不能被看作一种新的原型。

在这里，对于文丘里、劳奇和斯科特·布朗来说，"类型"被简化为了"形象"。更恰当地说是"形象即类型"，其理念在于"沟通是经由形象而实现的""类型 / 形象"比起住宅的结构来说更容易被识别。结果

是形成了一种它的形象负有造就整体之责的建筑，不论它呈现出来的是什么要素，皆属于建筑史的一部分。不过，要素与整体之间那种可以形成过往之建筑特征的相互关系却完全销声匿迹了。类型的内在形式体系也消失了，而且由于简单的建筑要素承担了"类型 / 形象"的作用，它们由此可以被视为独立的、自治性的部分。

事实上，在我们面前的是一个片段化的，未完成的建筑。文丘里、劳奇和斯科特·布朗有意摒除了数百年来支配建筑的"类型的整体性"观念。在探索的过程中，令他们略感意外的是，建筑的形象再一次出现在破碎的镜子里。如果建筑在过去是一种模仿的艺术，是对自然的描述，那么这一次也是如此，只不过建筑自身成为被模仿的对象。由此，建筑又回到了对自身的模仿上，它反映出一种既非破碎化也非片段化的历史事实。

罗伯特·文丘里和丹妮斯·斯科特·布朗 Robert Venturi & Denise Scott Brown

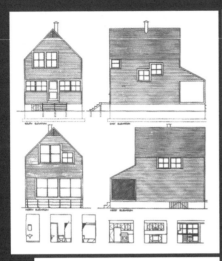

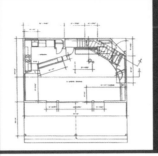

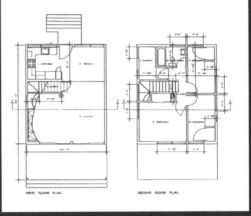

24-27
楚贝克住宅和维斯洛基住宅，
南塔科特岛，马萨诸塞州，
1970

在《建筑的复杂性与矛盾性》获得成功的数年后，即1972年，文丘里接着出版了第二本书，这本书是与斯科特·布朗以及斯蒂芬·伊泽诺尔（Steven-Izenour）合著的。在《向拉斯维加斯学习》中，他们冒险对一个由奇幻支配着的城市形象展开了刺激性的分析。与这一分析同时展开的是对现代性的批判性反思，并且与《建筑的复杂性与矛盾性》相似的是，该书同样以文丘里自己的作品作为他所推崇的典范和案例。他的目的在第一页就清晰地展示出来了，即开篇就以"空间中的象征物先于空间中的形式：拉斯维加斯作为一个沟通系统"[28]为标题。事实上，文丘里、斯科特·布朗和斯蒂芬·伊泽诺尔想让我们明白的是现代建筑忘记了象征物的重要性，而具有讽刺意义的是，正是拉斯维加斯这样的城市换回了它的重要性。它带领我们穿过带状的街道，并向我们展示庸俗的酒店与赌场如何操控广告牌，以及沿街的建筑物如何被驾驶者视为艺术的样本。对于作者来说，要点在于，拉斯维加斯这座城市使建筑恢复了往昔所具有的说服力。正如我们已经知晓的，20世纪60年代末见证了将建筑理论转变为语言学总体理论的倾向，它促使那些更为关注句法以及那些仅仅注意语义的人之间的对立与冲突。在书中可以清楚地看到，文丘里、斯科特·布朗和斯蒂芬·伊泽诺尔意图维护的是建筑中具有沟通性的部分而不是结构性的部分。拉斯维加斯是一个说明建筑的存在就是为了沟通的范例，因此这本书正是以对它的颂扬开始。受到语言学的影响，他们优雅地使用"指示意义的"（denotative）和"隐含意义的"（connotative）这样的术语去评论吉尔德公寓，"写着吉尔德公寓的标识，通过文字指示出意义，就像一个突出的印章要素。图形的特征隐含出机构的庄严性，但是矛盾的是，图形的尺寸却又隐含出商业的属性。"[29]翁贝托·埃科（Umberto Eco）在他的语言学手册《不在场的结构》[30]（La struttura assente）中以整整一章专述建筑，他找不出比建筑更好的方法去解释"指示意义"（denotation）与"隐含意义"（connotation）这两个概念。

一旦牌局开始，文丘里、斯科特·布朗和

斯蒂芬·伊泽诺尔就持续攻击那些在当年仍然被视为先锋派的建筑。他们向只寻求通过形式来产生沟通的建筑宣战。现代建筑摒除了"象征主义"，而选择"（推广）表现主义"，专注于对建筑各种要素自身的表现，包括表现结构和功能。[31]再往后我们会读到："通过对象征主义和装饰的鄙视，再现取代了表现，并导致了建筑中的表现成为一种表现主义。"[32]对于文丘里、斯科特·布朗和斯蒂芬·伊泽诺尔来说，现代主义的建筑师对形式的过分强调已经导致一种新风格的出现，为此他们努力去提出一种可以摆脱形式主义和表现主义的语言。在整个文本中，他们严厉地斥责将建筑理解为"空间的艺术"这一强迫性的定论，这是一种追随沃尔夫林式的（Wollfulinian categories）批评家常持有的态度。"或许建筑中最具专制性的要素就是空间，空间由建筑师设计出来并被批评家所推崇，填充着由不可捉摸的象征主义所创造的虚空。"[33]现代主义的建筑师们回避了由建筑的多种职责所形成的复杂性，结果是造成了对于空间价值的抽象求索。《向拉斯维加斯学习》积极地排斥了这一态度。这本书的观点是，城市不能被视为互相关联着的空间，而建筑也不能被视为城市空间的展示。文丘里、斯科特·布朗和斯蒂芬·伊泽诺尔大声地呼吁要换回一切被遗忘的事物："现代主义的第二代建筑师只承认历史中'具有结构性的部分'，如同西格弗里德·基甸（Sigfried Giedion）所归纳的那样，他将历史建筑及其广场抽象为处在光线下的纯粹形式与空间。这些建筑师着力于将空间作为建筑的品质，使得他们将建筑阅读为形式，将广场阅

28 Robert Venturi, Denise Scott Brown and Steven Izenour, *Learning from Las Vegas*（Cambridge: MIT Press，1972），p.4.

29 同上：21.

30 Umberto Eco,*La struttura assenta*（Milan: Bompiani, 1968）.

31 Robert Venturi, Denise Scott Brown and Steven Izenour, *Learning from Las Vegas*（Cambridge: MIT Press，1972），p.4.

32 同上：97.

33 同上：97.

读为空间，将绘画和雕塑阅读为色彩，肌理和尺度。"[34]文丘里、斯科特·布朗和斯蒂芬·伊泽诺尔为自身设定了一个任务，即推翻这种诠释：现代主义建筑是"极权主义"且抽象的。它企图经由一种可以反映整体的语言，去展示社会对其所期望的职责。然而，现代主义建筑却模糊了自身运作所应遵循的原则范围。

为了使我们明白建筑变成了什么样子，与现代主义建筑所期望建造的"鸭子"相对比，《向拉斯维加斯学习》高度地评价了"装饰蔽体"（decorated shed）。文丘里所称的"鸭子"是什么意思呢？它是指一种建筑师相信建筑的象征形式，是可以用来表达传统上对建筑期待的建构。"形式"占据主导地位，并且具有综合的、有机的和整体的价值。依据文丘里的观点，"当建筑的空间、结构以及功用所组成的系统被总的象征性的形式所浸没和扭曲时，我们可以称之为'鸭子'。我们称这类变成一种雕塑性建筑的建筑物为'鸭子'，是为了向彼得·布莱克（Peter Blake）在《上帝自己的垃圾场》（God's Own Junkyard）一书中'长岛的小鸭子'致敬；它是一间形状像鸭子的汽车餐厅的插图。"[35]作为引人瞩目的对比，"当空间和结构的系统直接服务于功用而装饰被独立运用时'装饰蔽体'便出现。"[36]依据文丘里的观点，建筑的历史中充满了"装饰蔽体"。拉斯维加斯是一个古老建筑机制的更新。亚眠主教堂是一个布告牌，用它后面的建筑物作为广告。意大利的府邸是"装饰蔽体"的最卓越的范例，例如斯特罗齐（Strozzi）、鲁切拉（Rucellai）和法尔尼斯（Farnese）都是立面有自身生命力的建筑，立面掩盖了其后的传统的类型学机制。19世纪的折中主义（eclecticism）建筑是"装饰蔽体"的一个样本，它的倾向在于混合了美学和功能，并表明了建筑师们的渴求。现代主义建筑摒除了装饰，并且罪恶导致了忏悔：维特鲁威（Vitruvius）笔下的"美"并不使"坚固"和"实用"兼备。文丘里大声地呼吁"美"，这是他常用来与装饰相联系的概念，就如同拉斯金（Ruskin）所做的那样。这是其自身价值的特性，如果缺失了就会流于空乏，而这正是文丘里所激烈批判的。

在艺术史上，新的艺术常常是对之前居于主导地位的艺术做出批判性回应的结果。文丘里很清楚他要瞄准的目标。他反对学他的学院派同事的建筑学，即由保罗·鲁道夫的耶鲁大学建筑学院（Yale School of Architecture），以及卡尔曼（Kallmann）和麦克金尼（Mckinnell）的波士顿市政厅（Boston City Hall）所支持的先锋主义的学院派。文丘里、斯科特·布朗和斯蒂芬·伊泽诺尔认为，一座建筑的语义学状态可以通过立面的经济手段应对，而不必影响结构或者与功用达成妥协。具有讽刺意味的是，那些被认为是粗鄙的建筑，即带状街道上的自发形成的建筑正是古代建筑的传承者。文丘里在罗马见到的，也就是从简·拉巴图特（Jean Labatut）和保罗·克瑞（Paul Kret）那样的大师那里学到的建筑，在《建筑的复杂性与矛盾性》一书中做了充满活力与智慧的展示。文丘里的第一本书是借用学院派来抨击现代性，而《向拉斯维加斯学习》则是通过民粹主义者的讨论和作品来抨击现代性，民粹主义者在面对肆意横行的精英知识分子的时候维护着"沉默的大多数"。因此，文丘里成为美国主义的冠军，那是一个由资本主义产生的社会，是一种比人们所能想到的更接近于古代文化的大众文化。

文丘里、斯科特·布朗和斯蒂芬·伊泽诺尔对拉斯维加斯，"带状街道"以及"装饰蔽体"的赞颂不应被误解为纯粹的争论。文丘里无法接受建筑师们为了一种英雄主义的或者充满虚荣心的原创性而继续去设计"死鸭子"[37]。出于道德的立场，他将自己等同于"沉默的大多数"，并倾向于丑陋和平庸。这里有真实的生活，而且很讽刺地，有建筑。

28-31

扩建一座建筑物，总是能产生对建筑的深刻反思。当我们面对一座以我们不熟悉的准则建造起来的建筑

34 同上：73.
35 同上：64.
36 同上：64.
37 同上：109.

28-31
艾伦艺术博物馆扩建，
欧柏林学院，
欧柏林，
俄亥俄州，
1973

时，会感到时光的流逝。那要怎么办呢？一种选择是，继续坚持那些准则去扩建，这要冒着使用当下的资源和与之伴随的方法的风险。另一种选择是，尊重并维持它的尺度，但是却使用一种符合当下的语言。这就是文丘里 1973 年在扩建俄亥俄州欧柏林学院艾伦艺术博物馆（Allen Art Museum）时所采用的方式。这座建筑是 1971 年由凯斯·吉尔伯特（Gass Gilbert）所建。这座吉尔伯特仿效他所崇拜的文艺复兴的庭院建筑，由两个新的庭院连接在一起，却忘记了设计回廊。第一个庭院保留了两个露天的走道，第二个庭院则将走道变为走廊。结果是从吉尔伯特的初始博物馆出发，保留了回廊结构。任何进一步的扩建行为，如同介入一个潜力被耗尽的区域那样，都会被认为是毫无未来可言的。文丘里、劳奇和斯科特·布朗因此面临着一个真正的挑战。在不夸大凯斯·吉尔伯特建筑的价值的情况下，他们在 1973 年的扩建对其保持了尊重，在特定的限制之下保持着自身的体量，同时也坚持了正交体系的构图方式。他们清楚地意识到，如果要采取这样的方式就必须非常巧妙或者狡黠。故此在一座任何人都会认为是传统的，没有特殊功用的建筑中，他们在提出方案时就严格地遵循功能的准则。在他们建造一个中性的要素来将老的结构与新的展示厅连接起来的过程中，他们发现了可以使体量增添特征的关键所在，即三个而不是两个体量的相互作用。

如果你想检视一下建筑师的狡黠论辩，那就去研究展示厅的平面，注意中性化和严谨的方形经过"减与切"两种行为发生的转化。将其中的一个角移除为建筑师们提供了渴望中的机会去引入爱奥尼柱式，这是富于煽动性的大众图像。切下的角可以使参观者观察到这个介入行为的架构。移除角的另一部分使文丘里、劳奇和斯科特·布朗可以引入他们喜爱的斜线，在此他们用斜线来界定入口。对不同尺度的处理技巧印证了他们的才能，多亏有这种才能才使得两座建筑物很好地缝在一起。

他们与原有建筑保持密切关系所做的努力，首先使外墙装饰得到清楚的展现。文丘里、劳奇和斯科特·布朗坚持对墙体做装饰，并且在与屋面交接的部分使装饰更为丰富。自然，他们要用自己的方法去覆盖／装饰。与凯斯·吉尔伯特使用模数调整和框架式的板材不同，文丘里、劳奇和斯科特·布朗选取了棋盘式的形式，其隐含的原因在于唤起 50 年代的装饰。文丘里、劳奇和斯科特·布朗做了一场对吉尔伯特的建筑进行调整并适应的演出。或许是这一有意且浮夸的演出造成了两座建筑的差异，而差异所产生的困难，就是他们方案的全部。不过，对不寻常和差异性的展示能被称为一种建筑方式吗？当隐藏在不寻常中的未知的事情被展示出来，或者一旦它成为建筑师智慧的战利品时，难道我们没有损失什么吗？检视之前提到的形式（外墙）导致了这一反思。这种形式是常设展厅的建筑物中最具特色的要素，在服务型建筑中却消失了。将这种形式作为凭借，开口安置其中。开口的安排方式弥补了它们的粗俗。文丘里、劳奇和斯科特·布朗又一次执着于不同寻常的事物。他们尽可能多地左右移动开口的位置，使其不具有任何秩序的可能。

欧柏林博物馆的扩建确实是他们最有趣味的作品之一。它引发了多重的阅读与反思。总结起来，在这个作品中，建筑师们将他们的工作与波普艺术家的比喻手法联系起来。最好的例子是，角落的窗户给人爱奥尼柱结构的"幻像"。爱奥尼柱子可以是欧登伯格（Oldenberg）的一个雕塑，很可能它就是来自那里，与此同时，它又是一个承重构件，文丘里在《建筑的复杂性与矛盾性》中谈到的含混性在此发展成为一个完整的宣言，或许对建筑的形成来说，是过于清楚了。

32-33

文丘里、劳奇和斯科特·布朗认为，作为专业人士从自发性建筑中能找到可以使用的真正的理性。在他们急于运用自发性建筑中的方法的热切渴望中，试图在下列建筑中探讨当代建造中最为急切的问题，即如何处理包裹着结构的覆层，不论材料是混凝土

32-33 科学信息协会总部，
费城，1978

34-35 住宅与商业大楼提案，
巴格达库拉法街，1981

还是钢结构。这是一个现代主义建筑师早已高度关注的问题，至少在外观上，他们是严格遵循结构的方法去解决这一问题的。不过，密斯执着于展示结构与覆层相一致的结果，同时舍弃装饰。而文丘里、劳奇和斯科特·布朗则摒弃了这种关系，他们优先关注覆层的表面状况，因此为重新引入装饰带来了机会。

在 1978 年的费城科学信息协会总部（Institute of Scientific Information Headquarter）方案中，体量构成与开窗方式都是严格恪守惯例的，我甚至可以称之为粗鄙的。建筑师们似乎专注于使砖的砌筑变得丰富的方式。立面强调的是覆层的平面性，表达出除了

用装饰（在此指的是砌砖的错缝方法）使其变得丰富，别无选择。如同吉尔德公寓那样，这座建筑也接受对称性，即使对称性在基座处就被打破了。在此，《建筑的复杂性与矛盾性》中的文丘里又重新出现了，尽管乍一看他只生活在《向拉斯维加斯学习》里。

34-35

同样的手法，再次运用到 1981 年巴格达库拉法街住宅与商业大楼（Residential and Commercial Building）的提案中。文丘里、劳奇和斯科特·布朗在基

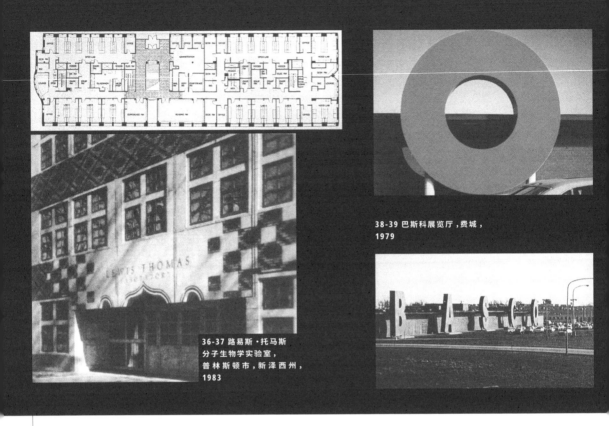

38-39 巴斯科展览厅，费城，
1979

36-37 路易斯·托马斯
分子生物学实验室，
普林斯顿市，新泽西州，
1983

座周围的自由性似乎并不能证明采用传统装饰形式是合理的。这一提案使"装饰蔽体"观念受到了质疑。在我看来，如果这座位于库拉法街上的建筑付诸实施的话，它会因体量和结构而大出风头，如此一来他会变成由现代主义启发出的平常建筑，并且可能会湮没所有具有当地特征的符号。

36-37

文丘里、劳奇和斯科特·布朗在科学信息协会总部尝试要解决的问题，又一次出现在 1983 年位于新泽西州普林斯顿市的路易斯·托马斯分子生物学实验室（Lewis Thomas Laboratory for Molecular Biolo-gy）的方案中。解决的措施并没有显著的不同，但是布置却要复杂得多，使建筑师们更能够尽情发挥才能。平面的布置表现出他们将实验室围绕建筑一周布置的喜好，将中心部分留作辅助的服务设施。再次强调一下这座建筑独立坐落于校园，这使得建筑师特别关注它的背面。

由结构、窗户和图案建立起的中性特征，表现出对连接处的利用，同时有助于阅读建筑的局部和整体参数。入口被置于偏离中心的轴线上，模数的策划在此中断了，由此形成了一个被整体吞并的立面。就像 1981 年在巴格达库拉法街的提案一样，主门上的线脚悬挑出来又被打断，形成了一种棋盘式样的图案，使人想起欧柏林的样式。在此，"装饰蔽体"再一次成为标准的做法。

40-41 贝斯特产品展览厅，
朗洪恩市，宾夕法尼亚州，
1977

38-39

与他们其他的方案一致，文丘里、劳奇和斯科特·布朗开始规划出一个问题意识。他们借助"图形"和"色彩"。他们乐意用纪念性的"O"的照片来表达1979年在费城的巴斯科展览厅这一方案，因为这样可以展示出这类建筑能走到什么地步。如果用这个作品来展示文丘里在第一本书中的原则是困难的。在此，建筑师优雅地通过了作为专业人士的考验，而不必设计出一个独特和巧妙的建筑。通过明确一系列不会产生异常（他积极地在《建筑的复杂性与矛盾性》中教我们去找的异常）的责任，文丘里、劳奇和斯科特·布朗又一次被自己编织的网捕获。

40-41

之前对巴斯科展览厅的评述，同样可以用于1977年宾夕法尼亚州朗洪恩市的贝斯特产品展览厅（Best Products Catalog Showroom）上。这个方案或许更有趣，因为它突出了建筑师们的图形设计技巧。

42-48
西雅图艺术博物馆，
1984—1991

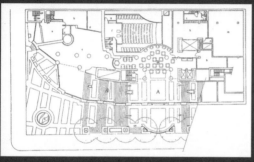
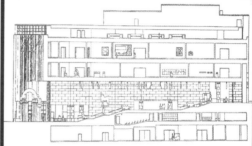

42-48

西雅图艺术博物馆（Seattle Art Museum）可说是文丘里和斯科特·布朗在其职业生涯中的主要作品伦敦国家美术馆塞恩斯伯里厅（London's National Gallery Sainsbury Wing）的前身。西雅图艺术博物馆是另一个展示出文丘里和斯科特·布朗在平面上的自信，以及将建筑适当地布置入基地的例子。西雅图的这个方案试图去利用坐落于街角的基地条件，将入口置于街角，创造出一种线性的结构，可以使建筑师清晰地布置上层的房间。展览空间被安排在上面的两层，下面两层用来容纳博物馆的服务设施。在这里文丘里和斯科特·布朗似乎执着于叠加"使用"和"功能"，要到达上面的展厅就要经过夹层，在夹层中，电梯的进出部分同时也是餐厅的区域。从透视角度看楼梯这样的要素时，楼梯与虚假的六面体柱子混合在一起，会展现出建筑师令人敬佩的能力，倚靠这种能力可以将毫无关联的建筑情景结合在一起。事实上，建筑物中散发出的一种折中主义的，如19世纪一样的韵味，与秩序以及平面的结构没有关系。可以说正是楼梯、走廊和一系列排列成行的柱子等要素创造出了视觉的秩序。要全面欣赏文丘里和斯科特·布朗的作品，就要观察他们多么巧妙地处理入口。

西雅图博物馆背立面的形象提供给我们一个研究文丘里和斯科特·布朗如何设计这座建筑的机会。首先，让我们研究一下石头表面纹理的起源和它独特的条纹韵律。这种板材被制造为要包含所有必要的元素，似乎是为了强调立面的正面价值。这些要素被嵌入其中，炫耀着和孩子们裁剪纸片并把它们粘贴在纸板上一样的自由活动。现在让我们观察一系列的门的通道，以俄罗斯玩偶的方式，每一个都经由传统的橡树门为下一个提供入口。立面分离为两个平面，其中一个嵌入了复杂的开口，在其中梁与拱混合，并有着切痕很深的线脚。在一个中等高度的梁上安置"西雅图艺术博物馆"的标识。在两个门框中的彩色构件形成一个外壳（对对称秩序表示尊重），使人想到并不存在的柱头，这与门内的上釉结构以及石材立面的不对称韵律形成了对比。不对称与装饰、历史建筑与粗陋的构件、天然材料与绘画、凿刻过的石材与抛光的石材。以线脚的方式所做的切割被随意地打断，没有任何明显的图案。第二大道与大学街交叉的角落，是另一处展示文丘里和斯科特·布朗的设计手法的地方。我们可以将这个角落看成有着不同形式的面互相叠合的结果。在刻出石材纹理的面上，加上一层抛光大理石拱形的壳。在其左后方——偏离轴线——是一个玻璃网格结构，里面嵌入门。每一个虚拟的、抽象的面都有自身的材料肌理，造成了自发结构的复杂叠合，使我们很难辨识出任何居于主导性的形式：这是一种刻意造就出的复杂性，与任何预想解决冲突的方法都相去甚远。文丘里和斯科特·布朗的建筑是复杂的，但却不是自发性的。它更像是一种方法的结果而不是对需求的回答。这种状况并没有发生于文丘里在《建筑的复杂性与矛盾性》呈现给我们的案例中。

49-58

1986—1991 年伦敦国家美术馆新扩建的塞恩斯伯里厅的方案竞赛，为文丘里和斯科特·布朗提供了一个证实他们关于建筑问题之理论正确性的机会，这些问题不仅是严格规范性的问题，而且是城市的以及象征性的问题。乍一看这不过是将一个新的事物附加到威廉·威尔金斯（William Wilkins）已经界定好的体量上。正如平面所揭示出的，沿着威尔金斯建筑的背立面曾有过两次扩建。由此，新的扩建必须要在特拉法加广场 (Trafalgar Square) 之上。通过对平面的仔细研究会发现，之前主持扩建的建筑师很少关注威尔金斯的建筑，因此他们的建筑仅仅是突出物而已。文丘里和斯科特·布朗的获胜方案则构思了一个敏感的建筑，位于波廷东街（Pall Mall East）的起点处，即特拉法加广场的西北角。这个方案明显是把一种平实的方法用在国家美术馆上，如同"经由接近而产生震动"(Vibration through affinity) 一样。文丘里和斯科特·布朗是怎样处理的？第一步是接受初期的国家美术馆各大厅所确立起的尺寸秩序。为了与众所周知的博物馆类型相适应，新的建筑应该以一系列的房间（展厅）出现。但是与老建筑的房间不同，新建筑的房间并不遵循一种模式。文丘里和斯科特·布朗将老建筑的十字形平面与新建筑的房间通过一条轴线联系起来，由此建立起一种连续性，同时也为新的用地提供了便利。他们遵循了轴线，但是一到达建造的区域，他们就摒弃了威尔金斯确立起的正交秩序，而是引入了斜线，来暗示出惠特卡姆街（Whitcome Street）的走向。这一走向是布置美术

馆中三跨的缘由所在，而它们形成的秩序是建筑师们希望我们忘记的。一个房间引向另一个房间，但这种方式排除了任何由柱间跨度造成的秩序。只有中间的一跨被允许保留一定的秩序，称之为透视的轴线。在另外的两跨，柱间跨度所造成的秩序完全被打断了，刻意造成了高度自治性的房间。最后，它的外轮廓是由已经存在的城市环境特征决定的，而不是由与形式相关的柱间跨度决定。这一室内 / 室外与文丘里和斯科特·布朗的喜好形成强烈的对比，并导致了展厅的多样类型，而这也是建筑师高度重视的。值得瞩目的是，威尔金斯建筑中的"poche"（即建筑平面图中实体涂黑的部分，译者注。）位于深入建筑内部的中心部分，而在塞恩斯伯里厅，则出现在周围。我们将会在谈及两座建筑的对接与冲突时进一步探讨这个问题。

现在让我们看一下柱跨体系，如同我们刚才说的，它作为建筑的起始是如何影响较低楼层的。在入口层，柱跨形成了柱子的体系，不论是将它们与立面相联系还是将它们成对组合而与严格保持平行的墙体毫无关系，都经过了建筑师的细心处理。夹层也是这样。只有在地下层这些平行墙体才重又出现，不过是隐约出现的。如果我们把复杂的划分公共与私人的外形解释为一种游戏的话（经由这一游戏，建筑师们武断地创造出能产生"布扎"鼎盛时期的线脚），那么建筑师们期望将衍生出建筑的顶层与其他各层清晰地区隔开来的做法将得以展示。可以说建筑师沉溺于这一游戏，从而再次证实了这一学科中存在的武断。

我们愿意承认文丘里和斯科特·布朗对如下方面的重视：体量的并置，材料的选用以及确切的语汇和语言等。在此，对两个体量的连接是通过平面布置解决的，这可以说是类似传统的做法。两者间实现过渡的关键在于，一个圆形的大厅（rotunda），其作用是连接威尔金斯建筑中的最后一个展厅和新建的楼梯平台。事实上，这一过渡如果是在主要层会好于其他中间层，在那里，圆形大厅产生了一个"含混"的空间，"含混"在此指的是消极的意思，并不是文丘

里观念中值得称赞的"含混"。在这里不只是有过渡，在新的斜置的空间与威尔金斯的正交排列的建筑之间，出现了一个过渡的空间，与上述两者都不平行。这就是楼梯的位置。通过对平面的认真观察会发现楼梯运用了反向透视的效果，这种反向透视被认为在巴洛克建筑中有权威的案例，比如伯尼尼（Bernini）的圣彼得大教堂广场上的柱廊（Scala Regia）。此方案再一次向我们展示了文丘里和斯科特·布朗刻意地对矛盾性的运用：通向楼梯的朴素的侧门，提供了一个辉煌宏伟的景象。

到目前为止，我只谈到了平面上的表达。我们应该在更广阔的范畴内来讨论体量以及覆层的肌理。从体量上看，威尔金斯建筑和新建筑之间的连续性，在视觉表达方面，是经由近乎直接遵循之前原有的水平秩序而实现的。威尔金斯所采用的刻板的壁柱创造了两个体量的连续性。然而，威尔金斯建筑中的对称秩序却让步于一种切分式的壁柱处理方式，壁柱在新旧建筑的交接的墙体处转向，这面墙一方面平行于威尔金斯的建筑，另一方面形成弧形以标志出这一过渡，反过来又使新的体量遵循了波迈东

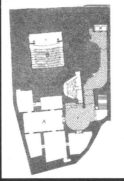

49-58 恩斯伯里厅，
伦敦国家美术馆，
1986—1991

街的走向。这一系列的壁柱被用在断开的墙面上，被处理为象征性的构件而非作为指代内部秩序的符号。这一象征性的序列在一个圆柱处中断，但如同回声或者影子那样，仍然有半个壁柱相伴，标志出传统构件与平滑墙面的混合，这显示出受到爱德华七世时期建筑的影响。檐口保护了正面并使得这一过渡不易被察觉。文丘里和斯科特·布朗再一次展示了突出的视觉本质。一旦仔细处理好视觉影响，一切都获得了许可。并且在进一步去寻找引发争议的不和谐时，建筑之下的体量以一种激进的、切割的方式解决，展现了建筑师如何去摒除本可以使这一操作不那么痛苦的任何要素。自由的极致表现成为标准的操作手法。

鉴于所有立面都处在不同的城市环境里，文丘里和斯科特·布朗认为每个立面都需要不同的建筑。建筑形式的连贯性并不来自内部的结构，相反，就像塞恩斯伯里厅所展示的那样，文丘里和斯科特·布朗将建筑视为强调特定和独特要求的结果。因此，建筑就具有了像拼贴一样的多样能力。围绕塞恩斯伯里厅，你会发现一个对威尔金斯表示尊重的立面，一个玻璃幕墙，一个位于小广场对面面向圣马丁街

(St. Martin's Street) 的对称立面，它结合了地形以及通风口的格栅作为造型的要素。简言之，将矛盾加以驯服。

让我们走进室内。文丘里和斯科特·布朗坚持一种用旧的透视轴线去呈现结构的建筑，至少是指一座建筑的视觉结构。这里有两条轴线。第一条是对威尔金斯建筑轴线的延长，它斜向切入墙体以界定出柱跨。为了避免斜线的效果，文丘里和斯科特·布朗用一个塞利奥式的窗（Serlian window）切入墙体，并完全摆脱预判地依靠墙体来支撑拱形，这就又一次导致了所谓的矛盾性。所有的内部空间都具有矛盾性，当看到文丘里和斯科特·布朗使用的比例关系以及假定的塔斯干柱式（Tuscan order）线脚都足以揭示出这种方法的顽固性。来到路线的末端，一幅令人惊叹的奇玛（Cima）的绘画，证实了所有用心良苦的构成空间措施的合理性。

与墙平行的几条轴线呈现出不同的形式。中间一跨的轴线具有连续性和对称性的构成，强调着房间中所悬挂的画已经呈现出的透视感。另外两条轴线是不连续的，这给了房间以极高的自治性。正如楼层平面所显示的，那些形成平面的墙体与标志中

间跨分割的墙体之间没有关系。边跨确认了建筑周缘的不规则性，并且解释了所采用策略的有效性：不规则性为轴线的不连续性背书。只有在沿惠特卡姆街的几跨在试图制造连续性的情节，最后的几间运用轴线等分墙面。

　　文丘里和斯科特·布朗对简化的象征符号的信仰（似乎我们生活在夸张的形象世界中）通过覆盖楼梯的拱形展现出来。这个被处理过的结构将其自身展示为仅仅是被放大的纸板模型，作为对传统建筑的拱廊以及19世纪早期工程师的拱形结构的回响。注意结构构件是如何被结合到墙体之上的，你就会同意我关于象征性居于主导地位的观点。另一方面，对窗户施加的秩序缺乏尊重展现了文丘里和斯科特·布朗自由的行事风格，不加预判以及不可避免的矛盾性。

　　剖面又一次解释了文丘里和斯科特·布朗是如

何操作的。我们可以说剖面试图夸耀自身的实用主义，因此，重点放在了对天窗的处理上。如果室内各展厅的体量都具有高度的独立性，那么将产生不对称的屋面，其重点就变成了内部空间的规则性。不过因为所有外轮廓的构件都被拟订为相似的，所以在图上这种规则性就不是清楚呈现出来的。对于建筑师来说，重要的是"活动"。建筑是和里面的绘画一起呈现的，是和向衣帽间移动或者上楼梯的人一起呈现的。与同时期的建筑师不同，在文丘里和斯科特·布朗那里剖面不具有同等的重要性。在他们的作品中，建筑的结构并不是由剖面生成的。国家美术馆的剖面显示出建筑是由楼层平面生成的，尤其是上层平面。一个具有纪念性意义的楼梯通向了这一层，似乎这个楼梯除了这一点别无他用。入口层，夹层和地下层仅仅是作为将空间连接在一起的水平面。

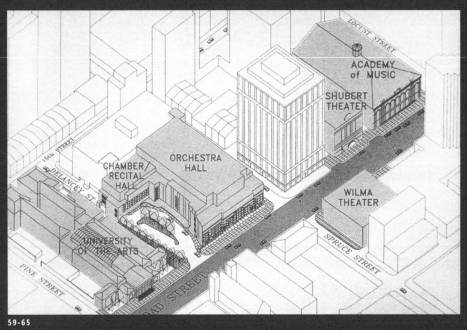

59-65
费城交响乐团，
1987—1997

59-65

当接到费城交响乐团（Philadelphia Orchestra）委托设计音乐厅的邀请时，文丘里和斯科特·布朗想必一定是感到很高兴的。根据他们的原则，他们从接受音乐厅作为一种已知的建筑类型入手，而后延续了所有人心目中的模式。对于 19 世纪建筑的回想使音乐厅成为一种有观众席的几何形以及一系列圆形剧场的合并形态。建筑师的目标，似乎是要将一个一般性和普世性的建筑置入特定的城市状态中。文丘里和斯科特·布朗对于费城的城市结构特别敏感。他们对这座城市很熟悉，而且十分了解这里的建筑

是如何与城市结构产生互动的。就费城交响乐团音乐厅而言，他们选择维持街区的周边景观，但是在德兰西街（Delancy Street）一边，即建筑面向艺术大学的一边，他们认为是另一栋现有机构建筑，创造的一条更为僻静的街道，这条街道的空间可以作为汽车进出观众厅的出入口，同时避免与布罗德街（Broad Street）的交通发生冲突。总之，德兰西街为汽车的出入提供了方便，而在布罗德街上的立面则表达了这个机构对于城市的重要性。通过这个方案，文丘里和斯科特·布朗展示出尊重一个人人皆知的

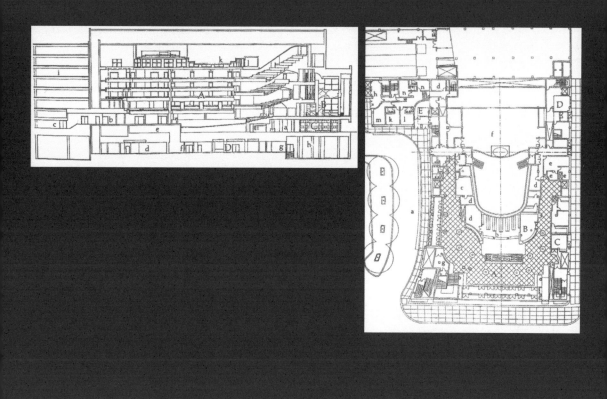

城市结构以及街区与创造某种特定的事物并不相冲突。事实上，这个方案更应被视为有技巧地形塑一个街区体量，而非形塑一座独立的建筑物。当他们通过强调城市条件来界定体量时，建筑师的注意力已经转移到将一个预先决定了的观众厅如何被恰当置入的问题之上。因此，有了一个完全对称的音乐厅，但不是19世纪音乐厅的那种对称性。门厅的设计显示出对称性并不是不加区分地运用于相邻的空间中的。对称性在功能的发展中被维持下来，但是为了与已经确立的周边和

建造指导原则相协调，所有产生的不规则都乐于被接纳了。请注意紧急疏散楼梯维持了对称的构成，似乎是安全的，因为他们知道一座连接下面和上面门厅的大型楼梯，会打乱对整体的对称性的阅读。看起来文丘里和斯科特·布朗急切地要创造出一种模糊性，将人引向第一眼认为建筑是对称性空间的判断。壁柱在打破这一印象时发挥了关键作用，这些壁柱的直径各有不同，并以一种无法预料的、无规律的方式点缀在空间中。

费城的这个方案很好地展示了文丘里和斯科

特·布朗如何理解建筑构成的。首先，他们接受了已经发挥作用的建造系统。然后他们又依据具体的案例，把感兴趣的象征图示投射其上。这个方案的严肃性以及体制化的特征似乎确保了运用传统构件的合理性。因此，才出现了山墙和柱子。但是标准化的建造需要幕墙，用它来包容山墙、柱子和现代的网格。轴线淡出了，对称性被打破了，山墙的角部既不与虚拟柱子的轴线相合，也不与开窗的轴线相合。一次又一次，文丘里和斯科特·布朗执着于矛盾性，在此我们可以称之为"被驯化的矛盾性"。这种温和，看起来需要立面上巨大的雕饰带这样的表达形式，真正的放大的五线谱。所有的都太明显了。我们对《建筑的复杂性与矛盾性》中赞赏的案例的新鲜感消失了。专业化的实践似乎最终导致文丘里和斯科特·布朗开始接受一套公式化的模式。

探讨立面的由来是很有意义的。从附加饰面的立面到幕墙，对图像内容来说，是一个没有影响力的练习，因此观察立面的演化十分重要。1990年的方案中仍然有西雅图方案的影子。入口处严谨的对称性在遥远的边界处消失了。文丘里和斯科特·布朗使我们相信立面上石材的开口是对称的，但事实上如果仔细观察就会发现他们试图不这样做。1995年的方案也是如此，在该方案里由叠加的正交网格所造成的系统被斜置的虚拟山墙给打破了。文丘里和斯科特·布朗小心翼翼地不让山墙的角部与任何网格轴线相合。在这里我们明显看到了一种以独特的表达形式来表现普通的建筑技术的努力。第一版的立面图探索了附加饰面立面的可能性，第二版则是一个探索幕墙如何处理的样本。对成为一个专业竞争者的渴望（在这个案例中呼吁接受现有的建造方法）并不排斥这样一种建筑，这种建筑通过直接引用过往建筑的形式化的世界去形成外观。这个方案似乎受到了《建筑的复杂性与矛盾性》提出的对历史建筑的解释，《向拉斯维加斯学习》提倡的对象征性图案的运用，以及传统建造技术这三者相互协调后的滋养。

阿尔多·罗西
Aldo Rossi

翻译 郭璇，张雨枫，燕炳燊

阿尔多·罗西在 20 世纪 60 年代初期从事的工作是极具野心的。受教于欧内斯特·罗杰斯（Ernesto Rogers）的圈子以及《美好住宅》（*Casabella*）杂志的编辑们，如维多利欧·格里高蒂（Vittorio Gregotti）、卡罗·艾莫尼诺（Carlo Aymonino）、弗朗西斯科·坦多里（Francesco Tentori）和马可·扎努索（Marco Zanuso），年轻的罗西开始留意当时正在形成的有关现代主义传统的第一轮批判。若想要了解这些批判，只要牢记当时非常年轻的罗伯特·加贝提（Robert Gabetti）和艾玛罗·伊索拉（Aimaro Isola）这些为新自由主义辩护的都灵建筑师与雷纳·班汉姆（Reyner Banham）之间的争论就足够了。[1]

罗杰斯是这些米兰建筑师的良师益友，他们都在 50 年代后半段完成了学业。罗杰斯具有相当丰富的专业实践背景，他与班菲（G.L.Banfei）、贝尔焦约索（L.Di.Belgiojoso）、佩雷苏蒂（E.Peressutti）组成的著名的 BBPR，无疑是米兰 50 年代最活跃的工作室。作为一位教授以及评论家，罗杰斯是米兰建筑文化的带头人，他在《美好住宅》发表的社论以及其他作品在 1958 年被编辑为《体验建筑》（*Esperienza dell' architecttura*）一书，这本书对于了解那几年的建筑思潮十分重要。[2]

在严谨的现代传统教育下，罗杰斯亦是一位 30 年代理性主义建筑师，他曾积极地参与墨索里尼时期意大利政府主办的建筑竞赛。虽然二战期间，罗杰斯因他的犹太血统被送往地下组织，继而与意大利反抗军组织勾结，但作为《美好住宅》杂志的编辑，罗杰斯在当时是理解米兰文化的重要人物。《美好住宅》推动了现代建筑历史的重要修正，并且发行了例如霍夫曼（Hoffmann）和阿道夫·路斯（Adolf Loos）等建筑师的专刊。虽然发行这些专刊的职责属于与他合作的年轻人们，但灵感都来自罗杰斯，这些年轻人获得了展示自己才能的机会。

1　埃拉莫斯工作坊（La Bottega d'Erasmo）可以被视为有史以来第一个明确针对主流"现代"美学提出的另类方案。这个加贝提和伊索拉的早期作品试图复兴现代运动刻意忽略的建筑层面，恢复对装饰与特性的兴趣可能是这个令同时期建筑师们感到惊讶的作品最典型的特征，也可以说是后来修正主义的根源。欲了解更多信息，请参阅班纳姆的"Neoliberty: The Italian Retreat from Modern Architecture"一文，*Architectural Review*, 1959 年 4 月刊。

2　For more information on the figure of Ernesto Nathan Rogers see Ezio Bonfanti（and M. Porta），*Città, museo e architecttura. Il gruppo BBPR nella cultura architettonica italiana 1932—1970*（Florence: Vallecchi, 1973）.

有关第一批正在形成的反对现代建筑运动的评论，一些历史学家曾洋洋得意地将这些日新月异的评论记录下来，罗西对他们的反应尤其强烈。在40、50年代的意大利，这些最好斗的历史学家和评论家中也包括布鲁诺·赛维（Bruno Zevi）。赛维推崇一种现代运动，在这里社会进步主义的意图与纯视觉及形象角度的持续进化是一致的。他对在建筑与其他艺术追求之间建立一种连续性十分感兴趣。简单来谈，赛维认为建筑与风格以及样式史有关。对他来说，建筑不是从进化论者所信仰的仍然带着沃尔夫林（Wolfflinian）根源的进程中剔除出来的部分。这种态度使他认为历史只有在现代建筑中才能成熟，就像只有在现代建筑中空间才是盛行的。其中，赛维将赖特（Wright）的建筑作品视为现代建筑的典范：赖特的作品经过长期的演变，成功地成为赛维认为的建筑本质：一种空间艺术。

相反，罗西将自己置于对立面。相较于将建筑与更加先进的艺术相联系，他对为建筑寻找一个特定的基础更感兴趣。如果说马克思主义对三十岁以下的意大利人极具诱惑力，并且他们对马克思主义的热衷使他们认为替任何一类科学或学科建立一些实证的基础很重要，我认为这并不夸张。对罗西而言，建筑创作并不只是像赛维关注的满足了艺术使命，探究了语言，发现了问题就结束了。自罗西开始建筑生涯起，他就希望建筑学成为一种实证的科学，而且希望建筑师的作品能够被视作科学成果。如果自然科学和人文科学可以解释和安排它们所撼动的领域，那就没有理由认为建筑学不可以。罗西的态度中有一种对客观性的渴望，这很像那个时代的马克思主义者。如果说罗西谈到建筑理论时，他所想的是卢卡奇（Lukács）谈到小说理论时所建立的主体的话，也是说得通的。如果建筑学想要在一个更加认真尽责的社会服务体系下成为一种实证的科学，我们就必须了解它是如何脱离它所依赖的传统艺术的。

总而言之，罗西提出的这项雄心勃勃的任务，促使他认为我们应该像思考自然科学和人文科学那样来思考建筑学。为此，第一步就是要明确建筑的位置，确定建筑的领域。建筑的领域是城市，罗西对此没有疑问。现在，如果建筑在城市中，我们就需要了解城市是如何被建设的，什么样的原则引导了它的发展，不同的地带与区域是如何形成的。因此，从描述城市着手是很重要的，这种真实对罗西来说是"人类状态最完整的体现"。他相信描述城市能够帮助他找到解读建筑的关键。

罗西在1966年出版了《城市建筑》（L' architecture della città）一书，运用过去一些文章中的材料详尽阐释了他的思考。在这本书中，他竭尽全力定义一些可以赋予城市"科学"观点的概念。书中的思想与那些当时正时兴的结构主义者的观点十分相符，但是我们不得不承认，如今我们无法看到罗西所建立的原则被赋予"科学的客观性"。虽然书中所呈现出的概念是模糊的、不精确的、散漫的。但是，对我这个时代的人来说，它具有极大的吸引力。所以，它的影响力大到在60年代末，像"场所"（place）、"类型"（type）、"纪念物"（monument）以及"城市形式"（urban form）这些概念已经成为家喻户晓的名词。

罗西同时强调建筑的"经久"与"永恒"。这很快促使他将建筑从功能职责中抽离出来。事实上，他认为功能不重要，并且试图赋予建筑形式自己的价值，消除形式与功能之间的决定论。对他来说，类型这一概念已经超越工具成为一种意象：住宅意象、学校意象、医院意象等，请注意我说的是意象，而非结构。城市正是通过这些固定的意象形成的。正是这些类型赋予了建筑形式价值。借由这些类型，建筑获得了一种超越前卫派个人创造力的那种客观性。这并不是说要忽略前卫派在修正语言方面的努力。

罗西曾说过："我们可以说，类型就是建筑的思想，它最接近建筑的本质。尽管有变化，类型总是把对'情感和理智'的影响作为建筑和城市的原则。"类型高于理智与感觉，是建筑与城市的起源与开端[3]，

———
3　Aldo Rossi，*The Architecture of the City*，trans. Diane Ghirardo and Joan Ockman（Cambridge:MIT Press,1982），p.41

它保证了一种连续性，这或许是它最具价值的属性。但是，我们一定还需要单一的、独特的、专属的空间：现实总是在特定的时间催化出特定的事件或场所，并且赋予其意义。接着罗西谈到了"纪念物"，它代表着我们储存在记忆中的以及我们在建筑史中学到的建筑事件。按罗西的话来说，它们是"过去的实体标记"（physical signs of the past）[4]，包含了社会给予它们的实质，而不是说它们失去了对自己生命和命运的控制。

罗西对城市的分析促使他探索类型与场所之外更大的范围，从范围到领域，最后又到地理。这就解释了为什么他的书更多地论述地理，而不是他的同僚们对历史以及建筑的评论。此外，他向科学家看齐的决心使他回避，或者说十分鄙视他的同僚们。但是，在分析完城市与领域之后，他发现必须要找到一个标准来建造城市。基于这一点，罗西在这本书中向我们介绍了"建造"这一概念。对罗西而言，"建造"是一个至关重要的概念，因为他的思想通过这个概念实现了具体化。制造建筑就是"建造"。城市就是由这些建筑人为事实（fatti architectonici）构成的。罗西投入了他全部的职业生涯去研究如何建造，他的职业生涯展示了如何通过建造，从分析走向事实。

类型是一个散漫的概念，它包含着一个建造的解决方法，这个方法能够推动空间的形成，并在一个给定的图像中得到解决。但它同时代表一种能力，即掌握、保护和理解其使用中隐含的内容。正因如此，类型最终得以通过这些充满情感的意象体现。因而罗西沉思道："当人们来到某一慈善机构时，他们便能具体地感受到某种悲伤的气氛。这种气氛体现在墙体内、院落里和房间中。"[5]

为了了解与感受，我们用一条假想线将这堂课分为两个部分：一部分展示了作为知识奴隶的罗西，另一部分他则成了感觉的受害者。这堂课的很大一部分将会审视建筑师是如何学习建造的。另一小部分将会解释罗西对知识的渴望是如何变成对感觉的专横表达的。我们可以得出一个令人惊讶的结论：当一个人的感知能力比他的认知能力强时，感觉就会

占上风。总之，在审视罗西的建筑作品时，我们将会目睹他从知识到感觉的转变。

让我们从罗西职业生涯的开端开始，正如经常发生的那样，职业以关系与倾向为特征。在他职业生涯的一开始，罗西和詹努戈·波列塞洛（Gianugo Polesello）关系亲密，罗西曾与其一起起草过一个早期的方案。简化本身就是一件冒险的事情，但是在罗西早期的项目中，我们会被他的分析与客观吸引，这些可以体现在他对几何的使用上。这种客观与俄国构成主义者的客观性相差无几，都灵市政中心（Centro Direzionale）可以体现出来。之后，罗西的思想发生了某种变化，这种转变体现在蒙扎的圣洛可集合住宅提案（Poligono di San Rocco）以及的里雅斯特的圣萨巴学校（San Sabba）上，暗示了那些年另一位与罗西十分亲密的建筑师乔治·格拉西（Giorgio Grassi）对他产生的影响。我们可以将这些案例视作《城市建筑》的例证，特征是对建筑形式的迫切追求，它们使一个特定类型的特征看起来更加强有力。从他的同辈建筑师们对他的敬仰与赏识可以看出，罗西职业生涯的高潮体现在摩德纳墓地（Modena Cemetery）。虽然它在1971年的竞赛中获胜，但到了80年代才开始动工。加拉拉特西区住宅（Gallaratese housing）可能是与摩德纳墓地在思想上最相近的方案。但请注意，摩德纳墓地是在它被提出15年后才动工的，因此我认为这些住宅比摩德纳墓地更能够体现罗西当时的思想。

罗西曾在1976年到美国旅行，就像"大马士革之跌"一样，从某一方面来说，这次旅行使他放下了对科学的热忱，并且使他发觉只能用意象来工作。[6]接下来，让我们跟随这次旅程，从头到尾浏览一遍他的毕生之作。

---

4 同上：59.
5 同上：101.
6 "大马士革之跌"在此用来比喻罗西的美国之旅是其建筑生涯的转折点，仿佛保罗在大马士革之旅中得到上帝的奇妙启示而改变人生轨迹那样，这次旅行使他意识到用意象研究建筑的重要性，并从此放下对科学的热爱，转而坚定了其致力于建筑学的人生方向。（译者注）

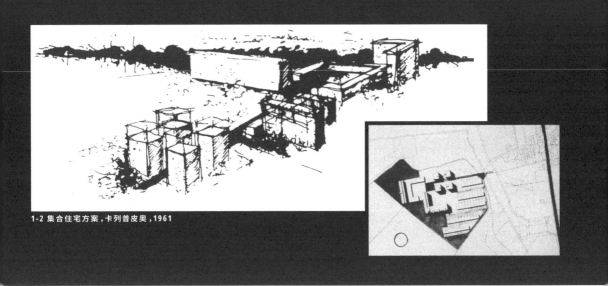

1-2 集合住宅方案，卡列普皮奥，1961

1-2

1961 年的卡列普皮奥（Caleppio）集合住宅项目，对罗西未来的思想没有给予任何暗示，它与当时其他很多建筑方案如出一辙，不只是在意大利，还包括西班牙。这个方案将多边形，一种象征 20 世纪 70 年代城市的术语，强有力地置于一组街区之中。这四个多边形体量促成了城市生活插曲的产生，并且超越了同时期其他建筑师解决这类建筑问题常用的纯粹的体块语法以及简单的体量操作手法。这个方案虽然背负着对功能与使用的承诺，但是我们仍可以从中发现一种联系旧城与新城的欲望。它体现了建筑师为了将旧城所有的特征与属性赋予现代城市所付出的努力。

3-4

但同 1962 年罗西与詹努戈·波列塞洛合作的，以"机车 2 号"（Locomotiva 2）为题名参加的都灵市政中心竞赛相比，卡列普皮奥却是一个不够投入的设计。市政中心是一个激进的方案，其中罗西与波列塞洛对社会的贡献体现了凝聚社区的理念，这种理念被转化

为明确的建筑形式。采取批判的立场，或者像极权主义者那样驳回这个方案是很容易的事情，但是我们应该认同赞赏建筑师的这种意图。就他们而言，建筑不应被简化为只有体量，它还应该有象征性的内容，这似乎就是这个方案的主要意图。社区生活的社会活力在整个城市设计所围绕的半球上得以体现。

这个强有力的城市区段通过一个复杂的街道系统与都灵相连，然而这与建筑师所提出的抽象体量毫不相关，这种文明的成分与机械、技术的成分混合在一起的景象与罗西的未来建筑相去甚远。如同我们所说的，我们现在看到的罗西，是留意俄国构成主义者理想化建筑的罗西，然而在这种形式准则下建立相似点却很困难。

5-6

另一个 1962 年的方案是反抗纪念碑，位于库内奥（Cuneo），米兰北部的一个小城市。在这个设计中，罗西更加深入地探究了他曾在都灵的案子中提出的问题。他探索了抽象建筑在形式上的可能性，可能的话，他将赋予其象征性的内容。因此，立方体作为一个明

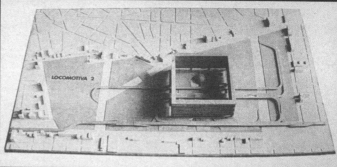

3-4 市政中心方案，都灵，1962

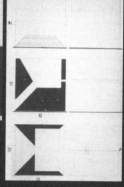

5-6 反抗纪念碑方案，库内奥，1962

确的形体，能够包含世界上的所有属性。人们可以通过基本的几何操作处理立方体，这种操作完全不需要屈就于视觉。然而，我们用眼睛感知到的有形世界，在这里立即呈现在一种既戏剧化又微妙的框架里。我们需要通过楼梯的斜面进入这个立方体，然后在不知道将会前往何处的情况下继续向前。这种运动与但丁下地狱的过程是对称的，因为只有我们抵达意外的平台时，空间才得以开放，从而我们会发现自己独自站在天堂前。但是，我们一旦抵达，就会意识到将我们与外部世界重新建立联系的裂缝，这与地堡建筑有关，它巧妙地告诉我们去抵抗以及在堡垒中保护自己。

库内奥的立方体迫使我们切断一切与外界的联系，因此当我们穿越水平面时，一种解脱感使我们与游击队光荣战斗过的山脉取得了联系，可以与马克斯·比尔（Max Bill）这样的艺术家的作品媲美，呈现出一幅假定我们可以自由理解历史记忆的景象。正因如此，我们称之为抽象建筑。但是罗西的核心思想是十分戏剧性的、引人注目的，整个世界、所有生命、所有历史突然间在地平线上向我们展现了全貌。然而，所有这一切都是通过对形式的几何操作实现的，而这种操作并不涉及任何具象的东西，而且似乎滋养了一种幻想，即一个纯粹的、简单的建筑是可能产生

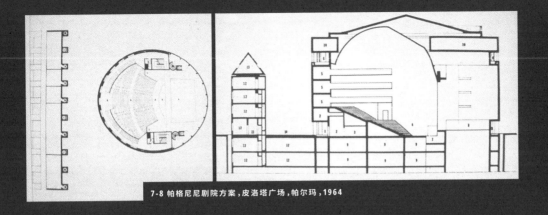

7-8 帕格尼尼剧院方案，皮洛塔广场，帕尔玛，1964

的，是完全从语言的嗜好中抽象出来的。

罗西曾负责《美好住宅》中重要的阿道夫·路斯专刊[7]，我们可以从他的作品中看出路斯对他的影响。可以说，罗西在库内奥这个方案的空间探索相较柯布西耶的语言探索，与维也纳建筑师的兴趣更加投契。

7-8

但是，历史很快就会呈现在画面上，在1964年帕尔玛皮洛塔广场上的帕格尼尼剧院（the Teatro Paganini in Parma's Piazza della Pilotta）这个方案中，罗西的建筑作品开始吸收传统的象征元素。虽然这是一个新建筑的设计，但它包含了对意大利剧院的传统理解。与此同时，它运用明确的基本形暗示了建筑与多面体以及简单纯粹形体之间的紧密联系：圆柱体与棱柱体之间的对比成为建筑师在这里创造出来的空间本质。

这个广场的空间并没有成为画面的一部分，由此可以猜测虚空间与间隙空间不在设计的范围内，只是单纯地让人去感受。这种体验是物理的，没有任何语言学压力。建筑被简化为一种对基本形体空间的探索。如果说我们在库内奥的纪念碑中发现了中空的立方体，那么在这里我们会发现一个三棱柱，它的三角形内部

空间被用在屋顶上，这种中空的立方体产生了意想不到的效果，它成为一个瞭望台，我们可以从这个瞭望台看到罗西提供的整个新建筑世界。在这之后，皮洛塔广场的棱柱形屋顶成为罗西图像世界的典型元素。

9-12

我们刚刚在皮洛塔广场中看到的一切在1965年赛格拉特城市广场（the town square of Segrate）项目中得以巩固。在此，罗西进一步寻找引导他建造城市的理论原则。他曾受到启蒙运动建筑的启发。显而易见，包括我们可以称为意识形态的东西。罗西相信18世纪末期是一个人类设法从它的返祖特性中挣脱出来的时期，在这个可圈可点的时期人们对思想的热情，比历史上任何一个时期都要清晰，而建筑师具有辨别建筑到底是什么的能力。布雷（Boullée）在谈及图书馆的空间时，认为它应该代表书本所包含的一切知识，一切智慧，图书馆应该成为人类智识的范例。同理，位于米兰一个普通的无产阶级区，赛格拉特城市广场示范了公共空间的做法，成为社区生活的范例。赛格拉特城市广场因此成

7　Aldo Rossi, " Adolf Loos, 1870—1930, " *Casabella Continuità* 233（1959）.

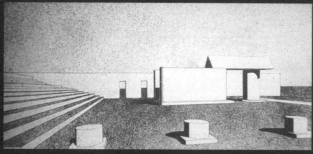

9-12 城市广场，赛格拉特，
1965

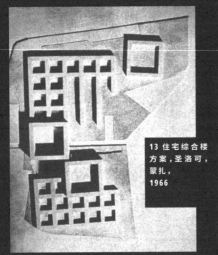

13 住宅综合楼
方案，圣洛可，
蒙扎，
1966

14-15 圣萨巴学校，的里雅斯特，1968—1969

SCUOLA MEDIA SAN SABBA TRIESTE

为启蒙运动建筑师所描绘的希腊城市广场的一个范例。于是，人行道上的圆柱见证了艰难的社会生活。喷泉是赛格拉特城市广场中最精彩的部分，这里的圆柱被冠以我们初次在帕尔玛的方案中看到的三棱柱顶，无意地成为图拉真纪功柱（Trajan's column）的当代版。对罗西而言，公共空间不单是表面上歌颂社区生活，而是创造一个可以供人反思、冥想的场所。

因此，建筑是一个思考的场地。这使我们将罗西的作品与一些同时期的概念艺术家的作品建立联系。它们同样艰难、严苛，当然也有挑衅。不用在意对他来说是几乎神圣的东西，随着公众对它不同的使用具有了新的层面。这其实根本不重要，他原本设定为鲜活喷泉中的柱子，如今贴满了海报，也许他甚至认同这种做法。当罗西谈及赛格拉特城市广场的柱子被海报玷污时，他并没有悲痛之情。罗西并不认为这种做法贬低了它，相反，当小孩骑车路过时，它成为令他们好奇的构筑物，小孩必须早些学会在一个充满幻想的世界中生活。在最终的分析中，建筑只是在创造这样的幻想以及新的纪念碑时起了协同作用。赛格拉特在那个时期对罗西而言就是一个纪念碑。

13

在 1966 年蒙扎的圣洛可（San Rocco in Monza）方案中，这种刚硬的，几乎抽象的建筑在 70 年代中期得以巩固，变得不那么严苛，并且更加接近原型。罗西与格拉西合作了这个项目，显然其中的变化归功于后者。无论我们是否需要格拉西来阐释这个项目，圣洛可与赛格拉特城市广场人行道上的几何形体集合有很大差异。像圣洛可这样的地方也应该与社区空间的感受有关，构成了不同的庭院、不同尺度的对比、感觉的变化等在开放空间与封闭空间中产生。运用分离、重复、置换等手法来服务多样性与差异性的个人化空间。因此，圣洛可与赛格拉特是两个不同的世界。

14-15

圣洛可方案的灵魂在 1968—1969 年的的里雅斯特圣萨巴学校（the school in San Sabba，Trieste）项目中得以延续，虽然历史建筑的暗示在此更加明显。首先，这所学校被构想为一个具有沉思平台的公共空间，如同

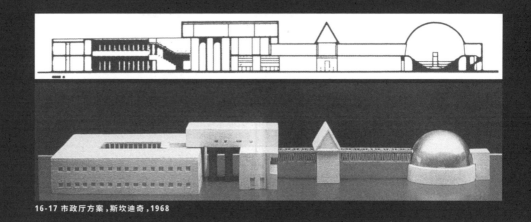

16-17 市政厅方案，斯坎迪奇，1968

激动人心的地中海建筑，例如克里特国王的皇宫。随后，罗西愉悦地幻想小孩们在这里通过一系列的柱廊到达教室，这种开放空间对他们而言是市民生活的启蒙。圣萨巴学校阐释了他曾在《城市建筑》中提及的分析历史建筑的作用。在这里，他在城市中探索的手法派上了用场，建造原则依然有效。罗西意识到对解码城市的构成进行分析的价值，他通过不断地沉思与审视，竭尽所能地将这种认识运用到他的项目中。

16-17

1968 年斯坎迪奇市政厅（Scandicci town hall）方案的剖面是一堂关于如何建造的课。罗西认为，建造是一件简单的事情，是去熟悉建筑的元素以及建立一个序列。因为这种建筑序列特征，建筑师的工作就像是一个故事的讲述者。毕竟，市政厅只是一个适用于公共空间的，进入集合多元空间威严入口的中庭，以及行政职能的体现。在此，整个系列的空间通过一个廊道被串在一起，并在政客们会见讨论公共事务的大会堂到达高潮。我认为整个空间序列只起到彰显

大会堂存在的目的，因为最卓越的公共空间才可以统领一切。对罗西而言这就是市政厅所代表的一切。对他来说，建筑拥有这种透明易懂的品质，使其成为一个不言而喻的元素链，这些元素通过它们注定要服务的功能变得有意义，这一系列元素与孩子们在玩积木时体验的建筑秩序没有什么不同。

建造就是操作元素，是一件简单的事情，需要我们有勇气接受建筑的现实，通过学习去区分各种类型。虽然罗西对附近的传统建筑十分尊重，但斯坎迪奇市政厅与布杂艺术相差甚远。

18-19

罗西在这个时期没有什么主要项目。1969—1970 年间，他在布洛尼（Broni）的一个学校项目中发现了自我。他确信建筑是独立于时间与场所之外的事物，因此他毫无顾虑，仅仅改变了赛格拉特城市广场喷泉的尺度。布洛尼学校的照片展现出一种残酷的布景，脱离了一切与舒适感或者空间感有关的事物。这就好像罗西在试图教导一个十分年幼的小孩学校生

18-19 德·亚米契斯学校，布洛尼，1969—1970

活的残酷：真实是最好的学校，孩子们不能被未知的人生所蒙骗。我们禁不住去将这种态度与北欧国家的观念做比较。斯堪的纳维亚的学校应该是什么样的呢？这些国家的建筑师一心想着像是窗户应该放在那里，或者选择暖色木地板这种问题。但是罗西认为建筑不应该带有欺骗色彩，孩子不应该对学校感到困惑。罗西主张真实，即使要付出残酷的代价。生活是眼泪的殿堂，所以布洛尼学校的庭院正是如此，喷泉只是为人们带来了痛苦与不幸。

20-24

接下来到了 1969—1973 年米兰加拉拉特西区（Galla-ratese）的项目。对通过伪科学角度（或者说"科学"）研究建筑十分感兴趣的罗西发现在无产阶级区，提供给普通人的住宅被视作军事兵营。他再次勇敢地接受建筑处理的残酷，而不是掩盖现实。因此，对普通的砖石结构来说，唯一重要的问题就是与重复和尺度有关的问题。这种平凡性试图通过柱廊那样的空间平衡自身，在这里，布景统领了一切，并且有人期待像安东尼奥尼的电影中莫尼卡·维蒂（Monica Vitti，意大利知名女演员，安东尼奥尼的御用女主角）这样的人物出现。罗西的无装饰空间似乎只有唯一的任务，即期待某一时刻的到来，将它们从全然的单调无趣中解救出来，成为这种意外画面的边框。只有那时，复杂的东西才会闪烁起来，并获得独特的品质，就像建筑师心中所计划的那样。某一时刻让日常生活中的卑微有了正当性。也许在加拉拉特西区项目中，这种特殊时刻被这几年前来参观的朝圣者强化了。

25-31

在回顾一位建筑师的职业生涯时，很可能某一个项目会展现出他所有的兴趣与情调。以罗西为例，他的代表作毫无疑问是 1971—1984 年在摩德纳的圣卡塔多公墓。这个项目彻底地征服了同时期的建筑师，并且奠定了罗西在建筑界的地位。

20-24 加拉拉特西区住宅，米兰，
1969—1973

25-31
圣卡塔多公墓，
摩德纳，
1971—1984

这个项目的大概内容是扩建一块墓园。但是，罗西并不认为这个项目的主要工作仅仅是增加建筑元素。他提出的构想就是建筑的自主性，它完整而且能够适应未来的任何扩张，罗西建议以一种非常精妙和复杂的方式将它复制，借由坐落在一条轴线上的一系列中介构造物而产生虚幻的倒影。这个聪明的复制手法，掩饰了它的对称性。对罗西而言，圣卡塔多公墓不是一个被复制的结果。相反，它引入了统一的阅读，而这种阅读引发了一出视觉戏剧。我们通过两个模糊的入口，发现曾经使建筑可以被居住的那些元素统统被剥光：一个荒芜、没有屋顶的立方体，使我们想起库内奥的案例。但是，这栋建筑物并没有隐藏它的步道，这条步道延伸于间隙之间，说明了永恒的无限以及死亡所暗示的、时间价值的消逝。死亡的存在，引导我们看到戏剧化的结局：被截断的圆锥体，像魔鬼一样发疯地追着我们。那是都灵市的安托内利尖塔（Mole Antonelliana of Turin）的记忆永远地支配着罗西的想法吗？还是某一天罗西在一个工厂的烟囱中，发现了使我们无法抗拒的眩晕感所造成的冲击？或是那些用砖做的焚化炉唤起了死亡的意象，好像是一种现象，总是理性地反映出与火葬这种事件的关联？我们只知道这栋建筑物以天空一样的蓝色绘制，如同罗西在竞赛方案中所表达的格言一样。

这栋建筑物有令人叹为观止的刚硬品质。这个方案在世界各地被宣传，同时也收获了赞美与批评。15年后建筑完工时已是80年代中期，罗西仍然想方设法以一种建造机制去操控平凡，将它们运用得比他的草图所暗示的更诱人。既然墓地是死者的住宅，它唯一关注的就是储藏的概念。它是对被遗忘的生命、终结的人生以及历史的收纳。这是来访者看见这些无名照片时感受到的，这些照片见证了逝者兢兢业业的奉献，以及意大利人平日里对死者的尊敬。

32-35

如果有一个几何的方案可以简化某一类型，那么要建造这样的类型是比较困难的。这里有一个案例是法尼亚诺奥洛纳小学项目。标准的布扎式风格组合的建筑物以一种垂直水平的轴线系统出现。这创造（allows）了一个透视视角，同时也可以通过走廊将附属空间展开。大概就是这样。附属空间围合出一个中心区域，这片区域被一个包含着多功能厅用途的圆柱体所强调。圆柱体催发了一系列罗西继续开拓的户外空间。圆柱体象征的图形力量暗示了机构的权威主义。

32-35 学校，法尼
亚诺奥洛纳
1972—1976

36-38

类型的几何在建筑上留下了一个煽动的标记。这在
1973 年博格提契诺的别墅及别墅庭阁的方案中得到
表现。这是为一个忙碌的米兰人准备的周末之家，一
个建造在桩子上的湖岸居所。罗西刻意要这个方案
具备下列条件：1．理性主义的几何建筑体量。2．许
多建筑物的对称性特征要源自学院派。3．对地方性
建筑理性构造的纪念。他勇敢地对抗这些因对立而
产生的矛盾后果，借由一系列互不相干的建筑体量，
容纳不同空间并由它的使用功能来指定。餐厅、客
厅及厨房一起被置于同一个体量内，同时，走廊让每

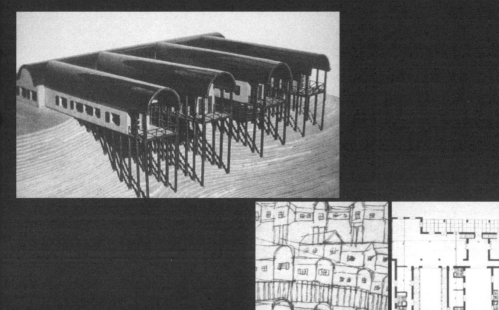

39-40

个体量可以互动，创造出新的不可预知的对称模式。这栋房子失去了它统一性的特点，有人猜测在走廊之间走动的人不是家长和小孩，而是一群奇怪的社团成员，只有在周末才来住。

这栋房子对抗的所有矛盾都被转移到构造的领域。所以，墙被脆弱的柱桩支撑起来，而轻巧的金属浪纹屋顶和实墙产生联系。矛盾在建构的暴力中结束。博格提契诺的别墅有效地阐释了一种故意的刚硬，这是罗西在那个时期的作品特色。

同样的刚硬也体现在罗西参加的 1974 年的里雅斯特地区行政总部参赛作品和 1976 年学生公寓的有限竞赛设计中，在之前文章中提到的深刻思想也在这两个竞赛当中有所表现。

1976 年，罗西收到美国"建筑与城市研究中心"（IAUS）热情的邀请而前往美国。他当时已经很有名气，建筑界密切地关注着他的作品，当时他在准备《城市建筑》的翻译，一边为他的建筑绘画举办展览，一边还在学校教授课程。美国的节制，对罗西的作品以及他感受事物的方法带来了很大的改变。美国

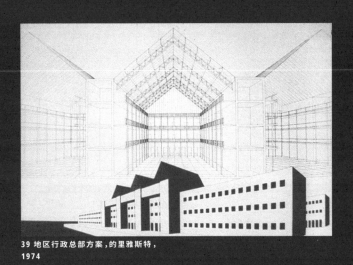

39 地区行政总部方案,的里雅斯特,
1974

40 学校校舍方案,基耶蒂,
1976

的经历让他发现他的建筑最重要的东西是由图示构成的,他的图示最能表达他的感觉,而且图示是他唯一能留给后人的东西。他曾经焦急追求的卢卡奇式的现实,现在变得无法被接受。他现在的目标是把他的感觉具体化,提出"另一种"现实的概念,即通过演绎他的图示而产生的真实。他在书中提出的理想主义者的机制,多到从类型到城市形态到区域,从使用到建构,这些内容产生了像加拉特西区或博格提契诺的方案。唯一剩下的就是图示。图示会变成那"另一种"的现实,这与他思考的城市起源没有太多关系。图示决定了新的现实会是什么。在最后的分析中,建筑被当作一种新的现实。在70年代快结束时,罗西已经充分意识到了这个问题。

罗西在欧洲"宣布了他的令人高兴的消息",而且拥有一群追随者们,不仅只在自己国内,也有瑞士、德国、西班牙甚至美国的粉丝,而且在某些学校,他的原则变成了规范。例如:在迈阿密,学生已经被教导要"像罗西那样"去建造一个城市,虽然

有时会充斥过多的宣言。矛盾的是,可能因为罗西看见了普遍化的危险性,他意识到比起他生涯开始时所标榜的知识的工具化,他现在更多能控制的是他的感觉,而不是依照等级由类型到纪念物去界定一系列的连接。因为内容太多了,他在美国时开始着手一本新书。在《一部科学的自传》(*A Scientific Autobiography*)一书中,他明确地从知识跳到了感觉。如果说早期的罗西,最重要的是努力达到客观,那从美国回来后的罗西,就只相信他唯一可以解释的只是他自己,也就是说只有主观能够被计量。

下面是他的书中极具说服力的摘录,它们将罗西的想法以某种透明的方法揭示。

在1960年左右,我写了《城市建筑》,一本很成功的书。那时候,我还不到30岁,如同我已说过的,我要写一本决定性的书。它对我而言,一旦澄清就可以被诠释。我相信文艺复兴的论文必须变成一种工具,可以被转化成对象。我藐视记忆,而且在那时,我利用城市的印象:在感觉背后,我在寻找永恒

类型的固定法则。我看见庭院与回廊，这种城市形态的元素，如同纯粹的矿物，被分配在城市中。我阅读有关城市地理、地形以及历史的书籍，像一位想要知道战场上的一切的将军，连同高地、通道、树林等也都要了解。我走遍欧洲的都市，企图了解它们的平面，并且将它们按类型分类。就像恋人自负的忍耐，我经常不理会我对这些城市的秘密感觉，了解统治它们的系统就足够了。也许，我只是要使自己从城市中解放。事实上，我在这个过程中发现了自己的建筑。（对他自己的建筑这个概念而言，这是一个难以理解的跳跃，从普适性跳到特定性。为什么？什么是一个人自己的建筑？）——庭院、郊区别墅、屋顶、汽油储存桶等的混乱状态似乎是惊人的，也因此构成了我最初对米兰的探索。中产阶级的湖边别墅、寄宿学校的走廊、乡村别墅的大型厨房——这些是意大利作家 Alessandr. Mazoni 所描述的在城市中被分解的景观的记忆。然而，对我而言，他们对这些事的坚持揭露出一种工艺。**8**

在摘录梅尔维尔（Herman Melville，美国小说家）一段有关灯塔，悬崖、船只等内容后，罗西说：我可以问我自己，在建筑中代表"真实"的是什么？比方说，它会是尺寸的、功能的、风格的或是技术的事实？我一定可以写一篇有关这些事实的论文。但是，我却会想到一个灯塔，关于一个夏天，关于一段记忆。一个人如何建立这些东西的尺度？而确实，它们到底该有什么样的尺度？ **9**

对罗西而言，模糊的记忆才是更重要的：

市场、大教堂以及公共建筑物，展现出一段城市与人的复杂历史。市场中的摊贩与大教堂内的忏悔室，和小礼拜堂展现出人与宇宙之间的关系，转化成建筑中内在与外在的关系。市场——尤其是那些在法国、巴塞罗那以及威尼斯的那些——总是对我有种特殊的吸引力。虽然市场与建筑只有某种程度的关联。它们是我记忆中的东西，那些大量展示出来的食物会一直打动我。肉、水果、鱼及蔬菜在不同的摊位或市场的不同分区中一再出现，尤其鱼类更令人注目：它们多元的形式以及外观，使它们在我们的世界里永远看起来惊人。也许，这种街道上的东西、人、食物、流动着生命的建筑，永远定格在帕杜阿广场。当我想到市场，我总是会模拟成剧

场，尤其是 18 世纪的剧场，独立的舞台与整体空间的关系 **10** 设计方案是凝固在时间和空间上的。**11**

剧场一直是我最热爱的建筑之一，在此，建筑可能被视为背景。一栋建筑物，可以将难以理解的感觉，经由计划转变成可以被计量和具体化的东西。**12**

今天我若谈到建筑，我会说它是一个仪式而不是一个创造的过程。我完全了解这个仪式的甜与苦。仪式让我们对连续、重复感到舒适，强迫我们躲躲闪闪地遗忘，使我们能在改变中生活，因为它无法进展，因此形成一个破坏。**13**

在米兰的工业科技大学里，我相信我是最差的学生之一。然而现在想想，当时我得到的批评，可能是我曾经获得过的一些赞美。我特别敬仰的沙比亚尼（Sabbiani）教授，让我对做建筑很沮丧，他说我的图看起来像是一位砌砖师傅或乡下的包工头，丢一颗石头要来标示一樘窗户大概要被设置的位置。这样的发现让我的朋友们开心，也使我充满欢乐，而今天我试着要找回图的适应性（felicity），它与经验不足或是愚蠢混淆（适应性被当成是天真的愚蠢），接着，图示就成了我作品的特色。换句话说，我缺乏绘画水平，没有进步是大家误解我作品的原因，但它亦为我带来快乐。**14**

接下来是路斯。

路斯借由观察与叙述来认知对象，进而发现这个伟大的建筑没有改变、没有退让，而到最后没有创造的热情，只有他认知的凝固的时间。

---

8 Aldo Rossi，*A Scientific Autobiography*（Cambridge: MIT Press, 1981），pp. 15-16.
9 同上：24.
10 同上：26.
11 同上：29.
12 同上：23.
13 同上：37.
14 同上：39.

路斯那种凝固的叙述，也可以在伟大的文艺复兴的理论家阿尔伯蒂 (Alberti)、德国画家丢勒 (Dürer) 的信件中看见。但是，他们追随的实践、工艺及技术却消失了。因为，从一开始，它们就没有重要到需要被传承。**15**

叙述对罗西来说非常重要。现在来看一段非常关键的文字：

为了变得有意义，建筑必须被遗忘，或者仅仅展现一个令人崇敬的影像，接着它变得与记忆混淆。**16**

我一直提出我们对一类地方的印象比对人来得强烈，对不变的场景的印象比对连续的短暂事件的印象强烈。这不是我建筑理论的基础，而是我建筑本质的基础。实质上，它是一种生活的可能性。我喜欢这个和剧场比拟的想法；人就像演员，当追光灯打开时，他们就开始参与一件他们可能不熟悉的事件，但是最终，他们一定会熟悉。灯光、音乐和短暂的夏季雷雨、一段短暂的对话，或是一张脸，并没有什么不同。但是，当剧院关闭时，城市就如一个大剧院，有时候是空荡的。虽然，每个人承担着自己的一小部分，这着实令人感动，但是，不论是普通的演员或是杰出的女主角，没有人可以改变任何事情。**17**

罗西认为关注历史非常重要。历史是关于人的事件累积，是一个建筑的固定架构，我们希望对历史遗产有所贡献，以下是一些案例：

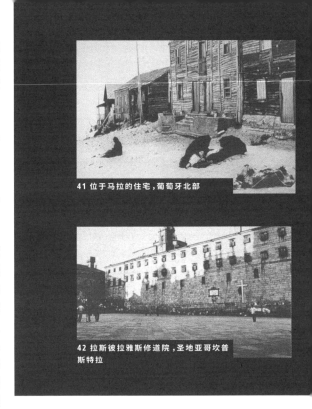

41 位于马拉的住宅，葡萄牙北部

42 拉斯彼拉雅斯修道院，圣地亚哥坎普斯特拉

41

这些葡萄牙的住宅为我们讲述了它们的居住者。这些人最大的成就是建造了一个楼板，将地面的湿气隔离。但是，他们仍然可以赋予门重要性，利用水泥砖，创造某种对称，将门区分开来。建造者大费周章地显露出基本营建技术背后的逻辑，这些在重叠的木壁板上显现得非常清楚，确实，它们很容易随地形调整，也很容易包容任何可能导致未知的突发状况，实质上，这就是日常生活的场景。

42

有什么比拉斯彼拉雅斯修道院的立面更能够体现在一个修道院社区内的生活是受专制的重复性与规则所支配呢？这个由窗户和广场铺面之间散发出来的韵律，说明了这样一段被强加的距离，是介于修道院内与那些尚未遗弃这个世界，继续享受城市生活的人们之间的距离，而这正是像圣地亚哥坎普斯特拉这样的城市所提供的。

15 同上：44.
16 同上：45.
17 同上：50-51.

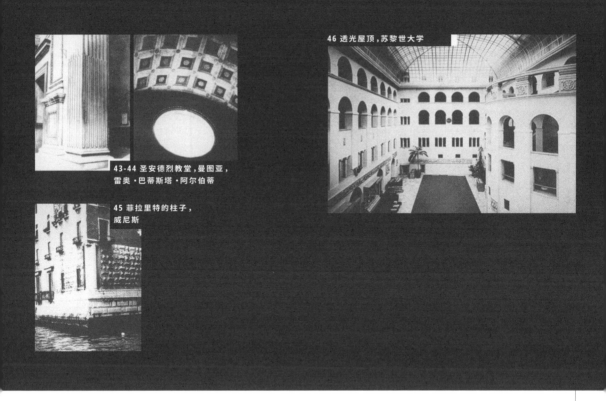

43-44 圣安德烈教堂，曼图亚，
雷奥·巴蒂斯塔·阿尔伯蒂

45 菲拉里特的柱子，
威尼斯

43-45

很难找到比阿尔伯蒂的圣安德烈教堂的图像更有效地说明好几世纪以来人们（在语言学上）企图要解释一个柱子如何被安置在地面上，或者如何将两块重叠的石块借由柱鼓的槽纹让它们难以分辨地接在一起。同样地，对建筑师而言，还有什么是比整合拱顶的方格天花板（cofferedvault）、墙的横隔板（wall-diaphragm）以及圆拱屋顶（oculus）顶端的窗洞等多样元素间的差异，并使它们成为一个整体来得更有挑战？

46

苏黎世大学是一个借由既成惯例，并采用了共同语汇而表现出平凡建筑效率的案例。在此，再次借由一

个坚持要有教堂意象的立面，使这个意大利柱廊有些不同。这是替机构服务的建筑，甚至到了代表机构的程度。若视它为一位建筑师个人的表现，这就是一栋不重要的建筑物；若视它为自己语言结构的直接呈现，它就是一栋重要的建筑物。

47-48

塞维尔的庭院及波河三角洲上的住宅是罗西最爱的无名建筑的代表，一种属于逐代累积知识的建筑。他让我们感受到他对这住宅的热情及尊重，我们应该为此感谢他。在塞维尔的一条窄巷，将一面墙基漆成橄榄绿是出类拔萃的建筑操作。它说明了，我们希望一个提供丰富社交生活的公共空间能够拥有的端庄性格。至于那些在跷竿上用网子连接的房子，它们暗示了共同拓殖的水道。借由建筑激起的共同捕鱼活

47 塞维尔的庭院

48 波河三角洲的住宅

49 新英格兰的灯塔

动，它们反映了将大自然转变成一种生产来源的欲望。对罗西来说，建筑参与强化社区生活的能力，是建筑最有价值的特质。

在这里，未完成的、片段的感觉和翁贝托·埃科所讨论的工作概念，或在意料之外的连接出现在库尔特·施威特斯的拼贴中而创造出来的满足感，都没有太大关系。令罗西惊讶的是，在凝视整个作品时，被时间打断的那个时刻，从而产生了一个使其本身可见的片段。

49-50

有时候建筑物和我们所说的雕像，在文学上会混淆在一起。其中一个例子是新英格兰的灯塔，它充满了文学的共鸣，而且几乎要宣泄我们的幻想。对圣·卡罗

50 阿罗纳的圣·卡罗

的雕像来说，它似乎具体呈现了我们常在梦中看见且企图要压抑的幽灵。让我们沮丧的是，借由它内部构造的任意建构而变成一个肆意的范例，幻想就可以实现。任何东西都可以被建造。古文明建造了亚历山大的巨像，新大陆的移民建造了自由女神像。建造的逻辑，无法使我们生活中的幽灵以我们向圣·查尔斯·波罗米欧（st. Charles Borromeo）祈祷时所期待的方式永远消失。

51 帕尔玛附近一家农户的室内空调

51

这个室内空间体现出建筑物可以为一个整天耕作的农民提供喘息之所。桌子掌控着一切，它说明了全家人聚集在一起的时刻，耕作的器具是那个时刻沉默的证人，房屋的次序随着建构的方式而展开显现出来，同时亦告诉我们一个共同的场域范围，在这里工作、工具及人皆合而为一，从空间使用的专一化中被抽取出来。私密领域的亲密关系借由楼梯被暗示出来，一上楼，居住者即退隐至一个昏暗的房间。高贵的木制雕刻栏杆，保存了城市居民的记忆。

这些由罗西大费周章选出的意象，将我们引至他推崇的建筑本质，借由它的帮助，我们有机会接近建构在感觉上的建筑。我相信这是他借由绘图想让我们知道的。他想展现那些情感的贮藏所，就如同我们之前所见的意象，那些他在城市中及其建筑中所发现的感觉。

在美国之旅后，罗西受到激励要去接一个与英雄无异的角色，而且他毫无疑虑地用仿古典风格的专论作家方式，呈现他自己及他的草图。如果帕拉迪奥敢在木头上刻画出他的建筑图像，好让它们成为他同行们的范例，那么罗西觉得他为什么不能如此。因此，他提供他的作品就像我们所说的，他的草图就成为任何人对他的意象感兴趣的范本，他的草图也因而变得越来越清晰和美丽。

52-55

1979 年，罗西很确信敏感意象对建筑物非常重要，因此，当保罗·波托盖西（Paolo Portoghesi）委托他为威尼斯双年展建造一个小的临时剧场时，他将这方案的主题放大，并将它展现为历代威尼斯建筑风格的结晶。所以，我们看见世界小剧场可以融入建筑师罗格西纳（Longhena）所设计的繁琐圆顶中，在安康圣母教堂（Santa maria della Salute；当地人称 La Salute）前，我们亦可以辨识出海关角（the Punta della Dogma）的水银墙面。建筑师让我们无法怀疑这个漂浮在运河上的临时建筑物，和威尼斯的永恒建筑具有一样的价值。在《城市建筑》一书中，提倡以科学为导向的建筑和这个用图像来支持感觉的新过程存在很大差异。罗西将他对威尼斯的看法全浓缩在这个小剧场中，借由这剧场唤起了他对这个城市的一切想法。在他看来，漂浮着的木建筑和贝里尼斯（Bellinis）与卡巴乔（Carpaccio）画中 15 世纪的桥梁没有太大不同。这些绘画所捕

52-55 世界剧场，威尼斯，
1979

捉到的威尼斯精神，亦同样出现在他的剧场。一位建筑师渴望为他的感觉留下见证。当海关角的水银墙面，以及世界剧场屋顶尖上的小球体同时出现在照片上时，罗西传达的信息是，从建筑观点来看，小球体所整合在一起的建筑物意象，和十几世纪以来坐落于大运河上的海关角水银墙面构造物，具有一样的价值。

56-57

威尼斯的剧院和同是 1979 年在戈伊托市（Goito）及佩戈尼亚加市(Pegognaga)合作的住宅之间，有一个很残酷的差异，它说明了当罗西设计某些冬季的简陋住宅时，只能用它所需要的意象来呈现。这里没有像其他建筑的正面评价，只有一个对住宅粗陋特征的煽动性谴责，它是一般收入的居民可以负担使用的。这种住宅的严酷带来了反叛，若反叛是建筑师的用意，那么表现主义者的极简主义建筑就情有可原。若我们想到德国 20 世纪 30 年代集合住宅背后的乐观，一股深沉的悲伤会席卷我们，因为罗西的这栋建筑物只可以用逃避来理解，他告诉我们这个都市无法兴建集合住宅，因此，只有替企业机构服务，并且借由意象来表达建筑才是合理的。罗西在 80 年代开始意识到这个现象且定义了他之后的作品，他勇于接受并且乐于接受任何委托，没有任何别的理念，仅选择将建筑简化为感觉与意象。

58-59 办公楼方案,墨尔本,澳大利亚,
1979

58-59

仍然是在 1979 年,这个澳洲的竞赛是上述很好的
说明。大家所知的墨尔本,仅仅是认识上的"一座城
市",一个由罗西描绘出来的城市。这栋摩天大楼,
虽然事实上处于相反的位置,但罗西还是很自然地
将之包含其中。

60-61

1979 年在卡尔斯鲁厄的联邦政府图书馆提案也是如
此。这个图书馆和摩德纳墓园之间没有太大差异,场
所根本不重要。当我们在设计时,纯粹展现出我们所
认为的一栋建筑该是什么,并不是碰巧在一个教堂
后方置入一个圆顶。这栋建筑物有着模棱两可的类
似教堂的立面。如同教堂,这座图书馆有一个中央广
场,因正立面的需要而被切短。这儿出现了一个很奇
怪的烟囱,就好像是用作审查,不管是不是如此,罗
西似乎曾对烟囱很着迷。不论是否有被证实,它们持
续在罗西的作品中出现。它是罗西对建筑所持有的
一个理想的意象,强烈地存在于罗西眼中而无法移
除。因此,他认为在他的草图中所捕捉的意象是建筑
的本质和材料。

62-63

有时候罗西会有体现快乐的作品。在这里展示的是
最美、最杰出的草图,它们是为了 1982 年在曼图
亚的菲尔拉卡提那的竞赛而画的。可能这时候适合
提一下罗西在画图的技巧上,是如何受惠于 20 世
纪 20 年代和 30 年代的意大利画家。因为这些影响
确实呈现在这些图中,所以我们有义务谈及基里诃
(Chirico)和西罗尼(Sironi),这里的区域性尺度使
罗西将湖和墙纳入其中,亦包括了从他的记忆转移
成其他机构的意象。我们很轻易地可以辨识出帕尔
玛的剧场元素或是法尼亚诺奥洛纳小学项目的校园
庭院。一个展览场地最后被一系列的亭子分散,如同

60-61 联邦政府图书馆方案，卡尔斯鲁厄，1979

62-63 菲尔拉卡提那方案，曼图亚，1982

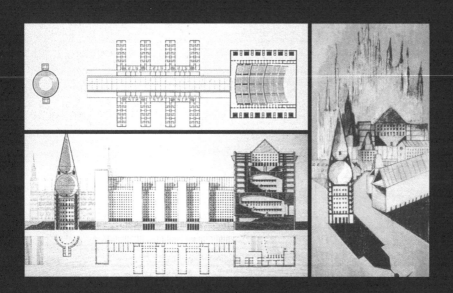

在一座花园城市中，这使我们可以感受到意大利北方的平原。

64-66

对我而言，这些草图展现出罗西对 1982 年的米兰新会展中心轮廓的想象，以及这个轮廓是如何被城市同化的，比平面图更加让人感兴趣。以前他的建筑都是由平面主宰，它的方案都很清楚而且确定。各层平面是由空间必要的需求促成，反映出一个被没有差异的重复性统治的结构时，这种明确性通常会消失。罗西的草图开始变得多余并困扰人。他似乎无法超越，这些由启蒙运动时期的建筑师所创造出来的重复意象。这说明了虚幻的影像被转化成痛苦的建筑怪兽，似乎失去了一切有关我们所熟悉的原始样式及其规模大小与尺度。在某个时刻，有人会问建造这些巨大的空间是否合理，一旦他们神圣的内容被去除，其中所

有的真实，和罗西本身要求的与现实之间真正的联系就会消失。罗西为他的建筑提出一种权威性（auctoritas），如果被接受，我们则必须生活在一个其制造出来的奇怪世界中。

67

1981 年柏林市佛德瑞曲施达特南区的集合住宅、保证了类似的反映。为了获得一种城市氛围，住宅建筑一般所重视的价值在此被转移、不管这样的转移会付出什么代价。

68-69

我认为 1987 年在都灵的奥罗拉住宅，是罗西那个时期最好的方案之一，一个我们现在已很熟悉的象征性

67 集合住宅方案，佛德瑞曲施达特南区，柏林，1981

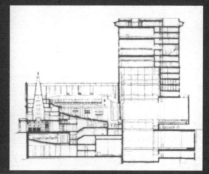

70-72 卡洛·菲利斯剧院，热那亚，1982

68-69 奥罗拉住宅，都灵，1987

元素被用来解决一个转角、变成这栋办公室的服务空间，而这栋建筑物占据了城市中一个在 19 世纪被拓宽的街道。此外，他在尺度上做了一些改变，将重点放在展示不同的结构性元素、费尽心思的砖墙以及其他方面，因而形成了这栋建筑物，它能与其他已知的建筑产生对话，而且有能力容纳并提供日常工作所需。尽管以我们的标准来看，有些元素略微含蓄了点，但是，这栋建筑物有一种城市的风貌，告诉我们罗西在 70 年代的作品并不是没有价值的。

70-72

1982 年在热那亚的卡洛·菲利斯剧院，再次展现出一些手法，例如，图像的去文脉化 (iconographic decon-

73 市民中心，贝鲁嘉，1982

74 商业中心，帕尔玛，1985

75 集合住宅，巴黎，1986

76 建筑学院，迈阿密，1986

textualization）和夸大尺度后可导致的结果。纪念性的飞檐是一个过大尺度的例子，它远超过只是单纯地加冠于建筑物上和所表达的功能，它是一个有自己价值的象征性元素。在此，建筑师沉迷在平面图像上，而不顾跟建造或使用有关联的议题。提到历史上具代表性的飞檐，罗马的法尔尼斯宫（Palazzo Farnese）马上浮现脑海中，它足以展现出罗西的作品与启发他的建筑之间，有一个截然不同的世界。

建筑本身就是生活中戏剧性特征的表现。这个概念在这栋建筑物大厅的装饰中展现。剧院两侧的墙面在历史上一直让建筑师很头痛，在此，它们被转化成一条街的景致，而其中包厢给人一种超现实的经验。罗西再一次表达了对不明确性和挑衅行为的热爱。户外的柱廊展现出他的精炼，且促使一栋建筑物可以很容易地融入热那亚的城市肌理中。

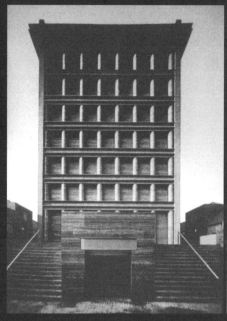
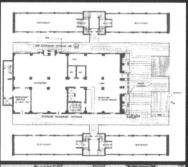

73-76

我们之前对罗西作品的解读，一再被其后的作品确认。1982 年在贝鲁嘉的市民中心，1985 年在帕尔玛的商业中心，1986 年在巴黎的集合住宅以及1986 年在迈阿密的建筑学院均可发现这种一致特点。严谨在他的作品中是可欲的，但是他似乎沉迷于陈腐的图像形式，例如迈阿密的棕榈树、贝鲁嘉的山墙、帕尔玛不真实的自然性以及巴黎的阁楼。

77-79

我认为罗西在这个时期中最好的作品之一是 1987年日本皇宫旅馆与住宅联合体。在此，简单的类型安排与强而有力的立面几乎毫无关系。我们无法不猜测纽约的铸铁建筑物启发了这个作品。但是，知道前例并不能阻止我们去认同这个立面的力量，这要归功于这个构造物的体量感和材料选择的智慧。在混乱的日本都市中，这个怪谬的旅人殿堂，生动地呈现了早期罗西对探究建筑源头的兴趣。我们在这栋建筑物中所要寻找的，并不是看见不可预期的空间所产生的愉悦。在此呈现的，是对由空间掌控而形成建筑物的一种抗拒或是遗忘。静态的形式居于上风，而这栋建筑物好像是一颗建筑的流星，将自己呈现为建筑历史中的一个片段，场所已无关紧要，就好像刚发生了什么，而且它是依据这样的一个规范准则所建造，即尽力要与四周环境脱离。故而再一次地，纵使不是这样完全被忽略，但借由正立面构造物明智的表现法而产生的强大意象，使得类型消失了。

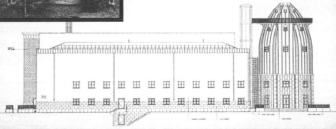

80-87 B 阿尔多·罗西的日常用品设计

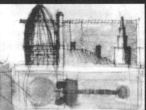

80-87

最后在 1993 年，马斯垂克镇的博尼方丹建筑馆新馆中显示出的这些建筑物意象，显现出罗西的最后一件作品并未反映在构造上，而是反映在意象上。如果在他的职业生涯一开始，建构是能帮他认识城市及建筑的一个工具，那么在 90 年代开始，罗西已经迫使我们习于将这世界视为一整组的意象。然后他的建筑便包含着被情感所折磨的意象。在某个时间，罗西绘出他的房间，画中的世界是伴随着他日常生活中的物品、他的事物一起共存于那个小天地中而开展的，从建筑物中，透过窗户，我们可以看到他深爱的米兰市区。矛盾的是，罗西成了创造物品的大师，他有能力把自己的感受融入一个物品，而不伤害其结构，并完全满足对它的使用需求。可以看看他设计的家具、手表、咖啡壶等，物品蕴含自身的图像及意象，然而在建筑中则没有这些要求，因为一栋建筑物要复杂得多，建筑物始终抗拒罗西对它的支配。一件物品可以容许强加其上的造型，但一栋建筑物则不能这样。

没有人知道在他执业生涯的过程中，对于他自发的深刻转变，他到底有多少程度的自觉，他总是宣称自己始终如一。可以确定的是，他年轻时看见的建筑世界，仍然遵循同样的意象原则，但我不会说当他离开人世时，他曾钻研过的领域已完全改变，他遗留下来的知识，深深吸引了我们这代人，让我们能借助这种方式或途径表达情感。正如罗西所说的，在物品中找到庇护，并拒绝将之转译到建筑之中。

彼得·埃森曼
Peter Eisenman

翻译 曾引

在过去二十几年的建筑学中，彼得·埃森曼（Peter Eisenman）扮演了一个重要角色。作为建筑文化的宣扬者，他这些年的工作在这个领域有着广泛的影响力，其思想和观点在学校和业界无所不在。

埃森曼是20世纪后30年建筑界的领军人物，对埃森曼生涯的回顾可以帮助我们了解建筑文化在这个时期的转向，就像对斯特林的梳理让我们追溯到更早以前发生的变化一样。不同的是，斯特林不想被人关注，更愿意别人讨论他的作品，而埃森曼则希望他的作品被当成个人自传。因此，为了检视埃森曼的工作，我们有必要对他的生平进行一个简单介绍。作为其建筑的创造者，埃森曼同他的建筑一样重要并与之密不可分。让我们从他努力进入建筑领域说起。埃森曼在作品中所表现出的文化鼓吹者和建筑理论研究倡导者的所有特质，归根结底是为了让自己成为受尊重的建筑师。换言之，他作为一个理论家、批评家、宣传家、教师，甚至企业人士参加的所有活动，都是为了赢得建筑师的名望，并由此获得进入实际的职业工作的通路。他最终找到了这个通路，可以说，在这个积极致力于理论研究和推进建筑学的人背后，还有一个建筑师的存在。

彼得·埃森曼是被欧洲吸引的众多美国建筑师中的一位。在康奈尔完成本科学业之后，他到英国剑桥读研究生，随后又攻读博士学位。在这里他接触到莱斯利·马丁（Leslie Martin）、柯林·圣约翰·威尔逊（Colin St. John Wilson）和柯林·罗（Colin Rowe）等人，由此了解到现代建筑。大概也是在剑桥，或许是受柯林·罗的影响，他第一次认识到现代建筑尚未被完全实现。从此以后，他立志实践现代主义运动的目标，真正完成其使命。如果说罗西是致力于将建筑学变成如生物学和地质学一样的实证科学，并由此倾向于在建筑之前先描述和解释城市的话，埃森曼的使命则是为建筑学找回现代性的理想。现代建筑从未被完全执行，它从未被赋予真正的现代性精神，因为风格问题分散了它的注意力，功能主义被当成了它的旗帜。忠实于一种所谓的"救世主般的"生命态度，埃森曼开始了一场智力冒险，以此解救被遗忘的现代性的真实精神。

这些东西在他当普林斯顿教授那些年就表现出来了。有一段时间，他和年轻的迈克尔·格雷夫斯（Micheal Graves）都对立体派绘画作品很有兴趣，他们一起研究了柯布西耶的作品和特拉尼（Giuseppe Terragni）的著作。1967年，埃森曼在纽约组建了建筑与城市研究所（Institute for

Architecture and Urban Studies，IAUS）。它不具备明确的计划，但非常活跃和高效，很快成为城市里建筑爱好者不可或缺的参考。广泛的活动，如讲座、展览、课程、报告等被组织起来，更重要的是，一种理论思考优先于职业实践的思想在此萌发。IAUS 发行了名为《反对派》（Oppositions）的杂志，将之作为其成员发表宣言的标志性媒介。这是一本超越纯粹资讯而关注理论性问题的杂志，时隔多年我们仍然可以说它是开放的、兼容并蓄的，比人们所预想的更加不教条。它没有过去先锋派杂志的那些纲领性宣言，只是刊登历史研究和批评性分析的文章。编辑们热衷于引发理论式探讨，致力于为美国大众介绍最新的建筑思潮。这本杂志也推动了欧洲思想家如塔夫里（Manfredo Tafuri）、维德勒（Anthony Vidler）、让·路易·科恩（Jean-Louis Cohen）和弗兰西斯科·达尔科（Francesco Dal Co）等人同美国文化之间的交流碰撞。

现代精神为何没能发展完全呢？埃森曼认为原因很多，其中最具决定性的是现代建筑在孕育过程中形成的对功能主义的信奉。他相信，这一点最妨碍现代建筑师实现其最正宗、本源的目标。埃森曼执着于将建筑从所有桎梏中解放出来，让它单纯地呈现，不受任何因素如场地、功能或建造系统的污染。他的目标是最纯正的建筑，通过新的以及不幸被遗忘的现代性形式法则，他想要做的是同物理学家借助源于相对论的新的（和未被遗忘的）公理来发现世界，或者那些涉及人类精神的心理学家运用新的（和未被遗忘的）精神分析术所做的一样的事情。现代精神所呼吁的变化并非仅仅是风格的改变，而是质的变革，随之而来的是语言的革新。当

注意到立体派画家的工作时，建筑学走上了正确的轨道，由此开始探索新的形式法则。像画家打破长期以来视觉艺术依赖于"内容"（content）的惯例一样，建筑师应该摆脱功能、场地、技术和任务书所规定的义务，而专注于探讨有助于解决构成问题的形式法则。这确实是一种希望回归本源法则的建筑，其中首当其冲的就是形式法则。被推崇形式主义批评的柯林·罗训练出来的人都不太可能有其他方法。

倾向于把建筑思考当成语言学理论的又一种表现，埃森曼很自然地对诺姆·乔姆斯基（Noam Chomsky）产生了兴趣。语言发展遵循着一些可对其演化进行解释的内在结构，即所谓的"深层结构"，埃森曼认为同样的思想也可以应用于建筑中。那些年来，他作为建筑理论家所有的努力都是旨在发现可以解释形式表象的结构、法则或原理。因此，埃森曼可以说是一个形式主义 / 结构主义者，他始终对用视觉方式解释建筑不屑一顾。他清楚地确立了句法学立场，无视甚至拒绝通过语义解释建筑。在查尔斯·莫里斯（Charles Morris）的定义中，"句法"（syntax）是"抛开符号同客体（object）或者符号同解释者的关系，对符号同符号之间关系的研究"[1]。这样一来，埃森曼采取了一个同文丘里截然相反的立场。文丘里推崇建筑的交流属性，表明建筑能够表达社会群体精神中潜在的文化价值，而埃森曼则对

---

1 Charles Morris, *Foundations of the Theory of Signs*（Chicago: University of Chicago Press,1938,12 ed,1970）,Mario Gandelsonas, "On Reading Architecture: Peter Eisenman, the Syntactic Dimension,"*Progressive Architecture*, March 1972, p.71.

"象征性"毫无兴趣，他将建筑语言的准则与表现定义为某种自我指涉（self-explanatory）的东西。对埃森曼来说，建筑是一种基于规则运用的智力操作。综上所述，我们可以推断，埃森曼的计划是一种对自主性的允诺。这解释了他为何对阿尔多·罗西的美国之行如此热衷，尽管他们对自主性的理解存在极大的分歧。在罗西看来，自主性是在历史中被确认的，而埃森曼则认为自主性存在于对自主的语言进行经营。

在1968到1978年间，埃森曼作为建筑师的工作并不多但强度却很大。他设计建造了一些住宅，并将它们按时间顺序编号，就像作曲家为交响乐编号一样，这也是对他作品的抽象特征的声明。埃森曼作为实践建筑师的有限作品伴随着作为批评家的繁复工作，这让他选择和解释了建筑史中一些同他观点一致的时刻。在写斯特林的莱斯特工程学院（Leicester School of Engineering）时，他强调其材料的运用是为形式法则所确定的[2]。通过对特拉尼的阅读，埃森曼找到了呈现他真正目的的完美语境。特拉尼的写作提供给他一种对现代主义运动的理解，这种理解可以说取代了由吉迪恩这样的史学家参照柯布西耶建筑所提出的经典版本，并成为对后者的补充。埃森曼对特拉尼的观点让我们理解到建筑中句法机制的意义。这也是他将在其建筑生涯中努力追求的东西。

我们可以把一段关于特拉尼的文字作为研究埃森曼建筑的框架，它也表达出埃森曼的信念：乔姆斯基的深层结构可以用在建筑中。"特拉尼发展形式的过程可以被理解为压制对客体（object）及表层结构的解读，而支持一种概念性（conceptual）结构或者说深层结构（deep structure）的可视性呈现。"[3]

埃森曼将建筑分成了表层的和深层的两个方面。表层方面的内容调动的是感官知觉，比如材质、颜色，而深层方面是无法感知到的，它们需要通过思维去认知，比如正面性（frontality）、倾斜（obliquity）、后退（setbacks）、延长（elongations）、压缩（compressions）和错动（shifts）等。这又是一种非黑即白的二元论观点，将思维与感性对立起来。埃森曼倡导一种可以凭借严格的智性操作进行解读、理解和评价的建筑。矛盾的是，他赋予其建筑的这些内容和特质却具备纯粹的视觉属性。难道像正面性、倾斜、错动这些概念就没有一种强烈的感官知觉成分吗？埃森曼所运用的原则和机理让人不难将其同沃尔夫林（Heinrich wölfflin）、冯·希尔德布兰德（Adolf von Hidebrand）等批评家联系起来，他们就是用纯视觉和抽象的方式研究一般艺术以及专门讨论建筑的。这是很自然的，因为埃森曼在建立这些范畴时并没有偏离柯林·罗和罗伯特·斯拉茨基（Robert Slutzky）在他们的著名文章"透明性：字面的和现象的"[4]中所运用的概念，这篇文章今天很少有人读了，但在15年前却是必读文献，它讨论

2　Peter Eisenman, "Real and English: The Destruction of the Box l,"*Oppositions* 4（1974）.

3　Peter Eisenman, "Dall' oggetto alla relazionalità: la Casa del Fascio di Terragni ", *Casabella* 344（January 1970）, p. 38-39.

4　Colin Rowe and Robert Slutzky, " Transparency: Literal and Phenomenal, " Colin Rowe, *The Mathematics of the Ideal Villa and Other Essays*（Cambridge: MIT Press, 1976）. Written in 1955—1956 and first published in Perspecta 8（1964）.

了用于理解立体派绘画以及立体派建筑的形式机制。

为了定义如正面性、倾斜、错动、移位等范畴，埃森曼拒绝了所有同传统建筑相关的造型元素。早年的埃森曼抗拒具象性，用几何替代形体和图像，从而构建出以上那些范畴。它们由点、线、面等网格中的抽象元素组成，具有最少的符号意义。这些范畴也顺带转化为具有工具性和操作性的设计机制。这种抽象空间仍然是笛卡尔空间，它被之前提到的那些操作所激活。由网络生成的空间成为投射建筑创意的背景与屏幕。在理想的网格上呈现出的是空间和中性，它支撑了诸如加与减、实与虚、旋转与移位（rotation and transfer）、饰面与层次（coatings and levels）、层化与错动（strata and shiftings）等概念，利用这些元素生成的建筑是尽可能抽象的，远离所有可能的外部参照，免于或多或少的污染。正如埃森曼早年所注意到的，这个建筑提案制造出来的是一种抽象和疏离的客体（我所说的客体并非指某个个人表达的结果，而是一种接近于本体论的"同一性"，正是这种同一性将最终的建造物同对它的物质化负责的人建立起联系），而不是一种可见、可辨识、可名状的"建造的真实"。当然，了解到这一点是让人很不安的，埃森曼于是感到有必要推出"过程"（process）这个概念，即一个方案必须按照它被创作出来的时间顺序进行解读。方案自身并不能揭示出建筑师的意图，或者说"思想"。为了让它们被感知到，需要给出过程的证据。建筑表现并不只是去解释客体，而是去推想它背后的过程。所以我们能看到建筑师用来设计的理想网格最初是如何被一种形式推动力所激活，从而引发出一系列的转化与创造，这些在作品的每个阶段都有记录。因为有记录，这个过程得以被看到，不同阶段的记录帮助我们理解思维所控制的形式操作在时间中的发展。这是那种只呈现最终状态的客体所没有的东西。埃森曼希望将生成建筑的，他称为"理念"的东西记录下来，这让他将理念同过程混淆起来。我们只要了解"过程"也就接近了他建筑的本质。

近年来，在建立一种方案设计理论时，"过程"这个概念的重要性已被放大。任何一个像我这样从事建筑教育25或30年的人都能证明，建筑师和学生在方案表现时都越来越重视过程。我们经常听说，最重要的事情是记录过程，是为最终确定的结果提供合理性证明的一整套形式阶段的演化。比建筑作品本身更让人感兴趣的是作品的"传记"（biography），以及保存所有构思证据的热忱。就像在一盘棋局或一幅绘画中，棋子或人物的运动（在绘画中也可以说图像发展的连续瞬间）都能保持可见和透明，那么建筑作品也应该保存和记录方案的不同阶段。令人好奇的是，埃森曼已经主张把建筑作品的状态当成是"客体"，将建筑师同建筑物分开，而现在又强调说过程才是建筑的本质，这等于让建筑师又对其负完全责任。尽管希望抽象，强调客体，但重要的却是讲述建筑师如何进行工作，要紧的是描述方案的发展和构思的历险。对罗西来说，建筑是在类型中生存和呈现的，是他通过笔痕和画笔颜料瞬间捕捉到的稳定的柏拉图图像或影子。而对埃森曼而言，建筑呈现于对它的构思之中。

有价值的是创作，方案的创作。罗西相对于埃森曼：一个是沉思，另一个是行动；一个认为建筑有普遍标准，另一个则认为建筑是发明创造。我们不禁再次将欧洲人与美国人对立起来。无论如何，对过程的关注都给予建筑一种教诲性内容。在过去，建筑是沉浸于快乐或解决需求的机会。一个欣喜的机会，一种心理操作，或者灾难时的防卫与庇护。现在，建筑经验成为教学材料。过程呈现出它是如何产生的。作为过程的建筑是教学的建筑，是我们学习"如何做"的地方。

过程对埃森曼的重要性早前就被他的作品的评论者发现，如马利欧·冈多尔索纳斯（Mario Gandelsonas）写道：

> 埃森曼从生成或转换语法中引进了一个重要思想，其中语言被视为一种生成性活动而不是对语义和句法关系的描述。按照这种对语言的观点，句法学承担了一种新的意义，句法结构本身被看成语言的主要生成器。埃森曼把这个概念吸纳到建筑中，以此去解释建筑中一种在他看来很类似的综合过程，即建筑形式的生成过程。5

建筑形式的生成过程同语言学家所描述的，潜存在语言中的生成语法规则并没太大区别。

当然，建筑作为过程的观点让我们很想知道建筑的真实来自何方。是从建成作品、模型、图纸，还是通过对过程的理解。既然埃森曼将过程视为建筑本质，那么完成的作品就已不再重要。他杜撰了一个具有挑衅性的词"卡纸板建筑"去描述自己的作品。卡纸板是讲述建筑故事的模型。归根结底，他的建筑存在于那些模型里。"卡纸板建筑"这个术语并不带贬义，它是对物质实体的一种挑逗性承认，过程正是借由这种物质实体被描述出来。

埃森曼的计划虽同罗西的相反，却同样雄心勃勃，清楚呈现于组成他20世纪60年代晚期到70年代的11个早期作品中。这是名不见经传的、对建筑全情投入的岁月，是坚决要让他人也对此怀抱同样热忱的年代。现在让我们对这11栋住宅进行考察，并解释之前所介绍的那些概念。

5　Gandelsonas, "on Reading Architecture," p.82.

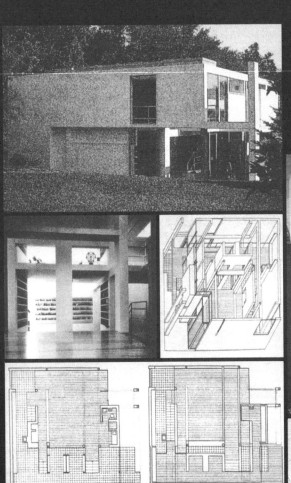

1-6 1号住宅，普林斯顿，
新泽西州，1969

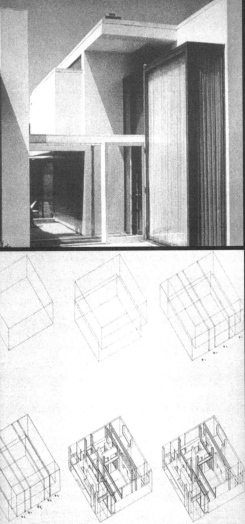

1-6

1969 年的 1 号住宅（House I）是埃森曼的第一个作品，它是普林斯顿一个玩具收藏家的小房子扩建。埃森曼对特拉尼的钦慕在这里表现得很明显。他像特拉尼那样将立方体打散，通过一套系统进行组织，这套系统不可避免地让人联想起威特科沃（Rudolf Wittkower）研究帕拉迪奥建筑时绘制的图解。柱和窗这样的元素被置于一个理想的系统中，呈现出的已不是我们认识中的传统意向。柱子不再只是一种结构上的承重构件，它可能作为两个平面的交点而存在（仍然发挥力学功能），也可能只是为了维持网格连续性而存在的虚体（我们会发现存在一种不承重的虚拟柱）。窗也不再是长久演化过程中明确的建筑元素，而是一种空间的延展——"负空间"（negative space），它出现在建筑表皮，具备自己的身份。窗并不是彼此孤立的，自主的元素，而是一个更广泛、普遍的形式策略的重要组成部分，了解这个形式策略我们才能解释生成被称为 1 号住宅的特殊立方体的形式结构和形式发明。

借由虚空，埃森曼提出了虚拟元素的可能性。他引入"不在场"的概念，这是个始终存在于他建筑中的概念。从第一个建筑起，埃森曼就试图抹去所有导致对形式元素的定义和对结构元素的定义相重合的东西。比如，传统建筑可能通过线脚或檐口的做法去解决墙和覆层材料交接的难题。这里解决实际问题已经够人想了。建筑师假定了问题的存在，但却希望它不存在，并着手对此做点什么。既然无法消除建筑物中所有的物理（也是形式的）特征，那么必须承认这个房子中存在某种程度的不一致性。当必须要建造细节的时候我们就会发现这一点。然而，考虑到这个房子中形式片段的密度，这些不一致性可以被忽略。如果我们注意埃森曼的形式策略，会发现一个理想的立方体，以及在它之上的，形成和激活建筑片段的推力，这就是这个方案的引擎：重叠（superposition）现象（埃森曼的写作中经常出现的是"overlapping"一词），它让我们看到由建筑师所控制的抽象元素的穿插——平面、柱子、楼板、屋顶等。

这栋住宅似乎想要有一个清晰的正面。因此，墙面（这里也可以称为立面）呈现出很多花样。我们能察觉到许多由错动产生的造型片段，或相交或重叠。对埃森曼来说，这个建筑的本质就是通过错动产生一系列不同的形式片段。他并不考虑浮雕或表面质感，也不细想墙面最终的可塑性。他所关注的是构成他感兴趣的建筑策略游戏的运动。两个柱子促成了楼梯间的形成。厨房和厕所是异质元素，它们成为形式涌动的一部分。

这些策略有的可以从平面中识别出来。我们看到了立面墙体，以及它所引入的阳光。接下来，我们看到对正面性的表达起决定性作用的一系列横向片段，它们作为"分离的"、自主性的元素强化了住宅的正面性。支撑住宅的抽象结构网格被淡化。就像特拉尼作品那样，没有任意使用柯布式框架。取而代之的是，原本简单、均质的网格经过精心、复杂的设计之后产生和建构出了平面。它们不是冷漠的网格，而是被过程启动时的初始运动，如错动、移位所激活的网格。埃森曼谈起时将其称为"建筑策略"。

这里有一张图解呈现了上面提及的平面穿插。仔细观察可以发现，一个沿着两个小开间延伸的抽象平面，同另外的基准线相冲撞。将充当实体空间的柱子同出现于墙体中的反映"不在场"的虚体联系在一起时，我们能识别出一种减法的机制。是假设性的、抽象的错动产生了柱和虚体，并导致了发动过程的运动。

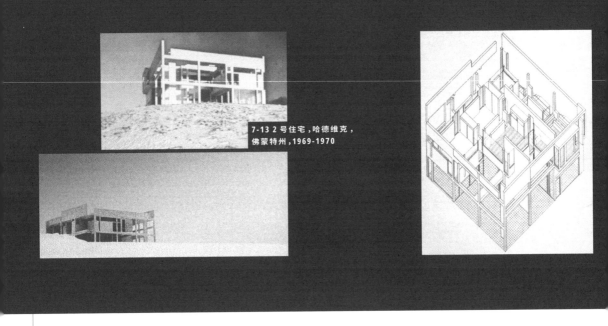

7-13 2 号住宅，哈德维克，
佛蒙特州，1969-1970

7-13

埃森曼的第一批方案中，最好的可能是 1969—1970 年位于佛蒙特州哈德维克的 2 号住宅（House II）。毯子般的大雪无疑为它创造出一种完全脱离开地面的现实。白色表皮被放置在白雪之上，2 号住宅达到了埃森曼希望他的建筑所能呈现的抽象状态。雪抹去了周围景观所有可能的参考，2 号住宅得以成为一个纯粹的建筑形式。

从表面上看，2 号住宅方案可能会给人一种源于风格派或特拉尼模式的印象。特拉尼在这里是的确存在的，但埃森曼有他极其个人的、特殊的网格操作方法也是事实，从墙看上去像是结构的填充这一点就能看出来。很明显，填充物同结构的相互依赖性是被强调的，虽然它们都明确呈现为独立实体。另一方面，建筑最开始的运动——沿着立方体对角线的错动，在平、立、剖面中都得以呈现。对角线的错动产生了住宅 2 号的形式过程，从而带出每一种元素，制造出裂缝和凸起，错动在其中很容易被识别出来。

埃森曼以惊人的一致性控制着他在这些房子中运用的文法。它们并不受制于眼睛的反复无常。通过最初时的运动生成的形式结构被严格呈现于最终的建成作品中。注视这些住宅是需要训练的，要能够找到那些已被严格遵从的规则。这些规则同建筑中能清晰辨识的元素，如柱网，以及埃森曼图纸中呈现的虚拟元素，如被处理成实体的内部空间是联系在一起的。将建筑当成一个过程，这暗示着最终的形式成果在某种程度上是不可预期的。有人可能说埃森曼不怎么在乎结果。他追求的不是一个预先决定好的、事前就能想象的，或者受制于一种既有模式的建筑。在这里，建筑仅仅是过程的句点。确实可以说，在房子设计过程中，没有任何立面或剖面是"画"出来的。或者说，它们可能已经被画出来，但并没有追求任何已有图像的意图。埃森曼用传统的平、立、剖面图表达他的建筑，然而并没有将它们作为方案的起点。

让我们再谈谈"过程"。毕竟，如果没有过程，建筑就变成单纯因最终的空间产生愉悦，如前所说，

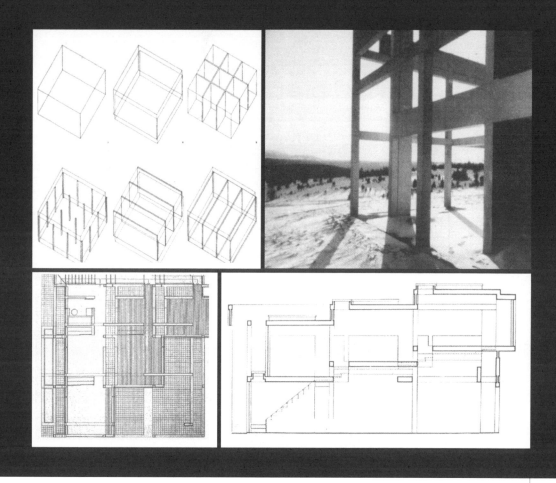

埃森曼认为那样是理所当然的，不过他对此并无兴趣。我们应该从建立一个操作的参考框架开始。首先是确认数量最少的元素，在这个案例中就是柱网。网格通过分散的元素构成，或借由正交平面相交而成，它的基底是正方形。现在想象网格开始错动，通过这种方式产生一连串操作。这些操作必须被当成是过程的不同阶段，自形式启动之时就存在。2号住宅的建构是沿对角线错动而来。运动施加在建筑上，其影响持续呈现于平面和剖面形状之上。每个过程明显呈现为多重解读的叠加。立方体的三分结构有时呈现为一个实体（空间的凝固），有时显示出的则

是柱子的线性状态。垂直线性元素（柱）同填充物（垂直面）始终被区分开，演变为建筑中一个较为突出的形式惯例。最终结果始终承载着过程的痕迹：填充物的裂缝，框架中重复的柱子。要察觉到控制过程的这些规则是困难的，但并非不可能，需要有冷静的态度，并借助分析图去理解。

过程伊始，存在于参照网格产生时的一些形式元素仍被保留下来。错动产生的缝隙被建筑元素填充，如楼梯间，或者厨房和厕所这些间歇使用的房间。这些易于识别的传统元素开始起作用，似乎有些异常。埃森曼在建筑中所向往的抽象性受到特定

14-17
3号住宅，
湖城，康乃迪克州，
1971

的、日常使用的威胁。我们的建筑经验让我们只考虑最终的空间，前提是，我们是被过程引导至此的。最终成果的感官愉悦是埃森曼一开始就想要的吗？让我们仅从"感觉"方面来说，2号住宅无疑提供了一个生动的建筑画面。复杂的形式操作产生出一个"如画"般灵动和多变的空间。然而这就是埃森曼想要的吗？恐怕不是。他坚持过程的重要性，这似乎告诉我们2号住宅需要的是一种回溯其过程的阅读：过程的理智性对立于纯粹的感官情绪。不是要我们被空间迷住，而是鼓励我们去辨识出建筑起源中存在一套柱网，它之后被进行了错动处理。空间应向我们呈现的正是错动在其中产生的张力。对埃森曼而言，错动是他想要我们研究2号住宅时所经历的那类智性和空间体验产生的最终原因。

按照埃森曼的观点，形式过程之外的任何东西对建筑而言都没有真实价值。结构、功能、场地以及其他具体事务虽然摆在那里，却是可以被忽略的。重要的是建筑师对句法的发明和运用，以及启动过程的初始运动。住宅要处理它的功能，包含了所有必要的功能元素——厨房、壁炉、楼梯、厕所等。然而，它们都困在缝隙空间中，只是插曲和没有建筑价值的巧合。传统实践同建筑操作相结合的需要在这个方案中随处可见，如屋顶，露台的安排、天光等。对一致性的追求让埃森曼在平面错动之外，还运用了剖面错动加以补充，这样的双重运动成为总体形式的来源，在屋顶上被反映出来。

所以，2号住宅是一个客体，通过将构成过程的几何操作吸纳其中而成形。其结果是忽略所有周边

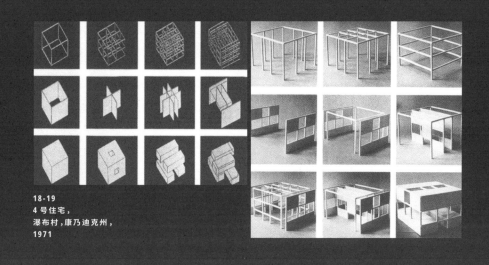

18-19
4 号住宅，
瀑布村，康乃迪克州，
1971

环境的纯形式。建筑同基地连接的方式证明了这一点：这是一个简单的水平面，它没有任何理论上所需要的参照，不管是地形、建筑技术，还是气候条件。

14-17

1 号住宅是通过一系列错动将立方体打破所形成的，而在 1971 年康乃迪克州湖城的 3 号住宅（House III）中，埃森曼应用了旋转的机制。分析图清楚呈现了形式是如何通过对一个三分立方体进行转动，并将其同原来的三维形式相穿插而形成的。当然，在今天，这样的句法机制已经很普遍，不足为奇了。这种"扭转"的方法已经存在 20 到 25 年了，至今依然出现在建筑师和学生的画板上，我们当然不觉得奇怪。但在 20 世纪 70 年代早期，这可是一大创新。3 号住宅的分析图把"扭转"的概念表达得很清楚。这种

扭转和穿插的想法是从何而来的？我们可以留意下大自然，比如晶体结构的穿插关系，也可以看看艺术家的作品。或者，我们可以从中读出一种希望浓缩时间的愿望，通过在一个单一的建筑形式中创造出不同虚构时刻的交会，赋予了建筑师书写历史的力量。也有可能的是，埃森曼在设计时完全没有过任何这些想法。他更像只是在单纯地思考形式机制。

18-19

如果说前三栋住宅都是三分的立方体，以正面为优先，在 1971 年位于康乃迪克州瀑布村的 4 号住宅［House IV（project）］中，埃森曼则对立方体内核的可能性产生了兴趣。这清楚呈现在这个建筑的一系列分析图中。核心在内部爆炸，形成比之前两个房子更错综复杂的结果。不过 4 号住宅没有被实现。

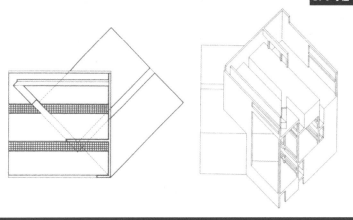

20

我将跳过 1972 年不够周详因而也不太明确的 5 号住宅［House V（project）］。

21-25

位于康乃迪克州康沃尔的 6 号住宅（House Ⅵ）是埃森曼 1975 年为朋友设计的度假房。立方体的三分化分割在这里更加复杂。由于外表面被削弱，结构元素随处可见，形成有着自身价值的自主的图像特征。埃森曼主张建筑形式具有自主性，无须对功能和使用承担义务，这可以从建筑中的标准元素——楼梯中反映出来。楼梯形式的矛盾性是这种自主性的证明。埃森曼通过涂料颜色进行表现，赋予楼梯上下端完全相同的价值，同时避免它被限制于两个垂直平面之中。6 号住宅重点表达了核心的重要性，外边缘不再成为兴趣点，不再像 2 号住宅的立面那样具有活力。换言之，当核心成为定义立方体的基础时，立方体就这样失去了自身的价值。

多年以来，埃森曼精心设计了一套语言，重叠、错动、对称与不对称、切割、虚实区分等，这些混合在一起形成了可供建筑师使用的形式机制，或者说新的工具。他完成了建筑生涯伊始所定下的纲领性任务，即精心建构一套有助于控制基本形体的句法。他被一帮投入的同事所包围，一起讨论尺寸、距离，有时还有比例。研究和决定错动的正确位置，以及房子如何同水平地面相接触。埃森曼发展出来的词汇和句法被他的合作者们熟练地吸收与处理。他创造图形 / 形式机制的全部技能（在 6 号住宅这样的方案中达到巅峰）得到整合，成为其建筑的精华，孕育了在此之后的作品。任何研究埃森曼图形 / 形式原则的人都会对他的一致性印象深刻，这确实是令人钦佩的。

住宅实际使用中产生了空间变化，这是业主用心实施的，但并不都是建筑师所喜欢的。为了在《住宅与花园》（*House & Garden*）上发表，马西莫·维格纳利（Massimo Vignelli）考虑要用家具和鲜花装饰 6 号住宅。虽然和维格纳利关系良好，埃森曼还是介意了。在他看来，这个房子受到了污染。事实

上，当6号住宅呈现出日常生活的活力时，它就已经丧失了某些价值和趣味。埃森曼在意的并不是把花瓶或早餐放到桌上，而是一个客体产生的整个过程，这是一种近似于超现实的氛围，其中客体到达了拒绝使用的程度。这里传达的明确信息是：这些房子首先也最重要的是客体。

21-25 6号住宅，康沃尔，康乃迪克州，1971

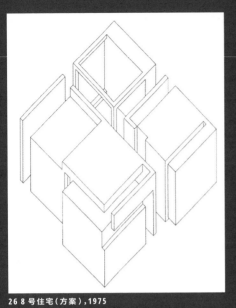

26 8 号住宅（方案），1975

27-30 10 号住宅（方案），布隆菲尔德山，密歇根州，1975

26

1975 年的 8 号住宅［House VIII（project）］也未被修建。我们在 6 号住宅中看到的核心定向变成了沿中心划分的四部分，它可以看成我们将在 10 号住宅中看到的虚体系统的先例。

27-30

1975 年，选址在密歇根州布隆菲尔德山的 10 号住宅［House X（project）］提供给埃森曼一个发挥他野心和才智的机会，这将成为他首个在建筑史中占一席之地的建筑。埃森曼在这个方案上花了三到四年时间，虽然没有被实施，但为他之后的生涯赋予了重要的形式经验。

　　之前的立方体是一个独立的形体，而这里是由四个部分组成的，以 L 形架构于分割立方体的轴线上。当 L 形的虚体被填实时，每个部分都可以界定

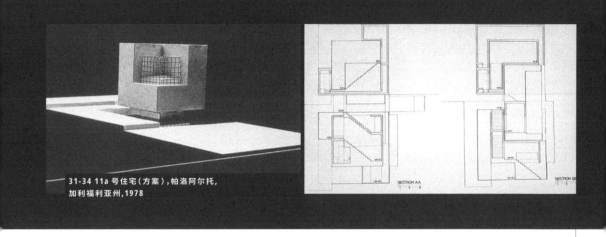

31-34 11a 号住宅（方案），帕洛阿尔托，
加利福利亚州,1978

出另一个立方体。当虚体的尺寸变化，每个部分的体积也将发生变化时，最后成为一个完整的立方体。四个形体在结构上完全一样，它们的通用性使得赋予每个形体不同功能成为可能，并通过虚体的尺寸和材料的运用，呈现四种不同的状态。楼梯间和一连串的附属设施被安置在四部分中间的空隙中。

31-34

未修建的 10 号住宅可被认为是 1978 年的 11a［House XI a（project）］号住宅的起源，这是一个选址在加利福利亚州帕洛阿尔托的小房子，它在某种程度上综合了埃森曼 20 世纪 70 年代的工作。这个建筑是为建筑批评家和史学家科特·福斯特（Kurt Forster）设计的。埃森曼在这里发现了地面的建筑潜力。此外，他运用了两个我们之前在 10 号住宅方案中分析过的熟悉的形体，解决了凹与凸交接的问题，这成为他往后作品中最具特色的一种形式机制，后来延伸为以莫比乌斯环为基础的系统。另一方面，楼梯间被安排在房子外边缘，导致了中心吸引力的减少。这一点使得 11a 号住宅同 10 号住宅极为不同，虽然它们运用了相似的形体。凹与凸的关系使得天与地、内与外的辩证显而易见。正因如此，埃森曼得以赋予建筑某种象征性内容，而不受图像的污染。

到 1978 年，很多事情发生了。时代变了，抽象开始让位于具象，这一定令埃森曼感到困扰。"纽约五"（70 年代早期）的高雅让位给了一种明显的后现代主义口味（70 年代晚期）的俗趣。作为"纽约五"一员的迈克尔·格雷夫斯（Micheal Graves）曾同埃森曼有着同样的理论兴趣，然而现在却拖着他的包袱转换到了后现代主义者阵营，他的波特兰公共服务大楼（Portland Public Service Building）就是其新倾向的标志。那些年间，唯有盖里这位高贵的野蛮人（the noble savage）的出现，才可能从格雷夫斯及其追随者的提案中抢过风头。意识到纯形式探索已不再盛行，埃森曼寻求做点别的东西。他早年鼓吹说现代精神尚未完成，这种策略在某种程度上得到了延续，不过现在他宣传的是：人类（humanity）正处于一个新历史阶段的开端，这是一种新的理解世界的方式。在经历第二次世界大战之后，人们超越了 20 世纪初所认知到的视野，建筑学因此也必须表达出对世界的新构想。埃森曼翻新了自己的观点，把他的纯粹、抽象、中性暂时搁置，而将话语重新定向为一种新的、超验的、目的论的设想，这无异于一种对历史过程的反思。他提醒我们，在中世纪，人类存在于一个由始至终都归上帝管辖的世界。之后，在文艺复兴时期，人类变成了自己命运的主宰，从而为启蒙运动和 19 世纪的文化打开大门，人的地

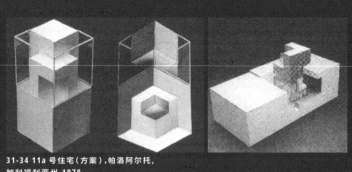

31-34 11a 号住宅（方案），帕洛阿尔托，
加利福利亚州，1978

位进一步提高，个体成为理解周围世界的唯一参考。尽管如此，就如最近事件所呈现的，到20世纪晚期，这种洋洋自得抬高个人价值的动力已经消耗殆尽，人类的破坏能力已经被见证。因此，我们不得不承认历史的内在性，以及那些我们不能控制的世界的客观真相。如果埃森曼之前的方案是通过呈现过程的形式起源而开始的，那么现在他不屈不挠的教学天职则让他借助具有明确目的性的介绍文字来呈现他的作品。从那时开始，他的方案就受到一些关于解构，关于等待人类的不确定未来，关于人类没有能力获得宇宙完整知识的隐喻所启发。他现在关心的是要确保建筑学在世界史中占一席之地。很明显，埃森曼没能免受塔夫里这样的马克思主义者的影响，后者至少在其生涯的中期阶段，曾试图提出一种整体性的对历史以及建筑的解释。这是多大的改变！

自此以后，埃森曼尝试用文字去阐述他感兴趣的新议题，并以此作为其建筑方案的解释，他暗示建筑是有能力去反映这些议题的。除了像乔姆斯基这样的语言学家，或者斯拉茨基这样的纯视觉主义者之外，埃森曼开始诉诸福柯、拉康、德勒兹、德里达一类的思想家，将他们作为新的灵感来源。他在早期作品中所追求的"建筑思想"，也就是我们经常混淆为"过程之起源"的东西，开始让位于能够真正赋予其作品以内容的思想议题。他的方案不再是客观的、抽象的想法，一个具有形式发展过程的，置于中性的、普遍性框架之上的几何刺激。它们现在成为历史演化的解释者，只要承认建筑可以包含隐喻，它们就能够被赋予物质形式。建筑再一次被现实和历史所激励。自主建筑的幻想被一种受到外部世界污染的建筑所取代，那是一个无论喜欢与否都要被纳入考虑的世界。建筑应该反映历史的不稳定性，除此之外没有别的出路。然而，如何让建筑忠于我们生活的特定历史时刻？如何为连先锋派都仍在附和的古典世界提供替代方案？埃森曼试图通过我们马上将看到的作品提出替代方案。因为具备语言句法操作的经验，他的新方案保持了之前作品的造型复杂性，但是埃森曼真正感兴趣的是作品说明了什么，陈述了什么，它们的表达能力，即通过精确的形式隐喻所传达的建筑的思想内容。

正如我们将看到的，要进行思想论证，项目周围的特定环境比句法提案更加重要。由此，我们见证了一种处理场地的特殊方法，它常常导致一种对于场地的做作解释，或者在极端情况下，场地完全是被虚构出来的。外部世界成为埃森曼建立隐喻的帮手。

在继续之前，让我通过埃森曼自己写的文字，展现他思维方式的直接证据。在他20世纪80年代初怀着极大兴趣写下的文章中，"客体的无用性"[6]（The Futility of Objects）一文就可以被看成是一个完整的计划。上帝中心论和人类中心说的衰落带来了一个新的状态，埃森曼这样描述：

> 存在一种新的感知。它产生于1945年的决裂。这种感知不是现代主义信条所预期的，也不因他们实现当代乌托邦的失败而出现。它是从现代主义预料之外的某种东西中显露出来的，与其说起源于一代人所面对的现代科学、技术和医学的出现，不如说来自今天将面临的整个文明的潜在灭绝。[7]

曾在20世纪70年代对被外部世界污染的建筑不屑一顾的埃森曼感觉到了新的人类境况，它具有自我解构的可能，呼唤着富有深度和实质性的变化在所有人类活动中发生，包括建筑。他继续写道：

> "当下的结束"这个提法打破了"过去""现在""未来"的古典和传统状态以及它们的发展和连续性。以前，"现在"被看成是过去和未来之间的一个时刻。而如今，"现在"包含了不相关的两极：一个是对之前进行中的时间的"记忆"，另一个是一种内在性，结束的存在，即未来的结束，这是一种新的时间。[8]

埃森曼提供了一整套整体式的、超验的关于人类演化的观点，用以介绍"分解"（decomposition）的概念，在他看来，这个词可适用于20世纪末的建筑。很自然的，它与"构图"（composition）的概念是极为不同的，即使不是完全相反。按照埃森曼的说法，"构图"所基于的是从上帝中心说和人类中心说得来的原则和标准，这些理论现在已经不切题了。当然，尽管这种新态度的形成同之前提到的那些法国结构主义哲学家的影响有关，但我认为应该要对

两个方面进行区分，一方面是因首次与解构主义者的接触而产生的"分解"思想，另一方面则是之后解构主义文学批评在美国的胜利促使他杜撰了一种新的"主义"，并以他为中心凝结成一种完整的建筑运动。埃森曼把迥然不同的建筑师，如盖里、库哈斯、扎哈哈迪德、屈米和他自己集合到一起，于1988年在纽约现代艺术博物馆举办了作品展，他因此成为一种新趋势的保护人，自此以后，"解构主义"这个术语才同建筑联系在了一起。[9]

为解释"分解"一词的含义，让我们先稍微回溯下历史。埃森曼告诉我们他对于"前构成（precompositional）"建筑、"构成（composed）"建筑以及"超构成（extracompositional）"建筑的理解。"前构成"建筑是通过对威尼斯宫（venetian palace）的分析来呈现的，它不是构图的结果而是由原始的秩序结构所主导。"构成"建筑通过表现设计过程而得来，它被赋予了一种秩序，但它并不是秩序本身。最后，埃森曼说还有一种"超构成"建筑，它处于古典构图思想[10]的边缘，是一种潜在的、替代性的、不一样的感知，它暗示着一种潜在的决裂。埃森曼用米内利宫（Palazzo Minelli）、苏利安宫（Palazzo Surian）、佛斯卡利尼宫（Palazzo Foscarni）、西陀利宫（Strozzi Palazzi）以及在贝加莫（Bergamo）的法布里卡菲诺（Fabbrica Fino）为图解去解释这些概念。在埃森曼看来，"超构成"建筑是"分解"建筑的先例。

哪些在超构成秩序中工作的建筑师对埃森曼如此有吸引力呢？他的思考始终是以追求最晦涩、最复杂为特色的。因此，他更喜欢斯卡莫齐（Scamozzi）的建筑而不是帕拉迪奥的，更喜欢特拉尼的而不是柯布西耶的。在斯卡莫齐和特拉尼身上，我们能找到埃森曼努力追求的"分解"的先兆。

———

6   Peter Eisenman, "The Futility of Objects: De-composition and the Processes of Differnce," *Harvard Architecture Review 3*（Winter 1984），p.65.

7   同上：65.

8   同上：65-66.

9   Museum of Modern Art, N.Y.1988.

10 同上：69.

35 米内利宫，博洛尼亚附近，科罗奈利
绘制和立面构图方案，约1709 年

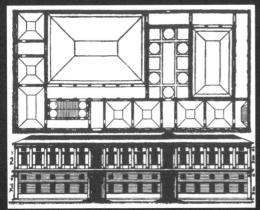

36 法布里卡尼费诺，
贝加莫，斯卡莫齐，
1611

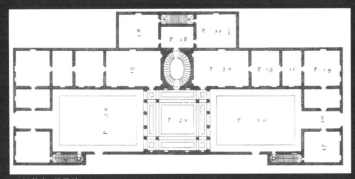

37 托莱宫，维罗纳，
帕拉迪奥

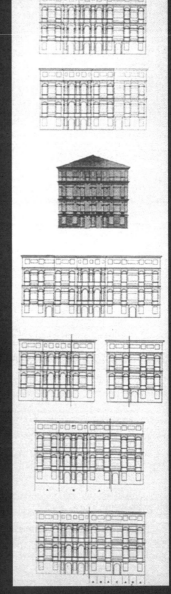

38 苏利安宫，威尼斯，
维琴蒂尼绘制，立面构图
方案

35-38

帕拉迪奥宫和斯卡莫齐宫首层平面的比较显示出后者的作品更加复杂，更不直接。帕拉迪奥的作品有一种清晰性，这是一致性产生的结果，而斯卡莫齐则沉溺于一种晦涩的建筑，不透露建筑所遵循的形式标准。轴线、中心、室内外的严格对应等能够提供建筑隐含秩序的线索统统没有。建筑能做自己，而不直接反映建筑师的意图，多好啊！这不是因为它缺少结构，而是它的形式内容抵制和逃避被类型化、标准化和规范化。当我们研究这个建筑时，必须意识到它的独特性和不可复制性。然后我们能断言，这种不可被描述的建筑是无视规范、忘却先例的，而无论是规范还是先例都受制于记忆和历史。

那么，埃森曼到底是如何理解"分解"一词的？希望能通过埃森曼以下的文字，连同援引的建筑案例，将这个词所代表的建筑的某种特征解释清楚。

> 分解，进一步说是提出了一种同现代主义或古典主义都截然不同的创作过程。它假设结束和过程本身是难以捉摸或复杂的，而不是非古即自然这样稳定、简单或纯粹的。尽管如此，分解却不只是任意、直觉或非理性的表达，或者是从复杂中提取出简单（如文丘里会说的那样）。它提出一个根本上同古典构图相反或相负的过程（又是埃森曼的法兰克福学派式解释），这个过程揭示了（或者说解构了）之前被古典感知所隐藏的特定客体及其结构之间的内在关系。分解不是从一个原初类型开始，走向一个可预料的结果，而是起始于一个启发性的大致结果，而这个结果存在于新的客体／过程中。11

埃森曼依然支持建筑是一个过程的观点。不过他不得不使用"客体／过程"这样的措辞，因为斯卡莫齐的建筑构成必定不会是经由操作两个自主的、常见的片段开始，然后在其周边围上一圈房间。他如果这样做的话，我们则可以把建筑当成一个过程。但是这并不算是过程。对斯卡莫齐而言，可能有程序或者方法，但却不是埃森曼知道的那种过程，埃森曼用来向我们呈现他房子的"过程"对于描述斯卡莫齐那种难以理解、不可名状的形式生成机制是没有价值的。关于客体／过程，埃森曼这样写道：

> 结果是另外一种客体（并非帕拉迪奥式客体），它包含着一个不存在的未来，而不是一个不可复得的过去。12（在某种意义上，它通过分析得出，但不是传统古典式形式分析。）去除客体身上的特性和象征预示着一种无用性。（就其之前状态而言的无用性。）无用的客体和分解的过程不再是任意的客体和反常的过程，也不是古典主义的变体。在这个新时代，它们可能成为当下建筑的命运，即使是偶然的。13

虽然埃森曼的语气深奥难懂，但他提出的例子有助于我们直观地了解他所理解的"分解"：一个充满野心的、聪明的、引人入胜的计划。然而，有必要对"分解"（decomposition）和"解构"（deconstruction）两个概念进行区分，后者是随后出现在他后续发展中的一种手法。在即将看到的卡纳雷吉欧（Cannaregio）或查理检查站（Chekpiont Charlie）这样的方案中，我们似乎能找到埃森曼对于"分解"的执迷。而像罗密欧与朱丽叶（Romeo and Juliet）这样的方案，在我看来，则是自觉而自由的"解构主义"。韦克斯纳中心（The Wexner Center）是将一系列埃森曼所称的"人工挖掘城市"（artificially excavated cities）纳入其中的项目，它属于比较实际的领域，是讨论他20世纪70年代的形式实验以及我们刚刚看到的一些提案的完美机会。在韦克斯纳中心，他将通过他能充分利用的熟悉工具去应对一种天然的现实和特殊性。

当时，埃森曼正同贾奎林·罗伯逊（Jacquelin Robertson）一起工作。有些我们这里介绍的项目就是他们合作出品的。然而，埃森曼很快意识到他感兴趣的思考在传统的专业实践中没有发挥空间，因此，他曾抱有较高期许的同罗伯逊的合作也戛然而止了。

---

11 同上：79.
12 同上：79.
13 同上：80.

39-42 卡纳雷吉欧方案，
威尼斯，1978

39-42

1978 年的威尼斯方案需要为卡纳雷吉欧附近区域拟订一个提案，柯布西耶曾提议在此修建一个医院。在此之前似乎已经忘却场所和用地的埃森曼此刻发现了它们的潜力。我们看他是如何通过任意的、虚拟的解读，赋予场地新的属性，从而对其进行重建的。在卡纳雷吉欧的场地上，尺度概念被悬置，现在和过去重叠到了一起。埃森曼之前一直避免与当下环境有所关联，此时才发现外部世界的助力是非常有用的。在那个时代，关于现存环境的价值已有很多讨论。埃森曼过去始终试图对文脉不予理会，现在却强迫自己对它进行创造。

在柯布西耶提出却不幸被中断的整体方案中，

用地得到重新激活和刻画，从而呈现出一种新的重要性。柯布的网格变成了埃森曼建筑的参照与素材。如何让柯布的方案焕然一新呢？埃森曼认识到建筑是任意性的产物，他把服务于这个区域的两座桥用一条斜线连接起来，因而引进了一个同威尼斯项目中标志性的土地使用机制毫无关联的形式元素。现在将柯布的网格进行翻转，参照网格和翻转网格的重叠在节点的相交处得以呈现，在此出现了不同比例的 11a 号住宅。有时候我们像是在看一个模型，有时候建筑却又被赋予住宅的尺度。置身于文脉中的建筑维护了它的自主性，悬浮在一个尚未形成的未来和在一个在形成过程中被破坏的现

43-48

在之间。最后形成的方案向我们呈现出埃森曼的任意建筑如何置身于威尼斯城中另一个任意建筑之中，而柯布西耶则得以成为一个不可能的未来的见证者。卡纳雷吉欧方案没有屈从于把文脉作为参考来使用，它预示了埃森曼生涯的下一个阶段，其中，去创造工作条件似乎成为必要。因此，文脉不是被当成某种被继承和接受的东西，而是一种建筑师需要不断去创造的现实。卡纳雷吉欧无疑是一个重要发现，它清楚地阐释了埃森曼在其最多产时期的工作。

我们现在要来看的项目 —— 查理检查站（1981—1985）是柏林城市建筑展（Internationale Bauausstellung，IBA）中的一个社会福利住房开发案。它提供给埃森曼很好的机会去解释和推演一些他在卡纳雷吉项目中提出的议题。他的工作思路在文章"人工挖掘的城市"（the City of Artificial Excavation）[14]中已经阐明。埃森曼很清楚在这个归属于 IBA 框架之下的项目中，他有力量去提供一种区别于那些年普遍

---

14 Peter Eisenman,"The City of Artificial Excavation,"*Architectural Design 53*（January 1883），pp.24-27. *Citys of Artificial Excavation: The Work of Peter Eisenman, 1978—1988*（New York: Rizzoli,1994），pp.72-82.

43-48 查理检查站，柏林城市建筑展的
社会福利住房，柏林，1981—1985

性态度的不同选择。当时，在老城中建造总是接受一种乡愁建筑，老城若被要求保留的话，满足怀旧的建筑就被认为是必要的。后现代美学提倡怀旧，这意味着简单地对既存景象进行完善，最终建立一种过去和现在的连续性，有时候这样的做法在城市框架中很自然地得到支持。柏林的 IBA 是一个典型的缝补、修补或填充城市街区的操作。参与建筑师的主要指导方针是接受给定的边界并使街区完整。正是在这样的基础上，埃森曼的提案才显示出重要性。

　　作为对现代建筑无法理解、改善甚至保护的历史中心的回应，一种"后现代"的态度产生了：中心被转化为恋物对象。对待它们的方式有两种，一种是把旧城市结构中分散的碎片，像骨头或遗骸，保护在自然历史博物馆中，另一种则是将骨头重新组装，对皮和肉进行修复或经由推测重新创造，新的组合看上去像一种填充动物，一个自然布景中的小插曲。[15]

　　埃森曼没有完全抛弃场所的因素，但也没有屈从于它。他承认场所是有过去的，但却不想受其牵制。相反，他试图呈现的是它可能有过的状态。他像在卡纳雷吉项目时那样继续去创造场所，这可以告诉我们他是如何看待和理解柏林的。再来看他的文字：

> 我们发展这块场地的策略有二。第一个意图是揭露这块场地特定的历史，使它的特殊记忆能被看见，承认它曾是特别

15 Peter Eisenman, " The City of Artificial Excavation, " *Architectural Design* 53（January 1983），pp. 24-27. The text also appears on pp. 72-80 of *Cities of Artificial Excavation: The Work of Peter Eisenman, 1978—1988*（New York: Rizzoli, 1994）.

43-48 查理检查站，柏林城市建筑展的
社会福利住房，柏林，1901—1985

的，是"某个场所"。第二是在最大的意义上承认今天的柏
林是属于世界的。16

因此，他拒绝"填充"所追求的那种连续性，而
给自己定下了探索场地的任务。旧建筑遗存所在的网
格，以及仍具效力的对齐秩序并非这个场所中唯一的
几何。18世纪的柏林建立了一种不同的框架，建筑
师知道但不会使用。因此，以想象为工具，他像一个
考古学家那样，挖掘城市曾经可能的样子。他在20
世纪70年代所使用的抽象网格让位于一个通过历史
发挥意义的网格。埃森曼通过厚砖墙将这个网格物质
化，它向我们叙述了一个可能支撑城市的框架。

在一定程度上，它与使用的网格是相重合的，
因此建筑的遗存看上去依然是对齐的，并遵循一种
秩序。这两种框架在埃森曼的方案中可以共存。

然而，柏林的项目还想要参照一个更大的、更
普遍的秩序，埃森曼在麦卡托（Mercator）的网格
中找到了它。几乎从16世纪开始，我们所知道的世
界就是被框架界定的。框架让世界可被描绘。麦卡
托框架将柏林和世界连接到一起。19世纪城市扩张
的框架不能全然忽略另外一个更大的，更为普遍性
的存在。各种框架鲜活地出现在查理检查站方案中，
这要归功于一种"挖掘"的过程，它不仅是形而上学
意义上的，而且是一种实在的建造方法。这些框架
变成了通道和走廊，建筑师由此可以很好地利用网
格控制下的高密度基地。别忘了立体派画家的平面
叠加原则对他那些年形式实验工作的影响，这很重
要。柏林项目是一种形式过程的结果，它也只能用
这种方式来解释。

16 同上：74.

49-54

哥伦布市的韦克斯纳中心（The Wexner center）可以被认为是柏林和卡纳雷吉项目的衍生物。它是迄今为止埃森曼生涯中最重要的作品。图片显示校园中一个 1920 年的巨大椭圆是如何促成了校园建筑群落的建造。此次竞赛提出了使椭圆和城市达到更好联系的可能性。在韦克斯纳中心，埃森曼发现他 20 世纪 70 年代对形式长期探索的结果可以被应用到像哥伦比亚这样的城市框架和网格中。这块场地比较困扰人的问题是从不同平面发散出来的基准线在这里模糊交会。这些框架是历史的记录，建筑师有义务在实际工作之前的操作中对此进行解释。在做这个项目的形式决定时也应该将意外考虑在内。埃森曼将勾勒出一个棒球场的椭圆轴线作为参照。这个轴线帮助他确定了一个通廊所在的框架。反过来，框架中包含了两个现存建筑，它们被延伸和包裹，呈现出新的意义。空间由于潜在框架的侵入而被彻底转化。当有了新的参考坐标轴时，所有东西都被重新定位。当这些原本如此传统的建筑变成异常的，偶然的插曲时，它们也获得了新的生命。不再是孤立的，而变成了一种新的、发散的、广阔的城市

肌理中的关键元素，构建出了校园新的大门。

　　为了强调我们之前所讨论的文脉"重建"，埃森曼实实在在地把校园修建时拆掉的兵工厂高塔重新修建起来。虽然它们被转移到了更有利的位置，并通过切割和分裂的方式强调了操作的人为性。这一方面源于他不断创造工作条件的意识，另一方面，通过这种重建，新的文脉被注入了生命，将仅存于记忆中的过去包括其中。我想他是感到需要对高塔图像进行夸张设计，以此来强调他建筑的抽象特征。埃森曼是一个拒绝具象的建筑师，但是对于将从记

忆中借来的一组高塔图像作为方案的思想参考，他是没有疑虑的。

　　另一方面，韦克斯纳中心的室内清楚呈现了埃森曼在操作抽象的形式元素（网格、平面、棱柱等）时是多么的轻松自如，当在建筑中被物质化后它们就不再是抽象元素了。尽管如此，建筑仍然保持了抽象的状态，埃森曼将这一点表现到极致。比如，一些悬浮的棱柱并没有接触到地面，但仅从表面去解读的话，可能就会把它们当成是柱子了。

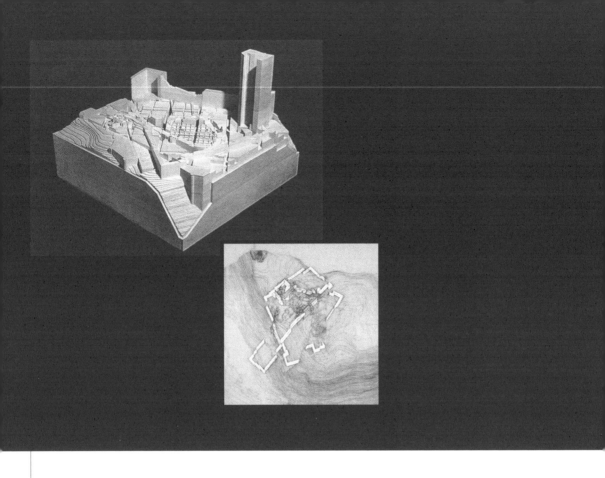

55-58

1985年位于维罗那的罗密欧与朱丽叶方案（Romeo and Juliet project）是最为有趣的，埃森曼这次尝试了将解构的概念应用于建筑中，就像这个术语被用在文学批评中一样。根据那些文学批评家的观点，创造性的行为产生于对文本的阅读和解释，由此，埃森曼引入了"建筑文本"的概念：建筑是一个文本的智性创造，这不意味着文本的写作被强加于建造的真实。只有在被阅读的时候，作为建筑文本提供者的建筑师才鲜活起来。对建筑的阅读和解释依靠

的是读者，因此，建筑的真实由读者所支配。读者起着主导作用，而作品或文本变成次要的。于是，有多少个读者就存在多少种真实。比如，埃森曼问道，罗密欧和朱丽叶的故事讲的是什么？我们在谈论的时候究竟谈了些什么？是导致这个传说的事件吗？是莎士比亚经久不衰的那个版本吗？是剧作家德尔蒙（Del Monte）的歌剧版诠释吗？还是我们心中所产生的共鸣？要去确定这个故事的真实所在是很困难的，因此，解构主义者坚持读者是有自主性的。

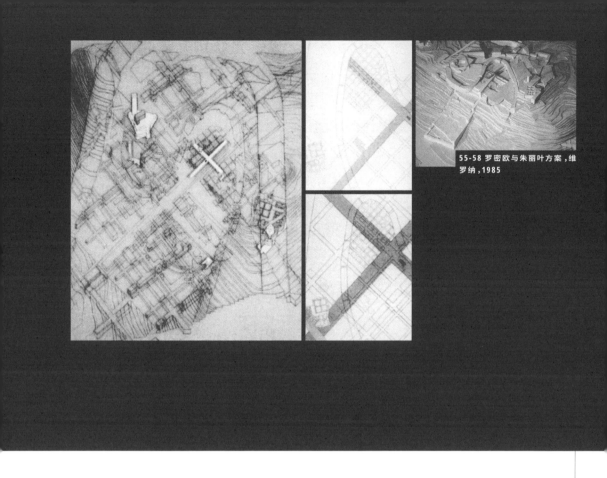

55-58 罗密欧与朱丽叶方案,维
罗纳,1985

埃森曼试图把这些反思转化到"建筑营造"领域。他让三个不同比例的设计方案直接同时出现在模型和图纸中。三个方案重合、叠加在一起,却没有完全失去各自的特性,而最后形成的综合体则无须呈现自身的意义。原原本本地出现在模型中的建筑,以及形式和图像的重叠,这些都摆在那里供观察者去破译。模型中的地形、城市和建筑被混淆在一起,就像它们是在同一时刻存在一样。为了让迥然不同的设计类别同时存在成为可能,埃森曼引进了一个术语,"缩放"(scaling)。这个概念隐约表达了一种对单义性(univocality)的期望。在创造这个术语的时候,埃森曼脑海中应该已经有了某些建筑史中的片段,比如手法主义(mannerism),就经常将不同比例的元素运用到同一个建筑中。然而,这个模型不再是对一个未来客体的表达,通过将不同比例呈现的方案交织在一起,它已经将建筑体验转变为了智力训练。

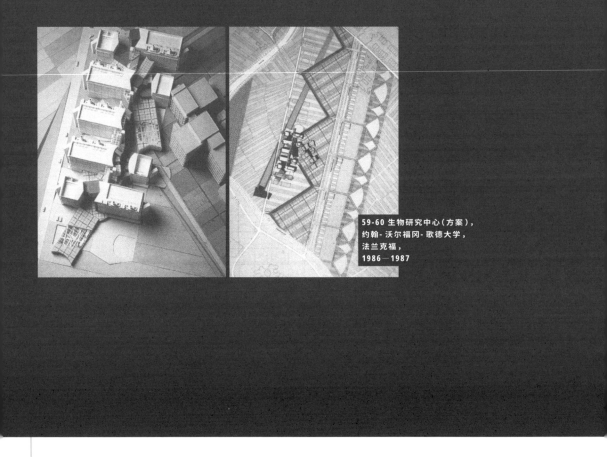

59-60 生物研究中心（方案），
约翰- 沃尔福冈- 歌德大学，
法兰克福，
1986—1987

59-60

法兰克福大学生物研究中心方案（Biocentrum project）试图在现代世界中探索建筑学之外的新形式产生的触媒。在这个方案中，生物学家用来表示连续细胞链的符号被直接转化为了建筑形式，它以裂缝的形式呈现，从而将传统的体块激活。埃森曼用在这些实验设施上的方法同那些把早期的机场设计得像飞机的建筑师并没有什么不同。将生物学术语转化到建筑中，其原理是类似的。在这样一个方案中，相对于那些突兀的、无谓的、从其他领域借用来的灵感来源，我更欣赏他对形式过程的巧妙处理。接受建筑中形式的任意性也意味着希望它不是明显的、直接的和混乱的。

61-63

位于西班牙南部卡地兹的瓜迪奥拉住宅方案［（The Guardiola House（project）］是埃森曼第一个运用倾斜平面的方案，自此之后，倾斜平面就大量出现在他的作品中。这个"让人难受的"倾斜建筑之所以能成立，是因为埃森曼拒绝把住宅视为庇护所，而将其作为一种让人无法忘记存在之严肃性的居住空间。无须解释这个方案为什么不能被命名为 12 号住宅或 13 号住宅，瓜迪奥拉住宅用的是业主的名字，说明了它的独特性。埃森曼此时处于他生涯中极为特别的阶段，瓜迪奥拉住宅预示的空间经验超越了他迄今为止投入很多精力的平面探索。瓜迪奥拉住宅的三维性不是从建筑平面图中得来的。

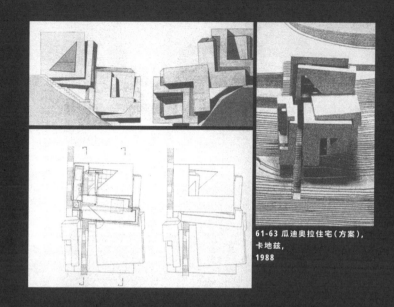

61-63 瓜迪奥拉住宅（方案），
卡地兹，
1988

64-67

辛辛那提大学的阿诺夫设计艺术中心方案（The Aronoff Center for Design and Art）可能是较韦克斯纳中心而言更清晰的一个方案，它也借由与之雷同的策略，如包裹、分组、覆盖等，最终将既有建筑进行转化。一个缺乏建筑价值的塔楼和建筑学院大楼在被一群弯曲几何体结构包围时，它们发生了彻底的转化。这又是将建筑视为过程的思想的体现。新的大楼比别的东西更能说明它是如何被修建来的，它是对过程最直观的表述。所有的这些结构都是以建筑工业为基础的造型掌控，如果其方法和程序被接受的话，它们可以应用到任何形式设计中。今天的营造不再呈现如何修建的过程，建筑程序不再被直接转化为形式。只要他们接受这个系统的话，形式依然掌控于建筑师之手。

这可能是埃森曼第一个通过计算机拟订的设计。埃森曼很快意识到计算机可能会是过程起主导作用的建筑旅程中的一个有用帮手。也是在阿诺夫设计艺术中心，我们首次看到一个方案各个连续阶段的计算机辅助图像。围绕着既有建筑的重叠的弯曲带状体就是计算机生成的。指出盖里和埃森曼使用计算机的不同之处很重要。对盖里而言，计算机是一个描述和表现形式的工具，而形式的建构就像雕塑一样自由。在埃森曼看来，计算机则是帮助一个方案"建构"的工具，方案的复杂制图学在计算机的辅

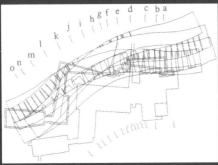

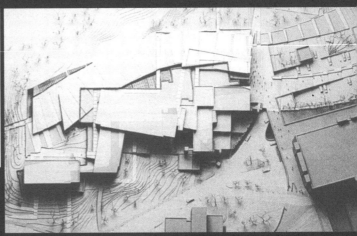

64-67
阿诺夫设计艺术中心，
辛辛那提大学，
1900—1996

68-69
莱布斯托克公园总平面，
法兰克福，
1990—1994

助下可以来得更容易。从这个方案开始，对框架和网格的处理与变形不再是费力的、人工经营的结果，而是类似于计算机的自动输出。

68-69

在位于法兰克福一个住宅区的莱布斯托克公园总平面方案（The Rebstockpark Master Plan）中，埃森曼展现了他关于战后建筑的知识。一个类似于 20 世纪 30 年代住宅区的区域通过"折叠"（folding）技术被转化了（我想也可以说是被装饰了）。埃森曼运用了法国哲学家德勒兹提出的比喻，他说，"真实"被"褶子"折起来或者保护起来了，为了理解真实，我们必须努力把它打开。埃森曼通过将住宅街区常规的体块和体量组织到一个折叠系统中的方式来控制建筑形式。将哲学家隐喻性的"折叠"转化为建筑师真实建造的建筑，这是有点难以理解的。因此，正如我之前在讨论辛辛那提方案时所说，我更感兴趣的是建筑师对形式的娴熟机敏，这源自他 20 世纪 70 年代的经验。我也更喜欢那个鼓励我们学习斯卡莫齐的埃森曼，而不是给德国开发商设套，告诉他们法国哲学家所推荐的折叠操作可以揭露真实，而接近真实正是工业和城市无产阶级所愿的那个埃森曼。或许，我应该避免承认类似这样的简单提案是解构主义思想最有价值的部分。

不过，这并不妨碍我肯定这个方案的形式问题

70 德伦多夫方案，
杜塞尔多夫，
1992

71-72 大哥伦布地区会展中心，
1989—1993

73 布谷总部大楼，东京，
1990—1992

74 伊门多夫楼（方案），杜塞尔多夫，
1993

解决得极其出色。埃森曼在之前讨论过的所有住宅和方案中都得到验证的高超技艺，产生出来的是一种绝不稚嫩的建筑。撇开之前提及的那些任意性的迹象不谈，这个方案展现了他对形式操作的驾轻就熟，这当然是他前些年勤力训练的结果。在我看来，埃森曼的建筑才华正是体现在这种对形式的娴熟操控上，而不是他用于为其建筑辩护的那些学科之外的话语之中。

70

类似的评论也可用在位于杜塞尔多夫的德伦多夫方案（Project for Derendorf）上。

71-72

大哥伦布地区会展中心（Greater Columbus Convention center）是一个比较常规的方案。运用场地中曾经有过的铁路设施的轮廓线，埃森曼对贸易展示会场的中性棚子进行了自由的组织。建筑的运动通过将棚子进行连接的横向元素建立起来。中心大厅同横向元素，历史遗存同新元素之间的辩证关系也得以界定，它们相当于一回事。这就是这个建筑的本质。这个方案证实了埃森曼处理大尺度委托案的能力。请注意棚子变成立面，进而同现有街道建立了生动的对话关系，这是多么的巧妙。

　　埃森曼再一次借用了外部的世界。建筑形状不是通过智性操作转化得来的纯形式符号，而是由过去和记忆的遗存所决定。我们再次看到建筑中任意

性概念的重要性，然而，铁路站场的几何没有像德国项目那样产生出一个明确的形体，埃森曼创造形式所运用的机制是更加自然的。提倡最纯粹建筑形式的埃森曼，现在似乎决意要向我们证明，"污染"才是他所追求的。或者说，如果愿意的话，为追求纯粹形式所运用的机制是可以同其他起源迥异的机制相互依存的。

73

在东京这样的城市，布谷总部大楼（Nunotani Headquarters Building）的主要特色——搅动，似乎是完全没有必要的。或者说，至少没有达到所想要的刺激程度。从另一方面看，它发出的信息可能是在这样昂贵的土地上，任何结构都是可以被接受的，或者说，就土地的昂贵花费而言，埃森曼任性的建筑方案是可以被接受的。好建筑所固有的那种必然的感觉在这里完全看不到了。这个建筑给人的感觉是建筑的外表皮是最重要的，这会让人觉得还是瓜迪奥拉住宅那样的方案更好，能更强烈地体现出埃森曼的精神。

74

在位于杜塞尔多夫的伊门多夫楼方案［Haus Immendorff（project）］中，一个相对常规的结构被一条来源于当代物理学的，被称为"solitron"的曲线催化，导致了外立面的扭曲震动。埃森曼再一次通过诉诸外部世界，开启了任意形式的创造过程。

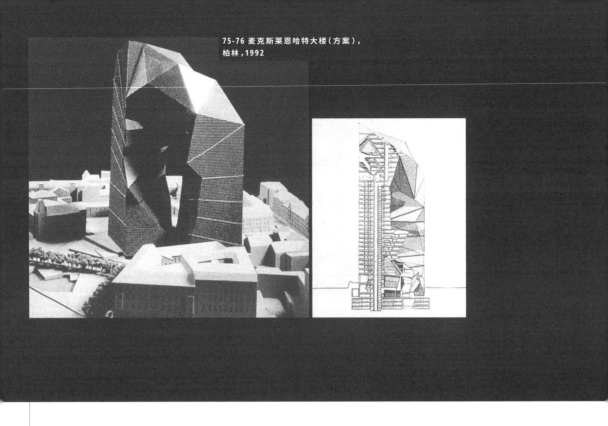

75-76 麦克斯莱恩哈特大楼（方案），
柏林，1992

75-76

柏林的麦克斯莱恩哈特大楼［Max Reinhardt Haus
（project）］是一个雄心勃勃且夸张的方案，隐喻莫
比乌斯环的紧凑而复杂的体量充满即兴感觉，让人
不禁联想到盖里。这个方案呈现了埃森曼肇始于 20
世纪 70 年代晚期的对于凹 / 凸关系的探索。比较古
怪的是，麦克斯莱恩哈特大楼主要关注的是体量而
不是空间，或者可以说，这是一个空间体验产生于
体量之中的方案。在最终的分析中，结构问题集中
在如何对不同元素进行编排以使这个体量的建造成
为可能上。麦克斯莱恩哈特方案预示着 20 世纪 90
年代的一个特征：对笛卡尔式体量和空间的厌恶。

后记

前述对埃森曼建筑演化的解释在他最近出版的《图解日志》（Diagram Diaries）一书中得到了支持。该书也强调他在 20 世纪 80 年代初，当意识到抽象建筑话语已经耗尽时所发生的态度转变。为了在同时代人所从事的方法之外寻求到替代方案，他向外部因素投去了目光，由此，他的建筑开始直面场地、隐喻、历史和感情。如前所述，卡纳雷吉欧方案可以被当作转折点。正是在威尼斯区（Venetian quarter）这样一个特定的场所，较近的过去和遥远的过去相交会，必然地和随意地融合在一起。这一点得到埃森曼的明确确认，他写道：

> 威尼斯的卡纳雷吉欧住宅是第一个使用了所谓"外部文本"的方案，也是将场地视为外在性的六个方案中的第一个……它符合我当时的内心活动，即，试图将心理中心从思想转移到感觉，从头部转移到身体或底部。[17]

在《图解日志》中，埃森曼努力将他的作品放到一个整体的、连续的职业生涯的广阔维度中进行诠释。他将卡纳雷吉欧确认为先前被忽略的元素在建筑中渗透的标志，接下来，他在一个表格中对自己的作品进行了分类。表格显示他职业生涯的第一个阶段忠实于"内在性图解"，使用网格、立方体、L 形和条形；第二个阶段则由"外在性图解"所决定，使用场所、文本、数学以及科学等概念（很自然，埃森曼的工作要在任何意义上生长，都必须从内在转移到外部）。这个表格表明，在卡纳雷吉欧之前，内在性是主导。埃森曼早期建筑的特点是倾向于在学科内找寻规则和机制，并不想要有任何特殊的意义或意思，也不希望同可能污染理想形式世界的外部世界建立联系。而卡纳雷吉欧之后的作品则交付给外在性（虚拟住宅是一个例外）。埃森曼在卡纳雷吉欧之后的作品应该被理解为接受外部刺激，并将其运用于已知形式方案的结果。这些刺激是建筑师所熟悉的，或者从最新的哲学家文字和最近的科学研究中发现的。幸运的是，他之前的经验始终存在着，那些外部刺激的任意性被隐藏在了建筑师调度娴熟的形式丛林之中。换句话说，埃森曼最近的建筑既运用了 20 世纪 70 年代所开发的从属于"内在性"的他自己的形式资源，也被从属于"外在性"的我们周围的世界所推动。

为了使他的职业生涯具备某种连续性，埃森曼创造了"图解"一词。图解的概念并不是新的，它被像威特科沃这样以纯粹视觉和形式的方式解释建筑的人所使用，也被像格罗皮乌斯这样的功能主义者所运用。然而，埃森曼将它的意义进行了延伸和扩展。"一般来说，图解是一种图形的速记。尽管是表意符号，它却不一定是一种抽象。它代表了其中的某些东西而并非事物本身。"[18]接下来的表述："图解不只是一个事后到来的解释，它也在真实的时空生产过程中承担着媒介的作用。"[19]他近来感兴趣的是图解作为建筑生成器的作用，虽然他明知"这里的生成器并不意味着图解和最终形式之间存在一一对应的关系"。[20]尽管埃森曼扩大了图解的概念，甚至将其与"九宫格"的中性结构等同起来，但我相信要

---

17 Peter Eisenman, Diagram Diaries（New York: Universe Publishing, 1999), p.173.

18 同上: 27.

19 同上: 28.

20 同上: 28.

用"图解"的方式去解释他的早期生涯是很困难的。早前他非常关注通过一个任意的动作所启动的"过程"，它搅动了被理解为形式结构的中性的、一般性网格。这个初始动作被称为"形式策略"，在我看来，用这种方式谈及过程的起始，比用图解话语解释埃森曼的早期生涯更为合适。他对见证过程感兴趣，这是建筑形式演化的记录，我们只要看看他过去的方案就能了解他的建筑更关注过程概念并依赖于形式策略而不是图解。他没有任何一个方案可以说是发源自生成性图解，以下论述证明了这一点："在2号住宅，建成的客体变成了过程的图解。客体和图解互为彼此，真实的住宅与图解是同时运作的。"21客体（过程的结果）即图解，这等于承认图解概念并不是它的起源。

我相信，图解概念同被埃森曼划归到"人工挖掘的场地"下的那些方案也是不相干的。明确呈现在这些方案中的向大地回归的隐喻，以及对所有原则的怀疑，都很难被纳入图解概念之中。我倾向于把这些方案理解为是对"分解"建筑理念的展现和介绍。罗密欧与朱丽叶是我认为埃森曼最有意思的方案之一，它尤其难同图解概念扯上关系。它避开了图解，成为将解构主义文学批评家所使用的概念和标准运用到建筑中的绝妙的学术实践。埃森曼究竟是什么时候开始感觉迫切需要把图解概念吸纳到他的建筑中呢？我想是当外部压力，比如功能和尺度越发强烈时，使用这个概念才越发显得必要。我会说在生物研究中心这样的方案中，图解概念是不可或缺的。对于形式的任意选择——在这个案例中是生物化学家描述DNA链的符号，图解概念的应用非常恰当。当然，对埃森曼而言，图解并不意味着直接把简图

运用到建筑中，尽管在生物研究中心案例中，图解的图形成分事实上是明显存在的。

埃森曼煞费苦心地告诉我们，图解是所有建筑的起源和生成模型。在他的建筑中总是存在着某种对方法的神圣化。今天，任何方法论都包含了计算机。埃森曼明白计算机在形式转化和操作中的巨大潜力。然而，这种潜力需要一个起点，一个简图，一个图解。对埃森曼而言，图解之于计算机生成建筑的重要性就如"parti"之于学院派构图标准主导的建筑一样。有了计算机这个工具，埃森曼判定图解——这个他在最近出版物中大力推崇的概念，也可能呈现出他生涯的起点。

就努力调和当下与过去而言，《图解日志》亦是值得称道的。在名为"先前的图解"（Diagram of Anteriority）的有趣章节中，埃森曼通过区区几页文字对西方建筑史进行了综述。他用调和的方式写道："在建筑学内部也有一个先验的历史，它是所有过去建筑知识的积累"22。所谓的"先前"指的正是这种知识积累。他再次将自己的作品视为西方建筑学之路的最新转向，这条路的起点被追溯到维特鲁威。他提醒我们维特鲁威所起到的作用，是他提出了"建筑曾经是怎样，应该是怎样"的标准。后来，对建筑负全部责任的建筑师消失了——"教堂从1世纪起开始了某种风格，而3世纪后的某个时刻这种风格宣告结束，被一种完全不同的风格所取代"23——在经历一个长期的僵局之后，以阿尔伯蒂为代表的作为

---

21 同上：67.
22 同上：37.
23 同上：38.

主体的建筑师又重新出现。埃森曼表明，"阿尔伯蒂认为建筑应该是结构性的观点并非维特鲁威的真意，而是说它们应该看起来像是结构性的……通过阿尔伯蒂，建筑第一次于"存在"——制作法本身之外，也开始关注起"存在"的内部与外部表现"[24]。换言之，建筑师想要将建筑的内在性以可见的形式呈现。在埃森曼看来，"标准化"（遵循历史固有规范）是暗含在"先前"概念中的一个风险。与此相对，他创造了"当下性"（presentness）一词，其定义为："当下性是使客体免于被建筑学标准化的内在性所吸收的条件。它使客体得以作为一种批评性工具而超离于其起源时代。"[25]图解将赋予建筑一种形式结构，使得在场（presence）成为可能。最终，"当下性所包含的这种程度的批评性，作为表现的第二个层级存在于图解中。"[26]

我相信这本书的结尾段落对理解建筑目前的状况是很关键的。在结尾一章中，埃森曼写道："图解作为一种书写形式，由于引入了'不在场'这个概念作为'在场'的缺席，使得克服主动性符号成为可能"[27]。由此，图解作为一个隐秘的生成性模型使内部发生错动。埃森曼为他最近的作品写下了这些令人不安的文字："讽刺的是，直到现在，最近几年，图解似乎才获得了一种理论上的新生……我们30年来在这个主题上的工作变得有意义了。这本书在一种意义上代表着对这种新生的评论，在另一种意义上，它承认了不管过程如何，项目越大，建筑师能控制的越少。"[28]图解是建筑学注入建筑中的隐秘精神，是一个不想失去批评能力的人深情、感伤的叹息，埃森曼将图解同"当下性"联系在一起："在这种语境下，图解开始将形式同功能和意义分开，将

建筑师同设计过程分开。图解操作模糊了期望的主体——设计师和使用者同期望的客体之间的关系，将主、客体都推向一种动机不明的状态。然而与此同时，正如马西莫·卡奇亚里（Massimo Cacciari）所指出的，扮演建筑中的消极代理是成问题的。"[29]最后，埃森曼告诉我们，这种解释事物的方式带来一种"对满足感的渴望"。给人慰藉的将是图解：只有建筑师的眼睛才能看见的隐秘图形，他所有幻想全部成真的地方。

———
24 同上：38.
25 同上：42.
26 同上：42.
27 同上：214.
28 同上：207-208.
29 同上：214.

阿尔瓦罗·西扎
Álvaro Siza

翻译 卢峰，仝函玉

毋庸置疑，阿尔瓦罗·西扎是一个很有个性，涉及诸多方面的人物，他与我们之前在课程中看到的建筑师们非常不同。在一些人看来，他的建筑最为真实地延续了现代建筑师们的宗旨。的确，西扎的作品可以说是现代主义运动的精髓。在他的设计作品中（特别是在他早期的作品里），有阿尔瓦·阿尔托的影子，也有赖特和柯布西耶的影子。另一位西扎很熟悉的大师阿道夫·路斯，其影响也渗透在西扎的作品中。我们将在之后通过图例来证实这一点。毋庸置疑的，现代主义运动的建筑与建筑师们，是阿尔瓦罗·西扎作品中很重要的一部分。正如我们所知，肯尼士·弗兰姆普敦（Kenneth Frampton）最为关注那些非主流国家的建筑专家们。这些专家们致力于使当地建筑发展成为具有高度文化价值的建筑。他们将自身边缘文化中（对国际样式）的对抗转化成了一种优势。这样的抗力起始于对既有现实的接受，对其前因后果的分析，以及将其由内转化的尝试，并在不断累积之后，最终形成了一种批判（这里指对自我的批判），在内行人的掌控下，这可以是一种非常有用且极具影响力的工具。

对现状的接受始于对其的了解。在讨论罗西时，我们接触到了原型（prototype）以及一种柏拉图式

的世界观。埃森曼，让我们感受到了他对于方法的沉迷。现在我们眼前的建筑师，是一位在着手处理不同状况和意外的同时，不忘去寻找建筑本源的建筑师。在西扎的作品中，我们发现了什么是最重要的，以及是什么最为强有力地表达出了非凡建筑的特性。最纯粹的建筑，这始终是他作品的核心。我们看到了罗西坚持传达他的重要理念，也看到了埃森曼的兴趣，即借由探索句法的意义来解决语言的问题。相对的，西扎似乎要告诉我们，他只是单纯地想让他的作品"散发出建筑的味道"。并且，正是这"建筑的味道"——或者，若你们希望这样说——正是这我们所理解的，或被教导去理解的"何为建筑"——我们可以从他的作品中呼吸到。在他的手中，建筑几乎成了诗。特别是他的早期建筑，会给人一种偶然间在现实中发现了一个卓绝之物的感受，而这很像是我们在阅读诗词的时候会有的感受。事实上，西扎经常被拿来与知名葡萄牙作家费尔南多·佩索阿（Fernando Pessoa）相比较。就像佩索阿一样，西扎努力告诉我们，他并没有刻意去做什么（act），只是揭露出当下会使我们惊奇的事物。西扎不喜欢当舞台上的明星，但我们稍后会看到，他喜欢掌控，或者说喜欢掌控剧本。他近期作品呈现出的故事结

构和角色阵容，足以与戏剧作品相媲美。西扎告诉我们，或者希望我们相信他所做的每件事都是必然且无可避免的。不过分析却显示他的作品，最终都是由他所安排的特定人群在使用，由出现在他这位作者所导演的建筑剧中的角色在使用。这首诗或是一出喜剧，或是一出悲剧。

虽然西扎没有将自己与佩索阿联系起来，但我将引述这位葡萄牙作家的文字，相信这有助于清楚地解释西扎。我知道对这两位进行比较显得有些老套，但是我相信，当这样的做法可以有效地描绘出一个人智慧的轮廓时，这仍然是令人信服的。佩索阿说：

"我喜欢说话，更确切地说，我享受着遣词造句（wording）的过程。语言对我来说是可被触及的实体，是看得见的汽笛，是感官享受的化身。也许是因为真实的感官享受完全无法使我感到乐趣，无论是从理智上来说或是在我的梦里。我内在的渴望成就了我创造文字的韵律，以及在人们的言论中发现语言韵律的才能。"[1]

我们可以用"遣词造句"一词来看西扎的作品，它们是由很多独立的字词组成，并按西扎为它们设计好的方式连接在一起的复合体。当我们认同这样的存在方式时，就可以在西扎的作品中辨识出佩索阿所赞扬的文字。我甚至会说，它们可以在营建领域中跳跃以及移动，就如同在象形文字领域里一样具有整体性。诗人喜爱玩弄某些字词和谐的发音，而当西扎部署那些由他挑选制造出的建筑元素时，我们便理解了佩索阿所指的"可被触及的实体"。我们被西扎作品所传达出的，他个人对于建筑丰富的现象学经验，以及他的建筑所创造出来的实际效果

所折服。西扎处理材料的方式激励我们去锻炼我们的触觉，而这些是在罗西和埃森曼身上看不到的。因此，佩索阿所描述的，诸如"看得见的汽笛"或是"感官享受的化身"是可以被运用在建筑领域的。

引述中的第二句比较难理解，因此，较难被用来诠释西扎的作品。但是，那些被西扎捕捉以用于作品中的语汇，不就是按引述中所形容的那种韵律及其相关事物来进行安排的吗？

佩索阿说：

"有几页菲亚略（Fialho）和夏多布里昂（Chtaeaubriand）的文字，使我全身的毛孔感到刺痛，使我在不可思议的愉悦中激烈地颤抖。在维埃拉（Vieira）的几页篇章中，那完美的对句法的编辑，使我如同那摇曳在风中的树枝，有种受到震撼之后的错乱。"[2]

当我阅读这几行诗句时忍不住想起了西扎。佩索阿所说的"有种受到震撼之后的错乱"，正是西扎的建筑试图去捕捉的那一瞬间。佩索阿又说：

"和其他充满激情的人一样，我在放纵自己时会感到一种无上的愉悦，我会去充分地体会那沉浸其中的愉悦。我经常不假思索地写，在将幻想具象化的过程中，让文字拥抱我，使我就像（它们）臂弯中的婴儿一样"[3]

1　Fernando Pessoa, *The Book of Disquiet*, trans. Richard Zenith（Harmondsworth: Penguin books, 2002），p.224. Original title: *Livro do desassossego*.
2　同上：38.
3　同上：38.

146

西扎亦是如此，在我们的印象里，他所知道的、接触到的每件事物，以及每一件他给予生命的事物，都先迷住他，就像现在他的建筑迷住我们，而我们也像是被抱在"臂弯中的婴儿一样"了。佩索阿还说：

"它们组成了没有意义的句子，轻缓地流动，就如同那能被我感受到的水一般。这是一种容易被遗忘的水流，它的波纹相互混合而不再明确，变成一个、又一个、另一个的波纹。因此，概念和影像，都在充满表现力地悸动，像浅色的绢丝一样一缕一缕地穿过我，想象力似月光般闪烁着微光，斑驳而恍惚。"[4]

显然，"感觉"对于佩索阿来说很重要，他以"波纹"完美地表现出了"流动的现实"，证明了抽象的"感觉"也有明确的形式——即使它注定随着时间，消融在整体之间。

最后这段引述，提供了一种阅读西扎建筑的方法：比如捕捉某种运动中的事物，比如意外事件的出现，比如一种被反复提及的"持续着的改变"。正是由这一种改变产生的诸多"短暂的更迭"，使我们得以去享受瞬间，以及一些特别的事物，这些事物被建筑冻结在了某一特定的瞬间，并呈现在了特定的作品中。在罗西的作品中，时间仿佛在时钟上的某一时刻停止了。而在西扎的作品里，时间仿佛被困在了一个可以被我们感受到的建筑里。我们可以从触碰到的物体以及材料上感受到它。要描述西扎的建筑，再没有什么能比最后这一段佩索阿说的话更贴切了。这段话不需要任何注解：

"祝福那些比微小的事物更卑微的瞬间、毫厘、以及微小之物的影子吧！瞬间……毫厘……多么令人惊讶啊，它们如此大胆地，肩并肩紧密地存在于量尺之上。有时，这一些事物会使我痛苦或欣喜，但在这之后，我会本能地感到自豪。"[5]

我们现在要问：西扎到底是如何工作的？就像他自己常说的，他的工作从认知现实的基础上开始。他很注意景观材料，建筑系统、功能和使用者。建筑有助于诠释一个人究竟将何种事物作为其必要的出发点。因此，了解现实是必要的，西扎在很多场合都提到过这一个概念。在《想象的证据》（*Immaginare l'evidenza*）的最后一章"本质"（*Essenzialmente*）中，西扎曾说："若想要开始一个设计并追求其原创性，那就得没有文化并且肤浅。"[6]诚如我们所知，佩索阿曾以四或五个名字发表过著作《是别人为我们编写以及演出的》。而这完全就是西扎试图做的，以 Évora 开发方案为例，人们几乎以为它是在没有建筑师的情况下开展进行的。西扎会让自己建筑师这一角色消失，而他也确实在"Évora"中消失了，在字面上如此，实质上亦如此。脆弱的房子被改变、破坏并且重建。唯一留下的是体系（structure），它是西扎从城市本身引借来的。建筑师的个性没有强加在这个设计上。体系胜过一切，而我们感受到了这些把我们卷入其中的意外。西扎曾说："我的每一个设计都在试图去

4　同上：38-39.
5　同上：436.
6　Álvaro Siza, *Immaginare l'evidenza*（Roma: Laterza, 1998），p.133.

精准地捕捉短暂的影像中一个完整的片刻，包括了所有存在于这一片刻的细节。当达到了一个可以去捕捉现实中瞬间品质的程度时，设计方案便会越来越清晰地浮现出来。而这一个设计越是精准，它就越是脆弱。"[7]和佩索阿谈到的影子一样：微小事物的影子比微小事物本身更谦卑！影子指的是太阳、日光、片刻、一刹那。是"事物正展现出的样子"而非"事物之所以成为这个样子的理由"。后者是盖里所致力做到的，他一直沉迷于去展现建筑是如何被建造出来的。西扎则有着其他的考量。他喜欢见证一个构筑物如何去捕捉短暂的时间，亦喜欢向我们展示出其连续性。时间赋予了现实环境一份令建筑沉溺其中的偶然性。西扎的建筑承认那蕴含于瞬间的价值，亦中意于那些有可能发生改变的事物。存在于他建筑中的事物没有什么称得上是绝对必然的。他打开了我们的双眼，使我们惊讶于他建筑中那些被实体化了的，精准而特定的瞬间。

亚里士多德对现实与潜能做出了区分。在罗西的建筑中，我们对于这一行为进行了细密的思考。最初的想法最终消失了，其意向（image）在建造所必需的实体化过程中被渐渐消磨殆尽。在西扎的作品中，我们则品味着作品的潜能，它必须在人们对它的观察和细思中，才得以被真正完成。建筑作品唯有被人品味享受，才会真正成为佳作。虽然我们常在建筑物完全衰败时，才去观看西扎的作品——虽然他们近同于废墟，但是它们总还是会为我们提供一些新发现。如果我们能够理解，西扎的作品中不能缺少"对它们进行细思的人"的话，那我们就可以理解"一个建筑的流动性"，这会使我们联想起，

如希腊哲学家赫拉克利特（Heraclitus）或伯格森（Bergson）这样的思想家们的态度。因为西扎的作品，总是会给予我们不可预期且多样的建筑体验。

然而让我们再问一次，西扎是如何做他的设计的？让我们用他自己的文字来回答这个问题。西扎的著述相对较少，但我们仍可以得到约五十页的资料，（这些资料）有深度且非常有用地叙述了他是如何工作的，此外还为我们提供了八个他的思考方法。我相信它们值得在这里被列举出来，作为了解他作品的引言：

（1）我在考察一个场地时便开始了我的设计（建筑需求和基本条件大多都很普通），有的时候，我会开始得更早，从对一个场地有想法时（一段叙述，一张照片，读到的东西，听闻到的事情）便开始。这并不表示初步草图中这么多的信息，都会被保留至终。但是一切都有着它的源头。场地本身，包括它是什么，它可以是什么，亦或它想要成为什么，这一切都是有意义的。这些想法或许会是对立的，但却从来不会是无关的。很多我之前的设计（或是别人之前的设计），会以一种缺少组织的方式出现在我的第一张草图中，场地即使只占了很少的部分，也是那么吸引人。没有地方是不可居住的，我总可以是其中的一个居住者。秩序可以将一切对立事物相联结。[8]

7　Álvaro Siza, "On my Work" on *Álvaro Siza: Complete Works*, London: Phaidon, 2000, p.71.
8　Álvaro Siza, *Writings on Architecture*, ed. Antonio Angelillo（Millan: Skira, 1997）, pp.204-205; translation by Dekryptos, Brussels.

西扎的建筑往往诞生于诸多矛盾的交会，比如说空间需求与场地。关于这一点的一个案例是莱萨达帕尔梅拉（Leca da Palmeira）游泳池。"将难题转化成为一种优势。"这一句格言可以被用来解释西扎的许多作品。

> （2）我听到人们说我常在咖啡厅里做设计。咖啡厅是在波尔图这里少数的，可以默默无闻，专注于工作的地方……重点在于要去攻克……而攻克一词，即是工作的根本。9

西扎在咖啡厅里做设计，因为他觉得在那里可以融入那些认为有权在公共空间中找到私密性的个体。这并不意味着对他人的意识是无用的。对西扎而言，波尔图的咖啡厅并不是休憩场所，而是了解社会不同人群意愿的机会。因此，他将咖啡厅视为构思建筑最完美的地方。对西扎而言，他所专注去做的便是去感受他对于社会所负责任的重量。

> （3）我最近的一些作品，经过了同居民或是未来居民所组成的团体长时间的讨论。10

从这句话，我们可以看到西扎再次确认了建筑功能的重要性。建筑物未来的使用者，应该时刻被纳入考虑，因为到头来，建筑师所寄望与投注心血的建筑会落在使用者手上。

> （4）他们告诉我，我近期以及早期的作品是依据当地的传统建筑来设计的。传统对创新来说是一种挑战，它如同一系列相继嫁接的枝节。我是一个保守不时新且遵循传统的人，也就是说，我在冲突、妥协、融合（hybridization）以及转化中游移。11

西扎提到了冲突的角色，以及它连带的"妥协、融合、转化"。他谨慎地看待纯粹，并且愿意接受建筑的复合特质。对他而言，建筑并不是从一张白纸开始的。西扎认为，设计建筑是转化已知，并借由妥协从而形成的一种折中的混合体。

> （5）有一些朋友告诉我，我设计的东西没有一个支撑的理论或是方法。我的东西不具有教育性，如同一艘受海浪支配的船。至少在大海上，我不太展露出我们船的船舷，它已经被撞碎过太多次了。我研究水流与漩涡……当我行走在甲板上时，人们只会看到我。然而，所有的船员和设备也在那里……当我只能够看到北极星时，我不敢把我的手放在船舵上。我不会指出一条明确的道路来，因为道路并不明确。12

要了解西扎的工作方式，这段话显得特别地优美与深刻。他不喜欢看到北极星，也不太在乎将要去到哪里，他宁可没有预期地碰到一个状况，然后享受惊奇。他知道偶然代表着多重性和不确定性。他重视并留意着冲突，因为偶然是借此显现出来的，只有认同偶然，我们才能够讨论由建筑呈现出的特定的问题。

> （6）我不喜欢依靠我自己的双手去完成我的设计，或是全部由我来完成的设计。13

在这句话中，西扎强调了建筑师与自己的作品

9　同上：205.
10　同上.
11　同上：205-206.
12　同上：206.
13　同上.

保持一定距离的重要性。这不是一个关于整体一致性的问题，也与是否给了别人机会无关，当他说他不喜欢独立工作时，他的意思是他不想让建筑成为仅凭他个人主导而做出的结果。这和我们之后会看到的盖里有很大的不同。盖里认为建筑无论如何都不能不连续，而且没有绝对的"即刻"，因为它会使作品失去任何建造过程的痕迹，并由此被直接烙上建筑师的印记。一个像是一开始工作在黏土中，之后又转向铜材料的雕塑家那样具有强烈的存在感的，建筑师的印记。

(7) 我未完成、被中断，受到改变的作品与那种未完成的美无关，也没有某种寄托于开放性作品中的信念。它们与建设中不断削减的不可能性，以及我无法克服的困难有关。14

西扎在此把任何将他的设计诠释为开放性或未完成作品的可能性排除。在最纯粹的现代主义传统中，以及在设计过程中，他承认若他的作品不能达到所需要的完成度，其原因不是源于美学，而纯粹是受限于当时的环境和状况。

(8) 去重新发现奇妙的陌生感，以及寻常事物的独特性。15

在提醒我们，他如何应对工匠对他的评价之后，西扎承认了事物存在的重要性，这些事物，意识到了它们自身的独特性，从而使他邂逅了一种感觉，他毫不犹豫地称之为："一种奇妙的陌生感"。

虽然简化是有风险的，但是，西扎的观点可以简化成如下几点：

地点（place）：所有建筑的起源。

距离（distance）：前提是由别人来建造。

讨论（discussion）：注意建筑物的使用者。

偶然性（contingency）：每个设计方案的特定问题，其解决的方法会在现实中由建筑语境所产生的冲突里找到。

不确定性（uncertainty）：感谢在工作初始时，对于目标的不确定性，这种态度并不是放弃，相反的。那些在意想不到的惊奇中被顺利完成的好方案，使得不确定性成为令人满足的缘由。

调解（mediation）：建筑是提倡团队合作的，接受个人的极限（建筑的、功能的、法律的等），牺牲直接的个人表现。

不满意（nonsatisfaction）：每个建筑作品在设计它的建筑师眼中，都是未完成的。建筑师必然会觉得他提出的解决方法，没有解决周边现实中原有的冲突。

证据（evidence）：建筑师测试事物是否具有独特性的一个机会，独特性的存在，允许我们去辨认出事物的本质。西扎这个想法和奥古斯丁（Augustinian）对"美，即是真实所散发出的光辉"的定义有些相近。以更接近（天主教）方济会的说法，西扎唤起了"明白的事物所具有的独特性"（the singularity of evident things）之美，并暗示出这其中有着建筑的一席之地。

现在，让我们再来看看西扎的作品是如何随着时间的推移而发展的，并通过图例来对前述中提出的原则进行较好地说明。当我们谈到西扎，直接联

14 同上.
15 同上：207.

想到的是在职业领域中，一位贡献非凡的建筑师。如果我们认定建筑与视觉艺术，以及现实中对形式的操作有所关联，而且我们必须对西扎、斯特林、罗西以及埃森曼，就他们的专业能力与才华做出比较与评价的话，毋庸置疑，斯特林和西扎是最能容纳新事物且最有天赋的。为了找到自己的表现形式，罗西和埃森曼付出了巨大的努力，可以说他们的作品，经过了这些年，变得更加整体与复杂了。他们早期的作品所呈现出的，比起实际的成果来，更多是他们那更为美好和丰满的意图。但是，斯特林和西扎的作品从一开始就显得十分成熟，所以也可以说他们早期的作品，就品质而言，与后期的作品并没有那么不同。显然，在斯特林和西扎的职业生涯中，都出现了一条不断上升的成长路径，这条路径最终在诸如莱斯特大学工学院或奥利韦拉德阿泽梅斯银行的作品中达到了顶峰。必须承认的是，他们两位都令人惊讶地早熟。

1-6
博阿诺瓦餐厅，
莱萨达帕尔梅拉，
1958—1963

1-6

西扎开始画这间在莱萨达帕尔梅拉的博阿诺瓦（Boa Nova）小餐厅的平面时，只有 25 岁，但他却展现出了惊人的成熟度。景观中的一个基本元素，是坐落于平台上的一个僻静冷落的场所。由这个平台，可以引出一条位于中心的水平线。尽管它很低调，却有一种人造的、独立的物质特色。西扎明白这个僻静场所是餐厅的一个必要参照，他希望能将其间的差异性呈现出来。因此，他打破了整个格局，将墙面深植入地面，使得碎片化和不连续性成了建筑形体的特色。地面是一个重要的元素，自西扎从业以来，在他的设计中，确认场地一事便很重要。这里的岩石直接显示出了地基的重要性，地基的处理在任何的营建上都是极为重要的。这些楼房是建造行为与大地的一种相遇，在这里（大地）指的也是地基，类似的，我们同样可以说是自然在期待着被建设，这样，我们便能通过不同的参照物建立起一种辩证。

在这个案例中不难发现赖特的影子，开口（opening）的概念消失了，这里没有窗户。一方面我们看见桌子被设置在不同高度的平台上，享受美不胜收的景观；另一方面，屋顶以一种非常不同的形式，几乎与我们在那个僻静的地方所见的相反，连接起了一系列的墙面。作为一个建筑师早期的作品，这个设计极为精巧。西扎作为建筑师，直到此时仅从业了四五年，所以这个餐厅可以被视作是他的起

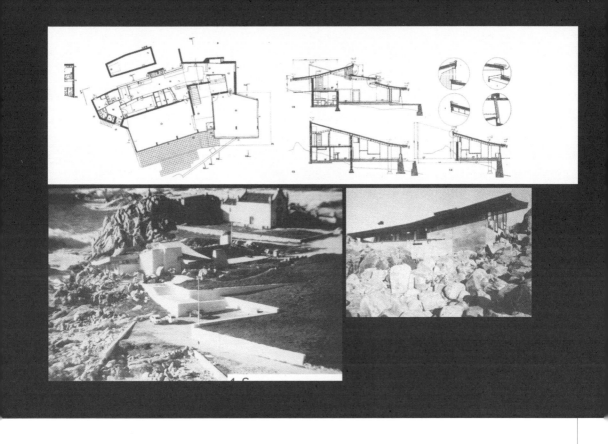

点。最有意义的，大概是这个围护体系中一系列的墙面，它们分解到了一种使人快要忘记了它们存在的程度。除此之外，若要讨论设计方案中更为结构性的层面，留意西扎费心处理的出入流线和与厨房的连接是很必要的。此处的剖面很重要，它显示出了建筑师如何巧妙地利用了房顶间产生的空隙。另一方面，西扎也探索了材料的价值，他大量地使用木材，并相信它能够创造出某种被我们称为居家或是私密的氛围。

在这栋建筑物中，即使是那最轻微的弯曲，最短小的斜线也都被建筑师予以了关注。西扎一直很注重对齐。他知道当自己向现代主义的矩形发起挑战时，不论是内部还是外部的空间都会发生改变。

而且确实，在这个案例中，即使是最轻微的倾斜也对建筑形式影响甚大。另外，倾斜还制造出了某种与屋顶的连续性，尽管屋顶是遵循传统模式来建造的，但建筑师在处理方式上亦体现了和其谨慎性同样多的自由度。所以，屋顶便绘制出一个断断续续的，但又如画一般的轮廓，使得建筑物和景观可以和谐共处。当然，我所指的并非英国的"如画式"（picturesque），即通过增加元素的运用来操控体量。我指的是一种景观的"如画式"，即通过感知而产生的态度。

最后，西扎的这一早期作品，亦展现出他是多么沉迷于建设的过程。虽然他多次运用了传统的体系，但有时候他也致力于使传统上相冲突的材料直

7-11
游泳池，
莱萨达帕尔梅拉，
1961—1966

接接触，促使无法预料的事和有趣的事一起发生。在西扎的手中，材料想要成为它们自己，它们努力想保存真实的自己，而非接受并妥协于传统的使用模式。从这个案例中，我们很容易从某些元素（例如：窗户）中了解到这一点。

7-11

莱萨达帕尔梅拉的游泳池是一个很成熟的设计。它展现了建筑师对冲突进行处理并将之利用至极致的能力。在一方，是自然环境及狂野的海洋；另一方，则是一个巧妙的建筑，一个被围住的宁静的游泳池，海洋呈现在岩石之上，像是被石化了的浪。而游泳池则被一系列垂直的墙面支撑，形成一片人造的海，一个被俘获的大西洋。人可以进去浸泡，因为这一部分的海已经被隔离了出来，其波浪也已经被缓和。在这

个例子中，景观或是海洋并没有借由传统元素（如：廊柱与凉亭等）来设计，取而代之的是建造起的一系列平台，由此赋予了这些岩石在之前不曾有过的缓和轮廓，并改变了我们对岩石的感知。这些平台赋予了景观一种水平次序，并使它们参与到了界定游泳池范围的水平面的对话之中。在这个新的水平范围内，对立点的交汇，促进了社会生活的产生。

借由其简朴的形式及其在环境中的重要转变，西扎的这一个作品预示了1980年代的极简建筑的出现。他简单地建立起了一堵混凝土的墙面，将人与道路分隔并保护起来。西扎亦将这一个区域独立隔离出来，并促使它面向自然，这也是这个项目中最有趣的地方。这面墙使我们忘记了马路另一边受到污染的海岸景观，同时引导我们走向另一个更低更暗的平面区域，在那里，我们会发现更衣间、淋浴间，厕所等。在这个平面上建造的所有东西都是

一种过滤器，它们引领我们走向大海，使我们远离日常世界，给予了我们一种通过与大自然接触而感受到的宁静与孤独。我们可以从西扎早期的作品中感受到赖特的特质。那些水平面，退缩的墙，重复的木梁，是木材，而不是混凝土，这些都显示出西扎对赖特大量的研究。总有人偏好于将他描述为一个本能的西扎，视他为一个高尚的野蛮人，而非具有专业知识且有教养的建筑师。当然，对此我有着不同的看法，由西扎早期的作品便可看出，西扎代表的是那一类受到非凡的教育及文化熏陶的专业建筑师，他承认受到了他所崇拜的大师的影响。当然，西扎也有着强烈的直觉，这使他有能力去超越他所学习到的建筑。建筑师必需且最困难的任务之一，就是去解放自己的直觉。建筑师要如何做到这一点呢？或许细品像西扎这样自由的人的作品会有所帮助。

12-17 马格哈斯住宅，波尔图，1967—1970

12-17

如同前一个案例，在此我们可以讨论一个接受现实的西扎，虽然他必须得在限制条件内工作，但他却采取了一种可被我们称为"皆有可能"的态度。他转化了现实条件，通过一种将那些看上去会限制他作品可能性的条件，实际转化为他作品起点的方法。若要评估 1967—1970 年的马格哈斯住宅，那么，朴实的波尔图住宅区是这一住宅的建筑语境这一点就很重要。西扎所展示出的场地周边的潜力，着实令人吃惊，这在我们看平面时便会发现。首先，我希望大家注意到这重要的一点，即西扎会通过关注建筑正立面的形象，来进一步思量这个房屋的建筑性。西扎的这个设计方案，与柯布西耶所著的那些巧妙的批判性文章，在时间上是同时发生的。如同一个斗牛士会一直倾向于用他的左手（编注：斗牛士左手拿红布，右手拿短剑）去勇敢地对付野兽一样，西扎本着一贯的原则，去处理那些在我们经过房屋体量时遇到的不同事件。在做这件事的时候，他坚持以正面的本质来展现，并以它来发展建筑。在街道上，我们看到的是建筑的立面，接着我们会看到门和另一个新的立面出现。每件东西都被设计成以正面的

形式出现，即使是融合了线、面、墙和体量的复杂组合体也是如此。在这里，一系列抽象而严谨的事件（episode），被转化为某些像是房屋一样真实且日常化的东西。

现在让我们再来看平面。西扎引导我们来到了场地后方车库的位置。这一车库与建筑物完全结合在了一起，从而体现出了西扎对场地紧凑的安排和使用。地面铺装为花园和建筑物做出了一个区分。西扎使用了一个略微倾斜的几何形状，借由一个微妙的扭转，使得庭院空间与建筑实体之间形成了一种对比（dialectic）。这个微妙的扭转，还形成了一个

倾斜的出入口，如若算上车库的出入口，其实是两个倾斜。面向庭院和露台的客厅（厨房亦面向这些庭院和露台），明确了整个建筑物的布局（structure），并使之得以完美呈现。请注意看西扎是如何小心处理那块延展厨房的小地方，从而使得厨房与那和客厅紧密联系的庭院稍微分开一些的。另一方面，客厅和寝室亦关系紧密，它们被很有技巧地整合在了一起。在马格哈斯住宅这一案例中，特别是，从它与周围建筑的关系来看，将它视作一种对方正形体的破坏是很合理的，它还有种新造型主义的味道。我们可以认出令人联想到赖特技巧的部分，例如：由侧

面进出的建筑物和房间。但真正令人惊奇的是，一条借由灰空间塑造、引导到车库的通道。它属于公共区域，以低矮的墙面构成，包含了建筑的体量，庭院的空间，以及一个私人的空间，它因此成了这栋住宅建筑的中心，从这个角度来看，我们更能了解这栋建筑正面构成的相关性。

　　直到60年代末，西扎的才华才渐渐地受到了广泛认可。与我同时代的人应该记得在一期《住宅与建筑》（Hogar y Arquitectura）杂志中，波塔斯（Nuno Portas）向西班牙人介绍了新时代葡萄牙建筑师，其中分析了西扎的多个作品。[16]不久之后，西扎率先被嗅觉敏锐的维多里奥·格里高蒂（Vittorio Gregotti）发掘。自此，西扎成了令学生和专业人士感兴趣的建筑师之一。这并不令人讶异，因为马格哈斯住宅本身便已是令人惊讶的成熟，并且建筑师在做出这个设计方案时只有34岁。西扎在初期就已是一位大师，之前我提到他通过巧妙地控制（要素的）排列方式及几何形状，使其形成一种对比的手法。而这一栋住宅出入口亦体现出了一种对比。在这里，他运用了混凝土和金属两种材料。亮白的金属板与混凝土墙相比，展现出了巨大的差异，这因此创造出了某种语言，这些语言再经过不断地扩充，最终定义了这栋住宅中一个隐喻的世界。请注意，当我们考虑到建筑立面中这一隐喻的世界时，对比的意义便被增强了，尤其是在当我们看到以单调乏味的邻居房屋作为背景，住宅正面那银白色的金属与混凝土时。西扎非常有技巧地运用了和周围住宅相同的材料，因此邻居无人反感。从图例中我们可以看到，西扎就是能够做到，仅仅通过对"形式"进行处理，就将他的建筑物与周围区别开来。

　　西扎早期的成熟亦在室内得到了展现。住宅的出入口有着许多巧妙之处，例如对大门的设计，以及那被设计用来处理两个面交接的窗户，等等。构造展示了它们自己，但却不夸张，仍保持着它们抽象的状况。请注意墙面是如何与地面相接的，这在西扎的作品中经常出现。即使是这个极为内敛的住宅，

室内空间自身也成了一个整体。请观察一下光线是如何从上方进入的，这看起来似乎是想要向柯布西耶致敬。以此，我们发现了"可能"和"偶然"的证据。还有多少种其他的，用来处理光线进入的方法？并不是所有的事物都必须要与建筑结构相关。而且几乎完全相反。我们能够感受到，对建筑师而言，在面对一系列的单一事件时，每一个事件都是特定时刻下的一种心愿（desire）而已。因此，上述的偶然只是一种随意。西扎或许会坚称，他不想成为主角，但在这一个不断变化的世界中，我们仍然能够持续地感受到这位建筑师的存在。

18-20

从葡萄牙革命开始，西扎认为他有义务去接受更为朴素的委托设计。他决定将自己归为激进派，协助人们发展住宅政策。为了更深入地了解空间需求，他与人们沟通，并进而接受了一个事实——他的住宅应该容许那种在他的想法里不该有的转变。1970—1972年在卡西亚什区的住宅清楚地说明了这种态度。因为知道这些住宅最后一定会被改变，他只是在某种程度上去规范它们的外观轮廓以及体量，让人们至少在邻居进驻时不会受到干扰。因此，窗户比例带来的附加价值，分隔街廊的缝隙和装修材料，都以阿尔瓦·阿尔托的手法去处理。另外，这里还有一种对于韵律的坚持，使我们不得不再次想起佩索阿，使我们将这个案例理解为摇摆于个人和整体之间的存在。西扎甚至可能将这一设计的建筑表达托付给了这一韵律。

―

16 *Hogar y Arquitectura 68*（January-February 1967）.
pp.34-84.

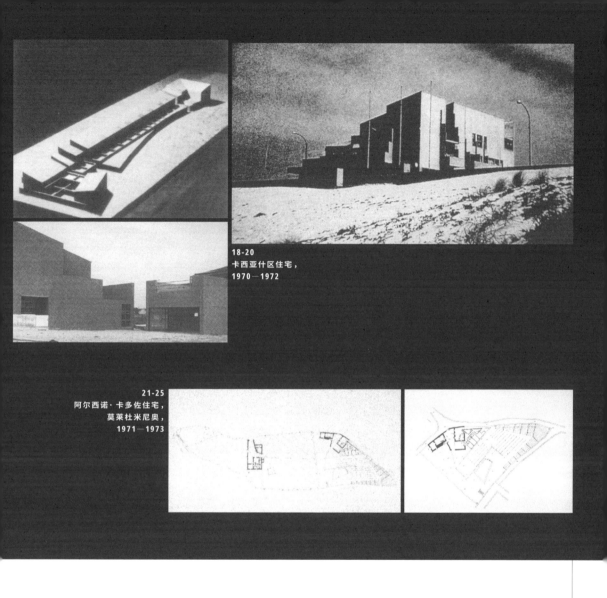

18-20
卡西亚什区住宅，
1970—1972

21-25
阿尔西诺·卡多佐住宅，
莫莱杜米尼奥，
1971—1973

21-25

位于莫莱杜米尼奥（Moledo do Minho）的阿尔西诺·卡多佐住宅，尤为清楚地诠释了西扎在解决冲突方面满满的自信。这是一间位于墙和小径之间的小房子，可以遥望一个小葡萄园，业主希望增建几

间房间以及一个游泳池。西扎接受这一委托后，决定通过新的窗口及一间厨房，以某种不同于将石墙相互垂直摆放的方式，来活化以及改变传统的柱距。一个像这样的设计，它的体系是由墙面的几何形式

21-25 阿尔西西诺·卡多佐住宅，
莫莱杜米尼奥，1971—1973

建立起来的，这些墙看起来似乎有了新的用途，此外，毫无生气的空间也得到了转化。为了达到目的，西扎增加了一些与葡萄园露台相对齐的传统房间，以强调空隙空间的重要性。他通过（让对立的双方）"相遇"（encounter）的方式来化解冲突，在这里，建筑并不似未完成品，也没有使碎片化成为主导。

新的构建是轻巧，不昂贵的，它遵循露台所界定出的几何形式，使得新的构筑物和原有的建筑物得以被独立出来各自定位。金属轻巧的屋顶强调出新旧的差异。它不同的倾斜面使两个不同时期的建筑物得以被区分，至少在人们观看建筑外观的时候是这样。在里面则是另一回事，建筑的室内的空间会令

使用者感到这就是一整栋单体建筑。

可以这样说，当一个建筑师敢于去制造这样的"相遇"时，现实会以那一些令人意想不到的建筑空间及令人惊喜的建筑物来回报他。在莫莱杜米尼奥住宅中，玻璃与石材，倾斜的空间与横平竖直的空间，瓷砖的屋顶与金属的屋顶等不经意地相遇了……在

我们对这些"相遇"的赞叹里，这一建筑仿佛凝结住了它诞生的那一时刻，并使之保持着鲜活。两个迥异建筑部件的共存告诉了我们那一时刻，而建筑则将通过这一被捕获的瞬间，来辨明其永恒性的真伪。

26-27
萨尔达布卡设计方案，
波尔图，
1973—1977

重复机制来操作，并最终通过剖面来界定体量。他很有技巧地对剖面进行了设计，从而为建筑大部分的体量赋予了活力，使其能够在围绕它的，由复杂的建筑物组成的世界中生存。我们亦要赞扬他将脆弱性作为一种常态的勇气。说来矛盾，但作品的力量便在于它的脆弱。以谦逊节制的方法建造出的建筑，似乎既不需要被精心地对待，也不需要相关修复。它接受对它的使用，并失去它在一开始所具有的一些初始条件。它不像其他建筑，有维持原状的义务。西扎的建筑从容地面对时间的流逝，即使它们亦将渐渐残破。西扎质朴地认为，建设的任务，最重要的，还是去满足使用者的需求。

28-33

1973—1976 年的贝莱斯住宅（Beires House）是前述的案例的同时期作品，亦是另一个展现西扎转化能力的例子。这个设计方案的任务是在波瓦·迪·瓦尔津（Povoa de Varzim）的郊外，为一位常年派驻在殖民地的退休军官建造一栋住宅。周围环境的朴实，并没有阻止西扎以令人赞叹的愿景来接受这一任务。

　　在这一块小场地上，他创造了一个独立的世界，建筑物与庭院相互联系。庭院必须被视作一种与西扎的建筑紧密联系的元素。在这里，庭院可以被视作与房屋中的其他任一空间相仿，它是由一种有着斯特林风格的，带角度的玻璃墙界定出来的。通过这样一个小房子，西扎也许是在告诉斯特林，皇后大学（Queens College）可以通过什么方式来处理。这栋建筑自身的外观是一个很大的窗户，变化无常地一改那在庭院中呈现出的碎片化景象。然而，我们同时思忖着，也许西扎并没有特别想要展现出一个体块被（逐渐）消解这样的观点，也许他更想要强调线条的潜力 —— 这些不连续的线条 —— 它们是划分出室内与室外的界线，一种已经使我们感到非常习惯，存在于建筑中的界线。而我要更大胆地指出：这些不连续的线条，将会证明这样的设想 —— 即室

26-27

西扎是令人尊敬的，因为他不介意去承接如社会住房这样谦卑的项目。在 1973—1977 年波尔图的萨尔达布卡住房设计方案中，出现的"意外"或说是"最初的支撑"，是需要去结合一面旧建筑物的矮墙。如同在卡希亚什的住宅，西扎在此，通过类型学上的

2层平面图 Second floor plan.

1层平面图 First floor plan.

28-33 贝莱斯住宅，波瓦·迪·瓦尔津，1973—1976

内与室外并无区分。

入口在这个案例中同样很重要，与西扎其他的设计一样，西扎沉迷于一种侧面的，带倾斜角度的出入口设计。在这一案例中，由于建筑的正面较窄，所以这样的入口是很有必要的。实际上，一共有着两个出入口，一个在厨房，一个在起居室。在厨房的一侧，它的窗户被一个圆形的雨篷保护着。在这一侧，西扎或多或少地创造出一些服务空间，包括了一间厕所，一间卧室以及一间储藏室。然而，使得地面层的服务功能得以完善的，却是一间位于后方的卧室。但地面层的主角还是起居室，它的一侧由断续的玻璃墙界定，剩下的围合部分则是场地后方真正的边缘。在起居室内人们可以体会到建筑物的独特性（autonomy），这一空间似乎要告诉我们，那呈现在花园中的自然世界，与建筑中那靠人工造出的世界之间并没有距离。它们通过建筑而联系在一起，进而融合为一体。这是细思那由玻璃墙界定出的，仿佛浑然一体的室内与室外空间后所得出的结论。上方的楼层亦依次得到了设计，并借由灵活且紧凑安排的间隙空间形成其特色。

贝莱斯住宅是一个或大或小的几何练习成果，其设计方案中的重点是它的策略。西扎建筑中"独一无二"（unrepeatability）的特质在这里得到体现。要再找到其他的情况，可以基于这样的机制，最大限度地打开立面，并允许大多数房间向外看出去，如同这一案例的设计要求提出的一样，不是件容易的事。

谈到使用的语言，这栋普通的现代住宅最重要的特色，大概是它紧凑的格局。这里我们可称之为"（对建筑）迷你化的处理"（miniaturization process）。我记得在我去参访它的时候，曾感到十分惊讶。它实在是一间小房子，因为它太小了，很多物件便成了被细细思忖的目标。而领悟那些暗含于诸多物件中的道理，会令参访者感到压力。换句话说，这是一栋能让我们时刻感受到建筑性存在的房子。它所呈现的几何，促生了无数独特的解决方法，这些方法吸引并激发了我们对建筑师敏感度的赞美。

34-39

到了 1974 年，西扎已经成了一位成熟的建筑师。位于奥利韦拉德阿泽梅斯的"平托索托银行"是一个令人赞叹的杰作。找到一位比西扎更能掌控自己作品的建筑师是非常困难的。当谈及不确定性的时候，西扎曾将自己比作一位在甲板上踱步的船长，他无法辨识出北极星，也因此并不知道船只行驶的方向。但是，他对这一银行的设计，却使我们愈加确信，西扎是那少数可以在浓雾弥漫的夜里，率领一艘船回到港口的人之一。

再次地，我们又有了一个很小的项目，以及又一个位于侧面的出入口。位于侧面的出入口是如此频繁地出现在西扎的作品中，使西扎看起来似乎是刻意反对从正面来建造建筑物的方法。在银行的入口处，一段曲线被巧妙地利用，以处理角落区域。入口是通过一种极具活力的"切"（cut）的方式建造出来的，这一方式也使得那一段曲线变成了一块"碎片"——它预示着即将在80年代变得很普遍的，一种特别的，碎片化的处理方式。任何人只要看到那阶梯上的断开处便会承认，这一通过打断连续曲线而形成的入口，是一种精巧且复杂的处理方式。从主要入口的大门向内看，人们可以看到内部的整体空间，在这一过程中，人们会突然感受到巨大的空间尺度，与之前提到的"迷你化"相反，尺度上如此巨大且复杂的变化，会使我们感到不知所措。这里空间的放大，是借由多层次的楼层实现的。沿着切开楼层的楼梯向上走，随之可见的是增生般延展的天花板。这最终形成了一系列有趣的形式场景。

楼梯是一个主要元素，它解释了空间何以会是这样的形状。事实上，楼梯对空间进行了塑造，证据就是他们处在建筑切线的位置（tangential position）上。不同于那些可以使人"漫步建筑"的建筑空间，平托索托银行的楼梯，并不是一个值得细品的建筑场所。换句话说，在这里，建筑空间并没有义务，要在人们的移动中被感受到。针对楼梯，我最后要说：

34-39 平托索托银行，奥利韦拉德阿泽梅斯，
1971—1974

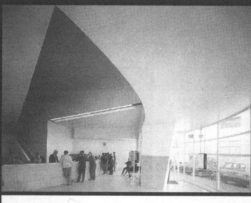

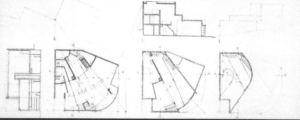

请注意西扎利用楼梯，在公共与私密空间之间做出了一个微妙的区分。

第一眼看去，平托索托银行可以被描述为一种对语言的探索，表达出理性主义的语言该被正常延续这一主张。要为这样的主张辩护，需要检查它的标示（signage），对曲面的强调，平滑的石膏墙面，甚至是一盏灯或是一个加热器等，任何会改变表面的元素都不会被运用。但我相信除此之外，这还意味着更多，即一种去展现出最为纯粹，没有任何情况或事件的建筑的尝试。空间的复杂程度，迫使我们去超越单一的，对语言的考量。在这里的，是一栋在谈论建筑性的建筑物，它试图以建筑最核心的本质来提供一种建筑经验：空间是最纯粹的，空间里没有任何因对建筑物的使用而带来的限制。可以确定的是，西扎竭尽所能地舍去一切建筑类型学方面的参照。在他的建筑里，看起来完全不同，相互对立的几何被和谐地融合在一起。而正是那些沉浸在空间中，并为空间带来整体性的参访者，使我们可以去讨论建筑性的存在。在某种程度上，这些也使我们了解，建筑是可以被感受的，那是种实质的感觉，它出现在空间被界定的一个特定且精准的瞬间。我们亦可以说，那是一个文化性的瞬间。这就有如我们从他作品里感受到的关于建筑性的内容都被冻结住的那一精准的时刻，那一建筑被创造出的时刻。

室内空间的复杂性令人着迷。想象当我们爬楼梯时所尝试去感受的，光线在定义空间方面的重要性。当空间呈现在我们眼前时，光线会使我们感到眩晕。在我们眼前，建筑连续地展开。我们可以讨论一个具体而特定的空间吗？虽然我们被多种建筑的情景（architectural episode）所吸引，但这个设计并没有因此失去它的整体性。在下一堂课里，我们将会看到盖里是如何将追求整体性运用到了他之后的职业生涯里。在这之前，他作品的中心都与对碎片的操作有关。西扎和盖里相反，在他刚开始从业的时候，他的作品中便存在着整体性。然而，他也从未完全舍弃不连续性。能够看到不连续性是如何与一种更为普遍的现实相结合是很棒的。平托索托银行所呈现出的形象，以一种我所不能及的信服力及说服力，代言了西扎的建筑。这样一个作品，无疑是西扎的巅峰之作。

更不用提西扎对于"度"（scale）的惊人的把控能力了，这样的能力使他得以将两个极为迥异的建筑紧密联系。在我看来，在他处理那些被我们认为是相互冲突的建筑物时，他这种对建筑语境中程度的感觉便成了一道保护层。观察西扎建筑中，室内与室外空间是如何产生联系是非常有趣的。一开始，建筑的外观似乎仅仅取决于室内，但事实却并非如此，对周围环境的认知也一样重要。西扎有过人的能力，他可以同时发出两张牌，一切对于室外来说重要的事物，对室内亦一样重要，反之亦然。当然，这最终形成的连续性，再次增强了他作品中的整体性。

40-45

我们可以说，平托索托银行的设计方案是年轻的西扎职业生涯的巅峰之作。虽然早在 1978 年，西扎为他的兄弟安东尼奥·卡洛斯·西扎设计的住宅，便已是一件惊艳而成熟的作品了。但是现在，我们同样应该来讨论一下"忧伤"，一种深刻的"思念与忧愁"（saudade）。这样的忧伤是如此的深刻，因此我们也应该讨论一下（基于这种悲伤之上）的胆量（daring）。一栋像这样的建筑物，只能够被提供给他的兄弟。从另一方面来看，这也是一个具有前瞻性的作品，它预示着西扎在后期会提出的，更多关于形式的提案。这是一栋令人好奇，但也很奇怪的建筑物，而这也解释了对它的评论关注如此之少的原因。

西扎曾经说过，场地是他建筑的起源。外部环境在一开始便对项目非常重要。然而，这栋建筑物所处的场地看起来却没有什么特色。我们可以称它为"什么都不是的地方"（no-place），它唯一的特点是处于一个被整改过的外部环境里。然而，西扎还是从这样的环境里找到了可以作为项目起点的要素。那是一条或许在我们的眼中非常随意的线条，它划

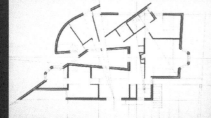

分出了场地中的区域，并成了这一建筑的动机和基础。我甚至会说，西扎在场地上运用这条线的方法，与卢齐欧·封塔纳（Lucio Fontanat）利用切口去活化矩形平面一样地有力。西扎运用一种随意对齐的方法开始构建这一建筑。同时，这样的方法也使他得以去开拓后方的场地。再一次的，这一栋建筑的出入口，它的大门受到了相当的重视。西扎让人与车的流线重叠。通过大大小小，不同的体量的建筑物，我们可以辨认出不同空间的使用功能。此外，当我们进入建筑物时，会感受到一种明显的仪式感，这便是西扎让我们在到达建筑物所位于的架高平台前，做出一些细碎移动的目的所在。这场游戏，在我们从大门走向平台时，便渐渐地展开。当我们踏过建筑的门槛时，建筑物便整体地呈现在了我们的眼前，而建筑的空间之间，不再有任何的过渡。跨过了门槛，我们便来到了建筑起居室和餐厅的区域，厨房，以及最后的通向寝室的庭院。一个私密的房间直接连接着厨房，表述着私密性最后的堡垒。

如果你看一下平面图，便必然不会对我们说到的碎片化和破碎的理念感到惊讶。只有凸窗，始终坚持存在于立面和中庭以及较为私密的服务空间里，赋予了建筑某种确切的整体性。但是建筑师在此真正想做的，是将差异很大的元素整合在一起，例如起居室，它规整和对称的性质，被天花板一个含蓄的介入所破坏；复杂的餐厅空间，则因为新增添了两根柱子而活跃了起来；孩子的卧室，参考了一种看似被忽视的，带点讽刺性的现代建筑，被很有技巧地组合在了一起；最后，既然我们必须减少多余的空间和元素，对于厕所，就采用最简单的方案，最低的成本，以及可以直接让水管工人做的工作。也许，你已经发现我遗漏了中庭，它与前述空间里所有的元素相联系，使得这栋建筑得以呈现出完好的形态。利用中庭花园来组织建筑，是西扎在之后经常使用的方法。有时，我们很难判断中庭的出现，究竟是为了增加了空间，还是为了消耗一个剩余空间——一个自由地，仅是因为要配合空间而产生的结果。可以确定的一件事是，中庭是建筑的统治者，首领。仿佛

这栋房子的整个精神都存在于这个空间里。周围的空间则是其他的"房子"，它们的特色和意义都由被指定的功能所确定。每个空间都有已经被我们所熟悉的，容易被辨识出的西扎建筑的特色。在儿童房，我们可以看到平托索托银行的痕迹，从餐厅与厨房之间的联系，可以看到西扎在早期的住宅设计经验，起居室则保持着西扎从赖特那里学习到的住宅设计传统。但是，当我们从建筑物最私密的区域向周围看时，所有建筑和元素的不和谐却又都消失了。一个家庭的母亲，从这里，可以完整地看到儿童房，就好像能够看到监狱全景的守卫一样，照看着内部的居住者。视野被整合在一起，具象化在图面上，最终变成了建筑这样可以被触及的实体，带给人们一种虚幻却又真实的感受。之前曾提到过，位于厨房后房的用人房并没有受到中庭统治或是被它创造出的理念所影响。于是，这一栋建筑便拥有了一块新的领地，它私密且未经开垦，同样是由那些塑造建筑的随意线条勾勒形成。

这栋建筑物的边界近乎不合理。然而，它却有意识地要去探索一切源于格式塔理论（Gestalt Theory）的几何原理和形式操作。这栋建筑是通过囊括、切割、投影等方式来活化一个普通且对称的U形设计的。每个房间中独特的空间保持了它们各自的自主性，然而，通过我们之前讨论过的"视线联系"（the visual projections），抑或是一种从起始点将线条移开的方式，它们依然被整合到了建筑中那无可置疑的整体性里去。另一方面，若我们将花园看作一个单独的整体，将它看作一片土地，那么便会出现一个和儿童房，以及由厨房旁的房间的凸窗所界定出的体量一样清楚的形状。这栋建筑物，作为一个对西扎后续建筑的引言，是十分重要的。例如：中庭的经验会在波尔图建筑学院（Porto's School of Architecture）这个代表性的作品中再现，亦会在塞图巴尔的教育学院（School of Education，Setúbal），波尔图的卡洛斯·拉莫斯馆（Carlos Ramos Pavilion in Porto），阿利坎特大学（University of Alicante）的校长办公室等中重新出现。而安东尼

奥·卡洛斯·西扎的住宅是一个完整的项目，它汇集了所有"已被使用"或是"将会成为"的西扎的建筑手法。可以肯定的是，他再次测试了剩余及空隙空间的潜力。请容许我再提出一个意见，安东尼奥·卡洛斯·西扎的住宅是一个学习独立的经验。它是如此私人而又私密地将生命与心灵无声无息地融入建筑。另外，我认为，这是能够体现西扎作品中最有价值观点的建筑物之一，西扎相信建筑可以成为满足我们情感的一种媒介。安东尼奥·卡洛斯·西扎住宅的室内是会散发出亲密气息的空间，一种深厚的情感，通过一系列多样的建筑情境展现出来。而通过这一些情境，设计建筑的准则变成了一种对历史的见证，一种对生活的探寻。这就是为什么我们在评论的一开始提出了"胆量"这个词。

46-51

马拉盖拉住宅设计方案，是在葡萄牙激进政府的社会住房政策下，西扎接受的委托设计之一。在西扎的眼里，这一类的设计，反映了社会某个特定的族群，代表了某种阶层。不用说，西扎是比较认同这样的设计对象的。场地位于一座很美的老城埃武拉的郊外。同其他的城市一样，当下关于类型是否应该延续的问题亦在这个新的设计中浮现了。西扎委以建设的这一地区，居民自发建设的建筑形成了一条街和与街区垂直的小巷。而西扎被要求扩大这一区域，由此，他细心地看出了这个自发形成的城市其中的逻辑，并运用了他在贝莱斯住宅中积攒的经验来建设它。因此，带有庭院的房子被一排排地组织在了街道上。再一次的，西扎是基于一种潜在的，使建筑发生转变的可能性来进行规划的。庭院有助于保持社交群体的活力，但除此之外，因为最终居民一定会希望扩建自己的住宅，所以西扎令人敬佩地针对房子在不同阶段的成长，提出了一系列自己的方案。在当时，封闭的，特定形式的联排独户住宅非常普遍，且毫无意义地重复到令人作呕。因此，西扎这种令住宅如种子一般进行演化的能力，使他广受欢迎。

现在让我们来关注西扎对城市的策略：占据整个允许建设的区域。这样的策略使得他的作品，在这一地区，与之前由群众自发建成的住宅群产生了一种连续性。在这两个方案中（译者注：指这个设计方案和此区之前自发形成的社区），公共空间都被归并为街道。而这一点，让我们看到了西扎把控事物尺寸大小的能力。在这样的设计方案中，对街道宽度的设定极为重要，这一街道的宽度对于停车及通行恰好合适，不多也不少。可能有人会责怪我赞美西扎，会大声地要求有一个能停更多车的方案，但我认为，西扎在此再次展现出了他对于现实独特的敏感度。停车是日常生活中很重要的事情，西扎给了街道一个合适的宽度，使得人们无须去对交通进行管控，进而保证了一个有组织的停车环境。

我想请大家注意，这里有一种"如画"（picturesqueness）的特点，避免了这个方案成为那种有着千篇一律一大片体量的社会住房。西扎在这里的策略非常简单，就是顺应地形进行调整。以此，他的建筑就像一件由建筑织成的斗篷，包覆住了整个地形。这一块场地的独特性在于它起伏的地形，此外，它也反映在了这一个本质多样且富有变化的建筑之上。而这样的建筑，便具有了我们常在本土建筑上看到并赞赏的那一种"如画"的特质。

对于马拉盖拉的设计方案，我只有一个疑虑。显然，在某些时候，西扎对他自己的作品也抱有怀疑，特别是关于他作品的简洁性。而他所做出的回应，是为一个复杂的建筑情境赋予了更大的影响力。西扎将路易斯·康对服务性以及使用性空间的理论的标准，转移到一个城市的尺度上。在马拉盖拉朴实的城市环境里，西扎加入了一条浮夸的纪念性水道。我们可以很容易地猜到，这是遵循历史上的范例来建立的。在我看来，马拉盖拉这一方案并不需要这样一个明显又夸张的元素。这一如同基础设施脊梁般的元素，也许可以在短时间内为这一地区采用的几何方式辩护，但是，它几乎不能与那因为尊重地形而产生的丰富形式相比，亦无法与诸如门、窗或者烟囱等建构元素所共同标示出的距离及韵律相提并论。

46-51 马拉盖拉住宅，马拉盖拉，
　　　 1977

52-57 伯格斯和伊尔马奥银行，
维拉多康德，1978－1986

52-57

我们现在来到了另一个葡萄牙的小城市维拉多康德，西扎在 1978—1986 年设计的伯格斯和伊尔马奥银行，独立却又与周围建筑保持融洽地立于这个中型城市中。它的独特性来自它的曲面，这对于这个地区来说十分新颖，特别是建筑物的两个立面所形成的一种奇特的不对称性。建筑物的平面和剖面都很复杂。建筑师煞费苦心地探索了楼层的多重性（multiplicity）。各楼层的到达方式都沿循着玻璃的曲面。从一开始，西扎便相信着可以通过建筑的透明性，从而展示出室内与室外是如何融为一体的。于是，我们在一开始便能够观察到楼梯在界定空间结构上所扮演的角色。楼梯向着相反的方向展开，形成了一种与在莫比乌斯带（Möbius strip）上相类似的运动。这便在两个楼层间建立了联系，并同时

制造出一种竖向上的轻移，使得建筑物得以与外墙分隔开来，从而加强了建筑自身的独立性。为了强调建筑物的独特性，西扎将建筑物和周围环境间隔开来。这一建筑所持有的独特结构，使它区别于周围的建筑，展示出它的与众不同，但却又毫不缺少对周围环境的尊重。

这一建筑绝对可以被视为一场永久的，体现了何为"非凡"和"卓绝"的庆典，以及一个能够使你时刻感受到意外的机会。在这栋建筑物内，没有任何事物会被视为是普通的。这里的空间是一个整体，它将各个为了凸显结构观念而设计的事件融合为一。建筑物的外部表面以及天花板的几何形式皆有着持续的变化（movement）。从马拉盖拉社会住房的案例中，我们可以了解到，西扎所熟知的类型（types），已使他本人获益良多。但在这一次的设计中，他却刻意停止了对任何类型的参照，而着重于一种更全面的整体性质。

也许我们应该回想起我们在平托索托银行所观察到的形式原理，并再一次认识到空隙空间、水平面上的"切口"和"消解"以及斜线等的重要性。每一件事物都对室内与室外的一致性与连续性有所贡献。

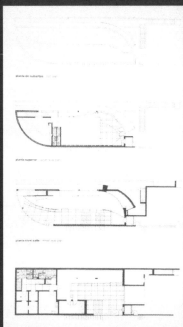

52-57 格斯和伊尔马奥银行，
维拉多康伯，1978—1986

我们常在建筑物中看到对内部和外部的二分法消失了。一个很好地诠释了西扎建筑中整体性和连贯性的例子便是：曲面的窗户延伸至室内的大理石面，再与室外曲面的石膏表面混合。西扎处理表面的能力，丝毫不逊色于他那精湛的掌控空间与体量的能力。大理石（体现了路斯的风格）被使用于地面与墙面。因为没有材料上的区分，西扎创造出一种性质上更抽象的空间。就像他在别的地方所做的，他没有用到家具的元素。一切存在于他建筑中的事物都是固定的。家具是多余的，事实上当家具被置入建筑时，它们会显得很奇怪，与建筑脱节。因此，在不加入任何元素的决定下，西扎没有使用装置灯具，灯光只从空隙中照射出来，而这也再次强调了这些空隙的重要性。如楼梯上的孔洞这样的一般性元素偶尔会出现，但是极为罕见。就如我们所说的，这整栋建筑可以被视作是独特性和特定性的完美体现，以及对于诸多出乎意料的问题的解答。曾有人将加泰罗尼亚（Catalan）的"新艺术"定义为整体一致且坚实的建筑。西扎的建筑就是这样，他的作品中是不存在品级的，每一件事物都具备同样高的品质。他知道建筑是可以被触碰到，感受到的，是一种表现，因而他试图赋予每一个构成元素同等的重要性。而这就使得他的建筑具有一种整体一致的特质。毫无疑问地，这一作品体现出了西扎想要使建筑成为一种空间体验的理念。因此，我们不应该以片面的言辞来谈论他的建筑。

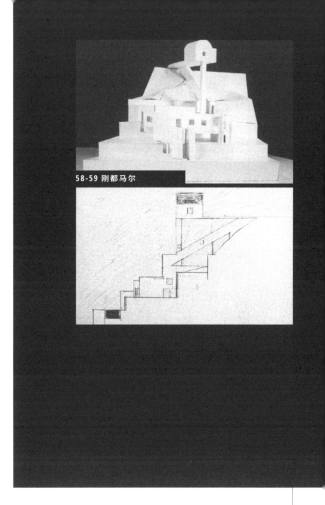

58-59 刚都马尔

58-59

探索特殊的事物，有时候会演变成一种近乎讽刺意味的状况，就如同 1983 年的巴伊亚住宅项目。这个夸张的住宅近乎怪诞，它无视了山丘自然的坡度，却又通过由垂直体系到达不同平面的方法，再次体现了场地的坡度。西扎在对电梯的人工操作上费尽了心思，他将运用于波尔图和里斯本公共建筑上的原理运用在这一个私人的住宅上。出于他精湛的技术，这样任性且无法无天的实验才得以进行。

60-61

"过量的设计"亦体现在 1979 年柏林克罗伊茨贝格的格拉姆利策游泳池的方案中。西扎所做的国外设计，比起他在自己国家的设计，有着更强的纲要性（schematic）。

62-64

在 1980—1984 年建造的阿维利诺·杜阿尔特住宅中，西扎似乎怀着某种程度的自恋情绪，去回顾了

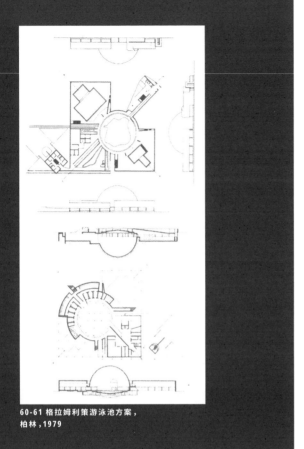

**60-61 格拉姆利策游泳池方案，
柏林，1979**

那些他在过去已知的经验。他再次对出入的流线施以特别的关注，并且再一次地从侧面进出，丝毫不理会建筑正面的形态是否对称。室内与室外的设计，全都建立在一种不对称性之上。在此，我们完全看不到西扎为他兄弟设计的住宅中那一种很重要的，与图像学上的处理手法。这里的主角是空间，从一个被戏剧性的楼梯占据，位于中心的视角来看，它被塑造成了一个独立的个体。从对于空间的兴趣这一点，可以看出这一方案依然延续了路斯的风格。这是一个精致、含蓄的作品，但它却缺失了西扎其他作品中的某种明确性。

西扎在国际上广受赞美，这使他收到了许多国外的设计委托。1980—1984年，在一个复兴柏林街区，被称为克罗伊茨贝格街区的休斯西门设计中，他再次挑战了一个熟悉的题目：社会住房。西扎运用高超的技巧，在平面上，对一个很稠密的土耳其街区的一角进行了处理。人们似乎每件事都寄希望于建筑的立面上，希望在进出建筑时，建筑的立面可以变得更灵活，从而避免由内外交叉和建筑几何形式所造成的冲突。然而，令人振奋的平面变成建筑时，却显得不足。建筑的立面最终变得很奇怪，因它受到了德国法令的严格管制，又过度地使用了一些标准元素。西扎似乎注意到了这件事，他继而决定将主要的注意力转向建筑物那个有些学究气的顶冠。矛盾的是，当地的居民用"你好，忧愁"来形容这一建筑，仿佛意在表明即使拥有了建筑师的执照，建筑师也无法战胜这个立面的残酷现实。西扎积极地看待这种嘲讽，为的是告诉我们，在这样的生活环境下，根本不会有其他遵循条例的选择。

在这个方案中，到底是哪里出了差错？为什么这样一个含蓄的表面，在实际的建筑上却显得一无是处？在我看来，在克罗伊茨贝格这样一个特定的环境里，既没有任何"意料之外"的空间，亦缺乏独立创新的机会。西扎并不是没有尝试，他在波浪起伏状的立面上，在和比起圆润的拐角过于尖锐且并不必要的尖顶雨篷上，以及在建筑物与相邻建筑极不寻常的交接上都做了尝试，但最终呈现出来的仍然只是标准的形象，这是西扎自己也清楚的。我们看到，当他在自己的国家时，是那样优雅地处理类似的设计，在那里，他凭借着场地中意外的条件，将针对这些条件必要的处理转化为一种美德，使种种冲突最终结为同盟。但在这里，这一切都无法发生。当所有意外的条件都变成了虚构的事物，并最终成了一种人工捏造的设计建筑的方法理论时，现实便会列队闯入现场。如同这栋柏林的建筑物，我们能

**62-64 阿维利诺·杜阿尔特住宅，
奥发尔，1980—1984**

够感受到的，只有一个残酷的现实，再没有了任何
对建筑的虚饰。

66

虽然 1985 年的这个位于威尼斯的朱代卡设计方案
只是一个很小的项目，但它却显示出，西扎已经从
他在柏林的方案里得到了教训。这里再没有出现任
何施展于建筑上的花招，若说有的话，也仅是极小
的一部分。显然，建筑师以务实的态度接受了由周
边环境带来的现实影响，且避开了那些华丽的修饰。

**65 休斯西门，
克罗伊茨贝格，柏林，
1980—1984**

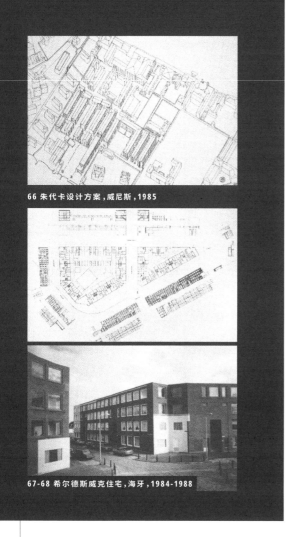

66 朱代卡设计方案，威尼斯，1985

67-68 希尔德斯威克住宅，海牙，1984-1988

而西扎兄弟的住宅并不是这个方案唯一的参照。这一方案的主入口，会使我们想起阿维利诺·杜阿尔特住宅。但无论是这栋建筑物还是杜阿尔特住宅，都没有那种我们在马拉盖拉住宅中看到的新鲜感了。

69-70

同样是在海牙，建立于 1985—1988 年的这两个位于范德维恩公园（Van der Venne Park）的住宅非常有趣。我们可以将它们当作是一种"奇思妙想"，这样我们便能够接着讨论一种后续会大量出现在西扎作品中的方法。他的建筑变成了一种纯粹的叙述，其中，能够被辨识出来的不同的角色，正在相互对话。自此，西扎的创意，便不再那样地依赖对意外的探索了，他更注重去建立起这样的对话。而建筑作品，就像是一场不同角色间的对话，每一个角色都有它自己的声音。

71-74

如果必须要让我从西扎近些年的作品中挑选出一个的话，我会倾向于选择这个 1985—1986 年间建于波尔图建筑学院的卡洛斯·拉莫斯馆。在这个方案中，西扎需要再次面对周围环境所带来的限制，而他则运用了一个在之前尝试过的方法来应对：围绕着中庭，将一个长条建筑折叠成 U 形，以此来缩减建筑的长度。这一个设计是从哪里开始的呢？是中庭的空间？抑或是一个巧妙的，使事物倒置以形成一个扭曲视角的操作？可以确定的是，这一空间中不对称的特征十分明显：建筑拐角的形式极为多样，保护窗户的突出物向所有基于常规的阅读方式提出了挑战，窗洞口沿着建筑立面交错布置，对任何既定的几何形状全然不顾，等等。然而，一些被刻意且巧妙引入的对称性依然存在，就像那由厕所和入口楼梯所围合出来的角落一样。

　　如果你仔细地查看这个作品，你会发现我所说

67-68

1984—1988 年在海牙的希尔德斯威克（Schilderswijk）的社会住房，并不是一个不好的设计，但也称不上是杰作。我们可以为西扎运用于此的"老套手法"列出一份清单，这是一连串被强行做出的"不连续"。若要讨论不连续性，那么我会很快地选择西扎为他兄弟设计的住宅中的那一种不连续性，因为它远远不像这一方案中表现出的这么刻意。然

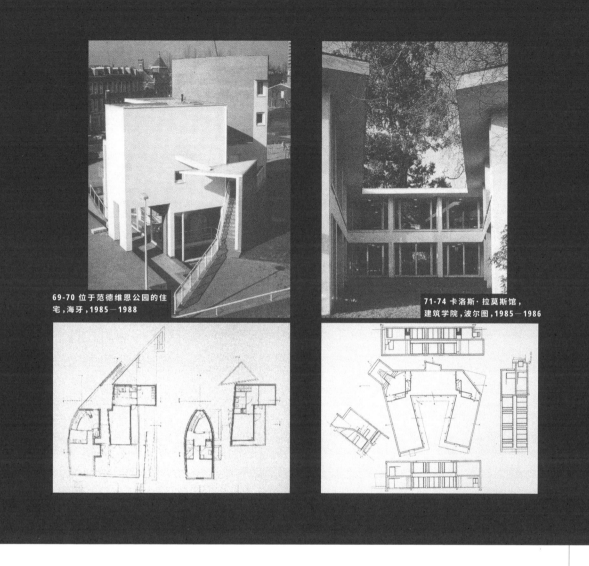

69-70 位于范德维恩公园的住宅，海牙，1985—1988

71-74 卡洛斯·拉莫斯馆，建筑学院，波尔图，1985—1986

的并不夸张。这个建筑很小，也很简单，但它却很精彩，充满了能够不断吸引我们注意力的事件。西扎有效地运用了建筑中的矛盾。这一些形状是很基本也很简单的，然而人们却可以从中感受到一种不安定性（instability），而正是这一种不安定性，使得这些形状具备了迷人的独特性。关于这一点的例证，我们可以从这张由中庭与屋顶平面及其上方冒出的花园中的树一同形成的反向透视的照片中看到。建

筑物中严谨而又坚实的元素是设计中的关键部分。而这一点体现在西扎对柱子的使用，以及地板与地面的交接处理上。

位于波尔图的卡洛斯·拉莫斯馆是值得参观的，我相信它总会证明它的价值，虽然在这个场馆中，我们丝毫看不到那个经典的，存在于贝莱斯住宅、伯格斯·伊尔马奥银行以及平托索托银行的西扎。人们也许会好奇，我们在西扎早期作品中看到的那

71-74 卡洛斯·拉莫斯馆，
建筑学院，波尔图，1985—1986

些出色的建筑手法，如今到底怎么了？西扎在这个方案中摒弃了"切割""空隙空间""相遇""错位"以及此类的建筑手法，仅专注于最基本的建筑笔触——建筑平面的轮廓。那些被称为趣事或是意外的一切都不见了，取而代之的是绝对必要的元素。仅仅是通过对建筑平面令人敬佩的把控，西扎便创造出了充满情感与乐趣的空间。然而此外，在这一场馆中，西扎执拗地沉浸于一些处理交接的常见手法。我们不是已经熟悉了那一种被他用以界定建筑体量的抽象轻盈的墙面吗？在这一场馆中，西扎十分武断地使一块板挑拨性地伸出，以此来保护建筑的表面。还会有比这更普通的，用来处理屋面板的方法吗？尽管如此，我们不得不承认这栋建筑物是巧妙且复杂的。或许其实他就是应该这样做。

现在，让我们来回顾一下。到了80年代中期，西扎受到了许多委托，同时他的项目开始变得不再那么独特，而越来越简略且严重（schematic）。有的人也许会说，这样的变化仅体现在他的设计图上。

但在我看来，如果设计图是纲要性的，那作品亦会是纲要性的。如此一来，观看建筑便成了"寻找作者"，西扎所熟知的元素特点，之后都被体现在室内的空间里，不论是通过天窗，结构上的元素，还是那些被夸张了的，可以从他其他作品中辨识出的建筑元素。因此，观察西扎近期的作品，就像在观赏一出戏剧或是喜剧。重点在于创造出场景（即我们身边的建筑），以使得参与演出的演员们能够焕发活力。这种建筑有时会缺失那种体现在他早期作品中的，基于现实而产生的清新感。在我看来，西扎现在的作品有了更多的独立性，但却缺失了之前那种代表性的，与现实环境的互动。每一个被他安排在建筑中的角色，都表明着"空间"和"景象"在他的建筑中依然重要，我们依然可以去阅读他们之间生动的对话。但是，当这个建筑的舞台被置入场地，并向现实妥协时，这一切便无可避免地被破坏了。项目的矫揉造作随即呈现在我们面前，这时，我们便开始怀念起早年的西扎。

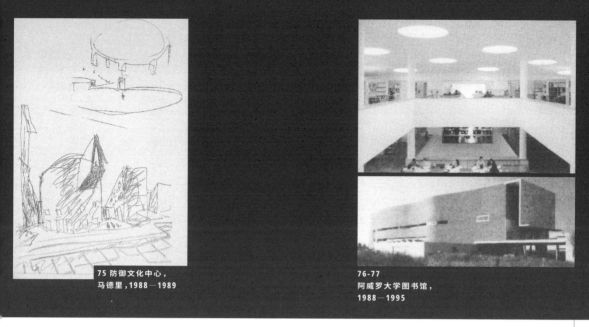

75 防御文化中心，
马德里，1988—1989

76-77
阿威罗大学图书馆，
1988—1995

75

我们刚才所说的，也同样适用于 1988—1989 年的马德里防御文化中心。在这里便不再详述，就以此为读者各自的思考提供一个机会吧。

76-77

阿威罗大学图书馆（1988—1995），无论是从平面还是剖面上来看，都是一个很有趣的方案。然而我们很快会发现，这是一栋没有任何惊喜的建筑，西扎在这里还是运用了他熟悉的手法。时至今日，西扎已经是一位知道观众会如何反应的作者了。尽管西扎早期的作品需要观众，或者说，它们是在观众推动下才被理解为一种出乎意料的体验。现在却变得不同了，我们已经可以预测到空间将会带给我们的冲击。建筑的窗户很吸引人，它们可以被视为是柯布西耶杰作的翻版，一种新版的水平

带窗。但是，如果建筑师无法在这个案例中体现出公共空间的特质，这些出色的特征又有什么用呢？如同之前所述，现实平凡地存在，以及将建筑视作工具的想法盛行，抵消了这栋建筑物最有价值的一面。

78

在这个 1986—1994 年建于塞图巴尔的教育学院中，我们发现了与波尔图建筑学院中卡洛斯·拉莫斯馆的中庭相似的形式原理。建筑中偶尔也有复杂的情境存在，但这个方案由于在图面上显示出明显的纲要性组合，而显得不是很理想。

79-84

在 1988—1993 年的加利西亚当代艺术中心中，西扎再次展现出他使建筑物融入环境的精湛技巧。他

78 教育学院，塞图巴尔，1986—1994

使得花岗岩，作为一种与众不同的材料，成了主角，从而营造出一种强烈的都市风格，并以此在新的建筑体量和圣多明各修道院的立面之间建立了联系。修道院的屋顶与艺术中心的平屋顶之间形成了强烈的对比，并由此反映出二者在建成时间上的差异。而大小相似的建筑体量，则体现出了建筑在空间上的稳定性。最终，修道院那没有一丝裂缝、密实的体量，与那一开始便被认作是一场空间的游戏的艺术中心，所采用的花岗岩呈现出的表皮特色形成对比。修道院与艺术中心，共享着一片被遗弃的墓园中的绿草坡地。西扎建筑墙体的那种体现大师风范的线条，构成了一个巧妙的形状，并融入了现有的道路网格中。西扎很有技巧地，将一个具有修道院、艺术中心以及一个新公园的广阔区域，转变成了一个整体。

在我看来，西扎在圣地亚哥设计中真正了不起的地方，在于他那将不同建筑整合为一个整体的能力。这个美术馆充满了我们之前提到过的"建筑的气味"，建筑的存在，是我们常可以在他的作品中感受到的。然而，更重要的是，我们可以感受到他操控材料的能力。他早期作品中那一种冒险的风格不见了，在那时，现实中的意外事件使得建筑得以诞生。而现在，"意外的事件"纯粹成了建筑中的发明，一种修辞学的游戏，它们不会再让我们联想到任何设计

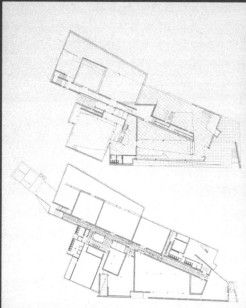

79-84 加利西亚当代艺术中心，
圣地亚哥，1988—1993

中无可避免的必然举措，抑或通过建筑来化解对立的能力。我们还应该怎样去诠释那个人为造出的槽口？它制造出一段金属梁，以支撑那些围合出门廊的墙面。沿着斜坡设置的倾斜的楣石还有什么其他的意义？艺术中心充满了诸如此类的干预，它们持续地吸引着我们的注意力，虽然其中的一些可能会被我们视作是不需要的。

美术馆内部的空间是十分美丽的，虽然它也体现着很多我们在之前已经提到过的特性。西扎有效地运用"倾斜"，使之成为一种塑造空间的方法，这不仅仅得到了戏剧化的展现，并且很好地处理了两个单调的平面如何交接的问题。这个美术馆首先应该被当作一种对建筑的体验，抑或说当建筑变得极为纯粹时，便会成为一个展示艺术的框架。因此，那些被视作在美术馆建筑中十分重要的元素，诸如灯光，室内净高以及流线安排等，在加利西亚当代艺术中心中都变得不是那么重要了。一些房间的天花板高度，会让人们怀疑这些房间是否真的是被用来悬挂画作或是展示艺术品的，因为它的尺寸不一定足够，且路线也不是很清楚。在我看来，这个艺术中心比起一个公共空间，更像是某位收藏家的私人住宅。也许这便是西扎"想象中的博物馆"。尽管是有一些意见，但当我通过建筑物复杂的窗口，看向圣地亚哥市时，那随即浮现的情感仍令我难以忘怀。

85-90

这一个比较大的项目，波尔图建筑学院建成于1996年。这大概是可以最清楚地表述西扎从业生涯最后一个阶段的一件作品了。作为一个建筑中的建筑，这或许也是一种方式，用来定义这样一个致力于教授建筑设计的学校。在这个方案中并没有"冲突"，不过他在早期为这一学校建立的另一个场馆依然可以让我们联想到"冲突"。在那个早期的场馆中，西扎通过控制减少干预，以此来提高开放空间的质量。方案中场馆与周围环境的关系显得并没有那么重要，设计的重点在于一种戏剧性，或者说，在于出现在这一戏剧中角色的个性。为了适应工作的节奏，西扎不得不偏向于纲要性，而这最终便造就了一种叙事性的建筑（narrative architecture）。他操纵着那些近乎是拟人化的角色，这些角色有着眼睛，鼻子和嘴巴，从它们身上映射出了现代建筑的历史。毋庸置疑，这样的操作手法，正在警示我们，现代主义已经让步于处在跨世纪的后现代主义过渡过程中的，一种含混的状态。当我们过多地依赖建筑物（或是角色）的多样性时，一种迄今缺席于西扎作品中的、特定的、文学性的腔调便出现了。然而正是这一种前沿性使得西扎的建筑令人感兴趣。这不再纯粹是一种建筑的体验，而更像是一场智力游戏。基于诸多参照而诞生的，由诸多建筑所创造出的建筑。人们被一种煽动性的简洁特质，以及在塑造元素过程中体现出的一种假意的笨拙所吸引。看到那一些突然出现的像是文丘里风格的顶篷，走廊上夸张的隔断，倾斜的窗户和传统的框架，如果我们依然记得西扎之前的作品和他那令人尊敬的设计技巧，就会知道这些都是出于一种游戏的心态，仿佛西扎是用他的左手来设计这一建筑的。然而我们都知道，西扎是可以通过他的右手来设计的，有的人也许会因这一点而无法原谅他。

在波尔图，这一个已经被我们如此熟识的西扎的建筑，正同这崭新的，跨世纪的情感并肩同行着。作为一种说辞来看的话，这抑或是为了给20世纪后半期的建筑和21世纪人们即将拥有的新建筑提供一个必要的过渡期。

85-90 建筑学院,波尔图,1985—1996

弗兰克·盖里
Frank O. Gehry

翻译 罗涵意、吕清

校译 杨宇振

在我们课堂讲解里研究的所有建筑师中，也许弗兰克·盖里在 20 世纪 70 年代做出了最明显、也最关键的突破，我相信这一点可以说有广泛的认同，他的作品在 80 年代最具影响力。接下来我想用我为 *A&V Monografias* 杂志写的一篇关于盖里的文章中的一段摘录，作为这堂课的开始。再次回顾，我觉得提出的这些观点仍然有理有据，并且可以作为我们回顾盖里作品一个很好的引言。

说到盖里就不得不提到他的城市 —— 洛杉矶。（事实上，他 1929 年生于多伦多，曾在许多城市生活过，在东海岸求学，最后才在这座城市定居下来。）首先，洛杉矶是流动性（mobility）的缩影，也是颂扬个人权利和自由的城市。汽车促进了这种流动性，并且成为个体的最后一道防御堡垒，可以说汽车扮演着一个保护盾的角色，让人们可以自由地行使他们的权利。（汽车可以说是最终的防护，是隐私的保护层，也是最为私人的财产。作为我们终极的个人权利的保护者，汽车不仅只是一种工具，它也成了理解社会与个人间关系的一种象征。）城市显现出汽车无所不在的状态，其结果是呈现出这样一幅图景：高速公路突显并支配着城市地形，它们隐藏在无穷尽的、有着各种各样居住者的独栋房屋的外表下。

如果说传统城市里的连续性依靠的是建筑，那么洛杉矶的连续性则取决于运动（movement）。建成区域表现出一种社会阶层的多样性。这种多样性深刻表现在川流不息的车流中。这种多样性无疑反映出美国社会的种族多样性，但同时也清楚地提醒着美国人捍卫人权的坚定决心。这里很重要的一点是，借由住宅的自我表达，它意味着建筑应该被理解为每个公民用来表现个人审美的权利，是拒绝接受统一风格的形式化约束的手段，是一种普世文化的最后愿景。

但在这种多样性之中，我们还必须要强调短暂性在这座城市里的重要性，身在其中的每一个人都意识到事物的易逝和易变。相比于对宇宙的终结或目的论的看法，这里存在着某种荒废（obsolescence）的感觉，这种感觉与消费主义更为相关。我们可以说死亡（mortality）和流动（mobility）是两个互补的词，或者也可以说，是一个追随着另一个。毋庸置疑，这种朝生暮死的短暂性也体现在建筑中。洛杉矶的一切事物，甚至是已建成的事物，都在不断地运动着。这种不断的变化创造出了一种不受规范约束的、绝对自由的氛围，某种程度上，可以说洛杉矶就是"非规范"（nonnorm）的典范，最高的惯例就是"无惯例"（non-convention）。洛杉矶处在一个不断变化的状态，是一个变化多端又多样化的城市，这里不存在什么固定不变的参照物。建筑师会发现自己常常没有语境（context）的支撑，也就意味着他的作品中不存在什么整合（consolidation）的手法。在洛杉矶没有什么需要被整合的。更重要的是，整合意味着附上了永久的价值，而消磨（negate）了洛杉矶最具特色的属性，这与这座城市多变的、不稳定的、流动的特质相矛盾。

因此，盖里的建筑是从接受洛杉矶的现状开始的，是基于一种尊重和维护城市结构的愿望，这需要对这座城市及其建成机制有全面的了解。盖里不是通过伪装也不是通过语境主义者（contextualist）的方式将自己融入这座城市。在洛杉矶语境化就是忽略掉语境。盖里的整合（integration）显得更为深刻和激进，因为他涉及的是"像"（like）洛杉矶的建筑而不仅仅是"在"（in）洛杉矶的建筑。他的建筑可以被理解为，对在这座城市里如何建造的反思。

所以说弗兰克·盖里的建筑，就如同是洛杉矶的建筑，它避开了纪念性，忽略了类型学标准，而带有临时性、短暂性的符号和烙印。他没有受制于环境，对他来说，已存在的环境并不重要，他看重做事的方法、流程，而不是周围的环境或者语境。他在设计时不会受到预先判断的影响，他确信当他砌筑下第一块石头的时候就是种下了一颗有机体的种子，是一个向未来而生的有机体，没有人再能控制它。因此盖里对构成（composition）没有兴趣，对他而言形式不是封闭和完美的。很少有比盖里更远离柏拉图理想的建筑师了，对盖里而言，没有所谓

的初步构想，也没有什么建筑物应该是什么样的愿景，建筑起源于最初的、基础的形式间的对话，是经由时间演进而来的产物。[1]

现在也许是一个很好的时机来回顾盖里最初成为建筑师的时候。盖里成名于20世纪70年代末，即后现代主义提案的危机初现端倪的时候。的确，1982年迈克尔·格雷夫斯在俄勒冈州波特兰的建筑受到了热烈欢迎，如同1984年菲利普·约翰逊的美国电话电报大楼（AT&T）一样。但自格雷夫斯的惠特尼美术馆扩建项目的方案遭到普遍反对以来，可以看到，在80年代中期，后现代主义的潮流已经出现了转变。（我还要补充一点，如果说彼时人们对格雷夫斯的建筑兴趣衰减了，那他的那些追随者们的境遇就更是如此。）

后现代主义在当时的美国被认为是一种极为欧洲化的产物，太过于依赖历史风格。而事实上人们可以察觉到后现代主义对历史有一种隐含的蔑视，因此，后现代主义建筑具有讽刺的特征，但对于很多美国建筑师来讲，后现代主义意味着被古典语言束缚，这对美国社会来讲本来就是多余的也是过时的，就像20世纪初学院派的麦金、米德与怀特事务所（McKim, Mead & White）一样。奇怪的是，那些过于反对后现代主义的建筑师们，自身却被视为欧洲主

———

1 Rafael Moneo "Permanencio de lo efímero. La construcción como arte trascendente," in *A&V Monografías de Arquitectura y Vivienda* 25, "Frank Gehry 1985-1990" （Madrid: Arquitectura Viva, 1990) p. 9-12. See pp. 83-84 for English version: "Permanence of the Ephemeral: Building as Transcendental Art," trans. Gina Cariño.The asides in italics are Rafael Moneo's.

义者（Europeanist），自然地我想到了纽约五人组（the Five）。对于广大的美国民众来说，组成这个团体的建筑师都是经验丰富的聪明人，他们致力于探寻抽象的建筑，除了寻找表达自我的语言的意义外，别的什么都不关心。他们忘了与现实的联系，忘了自杰斐逊时代以来，把常识或实用主义作为旗帜的美国建筑特征的现实。

因此当盖里的作品突然登上美国建筑的舞台，脱离了后现代主义的历史主义追求，如同纽约五人组脱离对建筑语言的追求一样时，美国民众将他视为一阵清风。它就像是看待事物的一种视角，只有当以完全自由的方式、不受传统惯例强加的预判影响的时候才能看得见。盖里是一个灵魂自由的先驱者，他创造、发明着新建筑。美国的文化以其实用主义和即时性被认可，简单来说，盖里的建筑就是洛杉矶个人主义的一种表现，这种个人主义归根结底就是美国社会荣耀的最佳象征。由此看来，他的立场和罗西是完全相反的，这位意大利建筑师急切地想要追求一种集体建筑的表达，即社会的一种匿名建筑，个人不是主角。相比之下，盖里的建筑则是美国个人主义的反映和颂扬。我们别忘了，20世纪80年代是一个极度肯定美国风格的年代。

我们用美国研究者的术语来解读盖里的作品，可以认为这些作品是来自一位把"事情怎样落地"（how things are done）放在首位的建筑师。在上节课中我们总结了，西扎是一位致力于将诗意呈现在建造境域中的建筑师，但却并不会展现他达成这一目的各种手段。相反，盖里看重"做"（doing）的重要性，并且会向人们展示"如何做"（how），"做"的行为是最重要的。即使"做"的周围环境没有给

予足够的重视也不要紧，在洛杉矶建造就是从零开始，如同在一块白板上工作。恰恰相反，西扎总是从他所开始的现实中寻找参照，在其中寻找维持建筑所需要的元素，进一步讲就是建筑的诗意。而另一方面，盖里却从不指望从城市中为他将建造的东西争取什么支持或证明。他不考虑周围的环境，也不会运用类型、图像或者关于建筑应该怎样建成等一些先入为主的想法来进行设计。用他的话来说，"我最喜欢的就是把一个项目拆解成尽可能多的独立部分……因此，与其说房子是一个整体，不如说它是很多部分组成的东西，这样能让客户更多地参与其中。"[2]

对盖里而言，统一性（oneness）的破裂不仅是美学问题，它还有其他重要含意。首先，它容许对空间计划（program）更自由地分析。盖里喜欢被视为一名实践派的建筑师，一名尊重方案设计也重视预算，对客户来说有帮助的建筑师。与一些人的想法相反，他的建筑并不仅仅是为了美学上的满足，无论建筑看起来如何，它们都满足了业主的愿望和需求，他们一起制作了计划。对西扎而言场所（place）是十分重要的，而反观盖里，他认为最基本的是空间的计划。当面对一个空间设计时，他进行的是着手拆解（dismember），这是一个清晰地呈现他的建筑语言，并产生超越破碎和断裂（fragmentation and rupture）概念的过程。盖里使用的元素并不是造成整体破裂的原因，比起破碎和断裂，我们更

2　Frank Gehry, from an interview with Barbaralee Diamonstein in her *American Architecture Now*（New York: Rizzoli，1980）.

弗兰克·盖里 Frank O. Gehry ┃ **187**

应该讨论的是这些独立的元素、多样的构件被组织、放置到一起。

因此，盖里是从拆解空间需求着手设计的。一个房子被拆解成可以从形式辨别出功能的各个部分，比如起居室、厨房、卧室、工作室等，与立方体、圆柱体、椎体、半球体等元素联系在一起，构成了建筑。盖里很了解这些元素，并且知道如何构建它们，虽然这些元素都是抽象的几何形状。不像罗西的建筑，本质上是具象的，盖里的建筑是抽象的。因为他的建筑并不总是具有象征性的参照，在某种程度上可以被理解为一种尊重现代主义传统（moderntradition）的建筑。这一点我们稍后将会详细说明。

当计划好拆解成几个部分后、构成建筑的基本几何形态确定后，盖里就把这些形体放到它们将要建的环境中，考虑其与环境的相互作用，由此使建筑得以整合（consolidated）。在某种程度上，建筑师真正的工作是去"感知"（detect）这些元素如何在一系列外力作用下得以定位。那么盖里究竟是怎么做的呢？他作为一个专业的建筑师是如何面对一个项目的？他是如何"感知"场所中的每一个形体？又怎样定位建筑中每一个元素的位置？盖里非常希望这些东西在建构中有所体现，所以他试图消除一切形式上的中介，希望作品自身能通过建构将这些东西展现出来。建筑师存在与否的问题，在构建模型的过程中都可以直接或间接地得到回答。对盖里而言，一旦他定义好了能满足空间需求的各个部分，他就准备好了认真地踏入建筑的战场。他借由模型预测未来，模型是他完成作品的工具。盖里会去触摸、感受这些构件，通过在场所中的直接

接触，建筑的形式就随即产生了。正是在这种对形状预先定义的操作中，盖里感知到整体中的每个部分在场所中所占的位置，并且识别出每个形状被打破、侵蚀的可能性。这种在建筑构思阶段近距离接触的方式很适合这位建筑师，它能消除外部中介物的干扰，因此对盖里而言，模型不仅是未来实际作品的一个简化或者另一尺度的版本，其本身也是建筑。建筑师所面临的挑战是如何在实际的建筑中保持模型中的这种直观，但不可避免地仍会有一些丢失掉了。

之前我们看到了埃森曼在不同尺度间过渡上的模糊性，就是说建筑中的尺度感（scale）被移除了。但盖里不同，他重视模型，如同重视建造（construction）一样。这样的状况获得了对建造对象的直接感受。盖里希望保持每件艺术作品中个体性和独特性的灵韵。悖论的是，他作品里的弱点也被其作为艺术品的独特本质抵消掉了。的确他的许多作品是轻盈脆细（fragile）的，特别是早期的作品。从表面看他的作品就是无力的，因为要适应洛杉矶那种瞬息万变的语境。但轻盈脆细事物的存活之道就是被视作一件艺术品。在洛杉矶，只有能被称作艺术品的建筑才能被保存下来。在这里建筑的耐久性不是由其所用的材料决定的，而是它作为一件艺术品所被赋予的价值。矛盾的是，精神性比物质性更为持久。

简单来说，我们可以称盖里像一位雕塑家一样地在工作。我们可以谈论他是如何进行工作的，但更简单的方式是把注意力集中在他所忽略的东西上。盖里无视传统的表现手法，在他的作品中，建筑、房屋，不是通过平面图、剖面图、轴测图上思考而来的。

在谈论埃森曼的时候，我强调了表现手法与其建筑的紧密联系，甚至有时候在他的作品中，表现和建筑是融为一体的。相反，盖里去除了所有建筑和表现之间的联系，他更喜欢直奔主题，也就是建筑——最终的现实，而跳过中间的表现。通过刻意描绘的不精确的草图，他能凭直觉感受建筑可能有的体量，并继续构建模型。绘制平面图，尤其是剖面图，这仅仅是一种需要遵从的工作方式，但他从不认为它们是建筑的起源，归根结底，建造建筑就是要懂得如何去构建一个模型。

这种建构方法意味着要对构造基本形体的技术有事先的了解。盖里是一位经验丰富的专业人士，他知道美国建筑行业的流程。在成名之前，他经历过15年到20年的像是在沙漠中流浪的职业生涯。在这段时间里，他开始学习商业建筑，这时的建筑还完全没有后来表现出的复杂风格。他非常熟悉建筑师的业务和美国的建造技术——当然，我们可以说是简单而受限制的技术。美国的建造方法比我们想象的要简单得多，要遵守的惯例总是和各种力量的制约相关联，并且是以极其严格的方式强加而来的。所以在美国创新和变革要比在其他地方更难实现。而盖里在他早期职业生涯的那段难熬岁月里吸取了很多教训，所以当时机成熟，能展现他的建筑的意义时，他可以毫不费力地构建出基本形体。他利用之前学习的传统技术，开始构造棱锥体、立方体、圆柱体、半球体。盖里了解"轻捷型框架"（balloon frame）（译者注：一种木构建造方法）结构，了解他能使用的建筑的各种表层（cladding），等等。他还熟悉工业产品，金属板，等等。盖里反对虚构和拟像，而20世纪70年代的美国建筑师却不断地玩弄着拟像。像埃森曼一样的后结构主义建筑师认为建筑是一个虚拟的世界，而像文丘里式的后现代主义者则沉迷于另一种虚构，把比喻变成伪装。盖里则更现代，因为真实性（authenticity）对他而言非常重要。他的建筑从不会落入虚构的陷阱，也从不沉溺于拟像。

这是使得我们了解盖里建筑的关键：他需要感受到建筑的物质性与现实性，其中很重要的一点是他对材料的重视。在很大程度上，盖里是一位建造者，他很享受应用建筑产业提供给他的材料。如同他那个时代的艺术家一样，他探索着材料在常规使用之外的潜力，因此他也在作品中不断探索着纹理质感。他对建造和材料全新的审视，造就了新的建筑，盖里不只一次地说过，他喜欢建造中的建筑："建造中的建筑要比完工后的建筑看起来更好……那些由普通人建造的建筑——完工后看起来像地狱一样——但它们尚在建造时看起来就很棒。"[3] 我们可以看到未完工的建筑存在一种内在、完整的建造逻辑，而当它完工了呈现在我们面前时这种逻辑就完全消失了，建筑本身达到了永恒的稳定状态。就以我们现在所在的这栋建筑为例，由安东尼奥·帕拉西奥斯（Antonio Palacios）设计的美术会馆（Círculo de Bellas Artes），这里已经没有什么余地留给我们去想象这些线脚装饰的石膏柱背后的建造过程。然而在建造中却有一个时刻，其建造过程的逻辑是显而易见的——就是当柱子还是钢材构成

3　"'No, I'm an Architect': Frank Gehry and Peter Arnell, a Conversation," in Frank Gehry. Buildings and Projects, ed. Peter Arnell and Ted Bickford（New York: Rizzoli, 1985）, p.xiii.

的柱状轮廓，没有假吊顶天花板，拱顶和横梁系统都直接外露的时刻。这时我们可能会问建筑师：你不觉得建筑中重要的基本元素——比如连续、比例等——都已经存在了吗？那么还有必要继续做下去吗？我们为什么还要追求一个学术上的终点呢？

盖里可能会建议帕拉西奥斯就停在这里。他已经习惯了这样的事实：在洛杉矶，没有什么事物能够达到一个目标或者最后的终点。在材料上，他希望他的建筑能保持一个最基本的状态，就是未完成的状态。未完成的美学本身就是一个目标。盖里非常熟悉金属网胶合板、新涂料、石材等，他喜欢在完成的作品中维持材料存在的状态。事实上，他处理材料的手法就是要让人们看到并感受到它们的光彩。最近在他的工作室里，计算机辅助设计已经直接进入了机械技术工作室。这样，设计工具就能直接和建造过程连接上。和埃森曼不同，盖里对过程的概念不太感兴趣——就是说，他对方案在脑海里的精心营造过程不感兴趣。他想要的是把设计和建造捆在一起的过程。讨论西扎的时候我们谈到了有必要引入建筑师和他的作品之间的距离的概念，但盖里却试图忽略它，或者说完全地消除它。他希望像他的艺术家朋友们一样工作，也就是说，穿上工作服，用自己的双手来完成他的作品——不要任何中介事物，无论是图纸还是施工者。

总之，盖里的做法是对建造的过程（program）进行拆解，然后确认他想要建造的形体，并探索场地提供给他的灵感刺激。但是很快他又发现了主观的任意性（arbitrariness）在建筑中的重要性。我们在课堂中强调过，罗西非常清楚，建筑的状态很大程度上寄托在形体和图像上，他所有的作品都是

对形体和图像构成的建筑状况的认同。埃森曼是以另一种方式理解建筑的主观性，但我们可以看到在他最早的建筑中，主观的任意性是支配语言的关键要素。而西扎可能会不那么随意，出于对群体连续性（contingent）的尊重，他不会沉迷于对形式进行反复无常的创造。他不会依赖于自己不熟悉的形式，也不据此深究它的意义，更不会让这些东西成为支撑他建筑的因素。盖里则在他早期的职业生涯中避开了这种主观随意，他会从一套基本形体中选出合适的、形成自己特色的建筑。但是后来随着设计方法的逐渐形成和拓展，他认识到任何形式都可以转变为建筑——这要归功于他渴望将模型及时地呈现出建筑特征的想法，他发现主观随意性不可避免地存在着，也由此见证了建筑师强烈的主观作用。这让他深有感触。一方面，他意识到主观随意性让他相信他想要的直接性是可能的，另一方面，他痛苦地看到建筑的内容被形式所剥离，看到他的鱼变成了迪斯科舞厅，这种痛苦把他带入了一个一切皆有可能的未知领域。

对于这一意想不到的发现，盖里的回应是试图向我们展示他的作品不属于传统的建造领域。换句话说，他不希望他的作品被当作建筑，而希望它们被看作是别的东西。就像我们之前谈到的，他的作品中的永久性、在岁月中的耐久性，是通过被视作艺术品来实现的。的确，同时代那些关注着他的作品的人，不论是机构或是个人，近年来都将他的作品视为艺术品。盖里的成功令人惊叹，当今可能没有哪位建筑师能像他这样地被认可，这也说明了他的一系列作品不太容易用传统的批判工具来研究。尽管有一套一致的设计方法，我们还是能从盖里作品中感受到

某种演进，这也是这节课结束前我想再次说明的东西。事实上，我发现他最近对作品的处理手法有一种奇怪的改变，特别是在维特拉项目之后，我注意到他对建筑的统一性（unitary）和连续性的意义有着特别的兴趣。也许是盖里对拆解空间、重组碎片的过程产生疲劳之感，因此这个时候的他被一种从建筑自身就可以感受到的统一性的气息所吸引。但我们必须要理解，这种对统一性的渴望与极权主义建筑（totalitarian architecture）无关。

当把连续性和统一性的概念与运动（move-ment）的概念联系起来理解时，我所指的意思会更加清楚。当然，从字面上看建筑和运动这两个术语间存在矛盾，但事实上在盖里最近的也是引起人们极大兴趣的建筑中，存在着某种扰动（agitation）——或者说运动（movement）。在我看来，这里就有着一些创新。这种有关移动的想法，我们也许在意大利、德国或者奥地利的巴洛克风格的建筑师设计的波浪起伏的外立面中已经看到了一些征兆，但阿尔瓦·阿尔托（Alvar Aalto）的一些项目可能是更为接近的先例。盖里有时候会把建筑中的运动作为装饰的替代品。因此可以看到有一种尝试，试图解决20世纪的建筑一直存在的一个问题：装饰不可避免、不可阻挡、也无法逆转地消亡。盖里在他最近的作品中似乎在寻找的那种扰动或者运动，与绝大部分当代建筑所描绘的破碎、裂纹、断裂、皱褶等特征无关。从这些经验中得来的抽象性，促成了一种新的有机体，一种新的建筑图景，这是一种更符合生命取向的建筑。

现在我们一起来看看盖里的职业生涯是怎样的，以及未来还有什么在等着他。

1 史蒂夫斯住宅，
1959

1

第一个作品，是创作于 1959 年的史蒂夫斯住宅（Steeves House）。盖里曾经在东海岸学习，获得哈佛大学城市设计硕士学位后，他就搬到了西部的洛杉矶，他的一位叔叔在那里从事电影行业。因此正是在洛杉矶，他找到了他的第一批客户。史蒂夫斯住宅展现出了时间与场所的观念。这个作品颇有赖特的影子，它由两个相同的部分叠置而成，仿佛在暗示着重复的便利性。十字形的结构和一些东方元素，毋庸置疑都是源自赖特。这是一栋非常严谨（strict）的建筑，它通过对称的几何结构来展现建筑形式。虽然这个建筑是在康（Kahn）的建筑风潮盛行的时期所设计的，但它基本上是一栋加州式住宅（Californian house）。它具有木结构的轻巧，以及以辛德勒（Rudolf M. Schindler）和诺伊特拉（Richard J. Neutra）为典范的建筑传统的轻巧。

2-3 丹泽格住宅,洛杉矶,1964—1965

2-3

1965 年的丹泽格住宅(Danziger House)是一个更复杂的作品。身在洛杉矶的都市丛林之中,周围的一切建筑风格的参照无关紧要,这就给了盖里一个宣告自己所欣赏的建筑风格的机会。我们要再次提到辛德勒,这位搬到加州后也不安于现状的奥地利建筑师,他也十分欣赏赖特和日本的建筑。同时我们也不要忘了他的同胞路斯。辛德勒对于空间的强烈看法在这座简朴的建筑中也有所展现,其中最明显的特征就是对体量和开口的处理。丹泽格住宅表明了盖里作为一位建筑师清楚自己正在做什么,但这时候他还没有发展

出自己的建筑语言,不过这仍然是一个有参考意义的作品。和西扎早期的作品马哥哈斯住宅(Magalhães House)相比,不得不承认这位葡萄牙建筑师的作品更加精致,更加详尽,也更加完整。但除了细节,丹泽格住宅的魅力之处更在于形式的力量。这也预示了盖里后期的作品。换句话说,西扎的建筑很早就达到了成熟,而盖里是由早期的作品透露出了一系列的意图,并随着时间的推移变得明晰,逐渐形成了自己的建筑语言和表达方式。

4-6 罗恩·戴维斯住宅，
加州，1968—1972

4-6

盖里第一个被公认的、独特的建筑方案就是这个，1972年为加州艺术家罗恩·戴维斯（Ron Davis）设计的住宅。在戴维斯的绘画中，他把物体置于一个开阔且扭曲的空间中，盖里也试图以类似的手法来回应。这个住宅可以说是一个平面开放的空间，这样大的空间促成了一种几乎没有限制的生活方式，因此房子不再是居住的机器，而成了生活的场所。倾斜而连续的屋顶将不同的空间整合在一起，同时一系列的切口和裂缝又使得这些空间丰富而充满活力，盖里是以一种艺术家的自由姿态在设计屋顶。在盖里职业生涯的最开始，他就想要靠近艺术的世界，就像那个时期的画家在他们的作品中注入了与画布不同的材料和纹理一样，盖里也决定去探索开发那些工业已经生产了但建筑业还尚未学会吸收利用的材料。在这栋住宅中盖里表现出了他对探索各种各样的材料的极大兴趣，对他而言，建筑始终是和它的物质性紧密相关的。

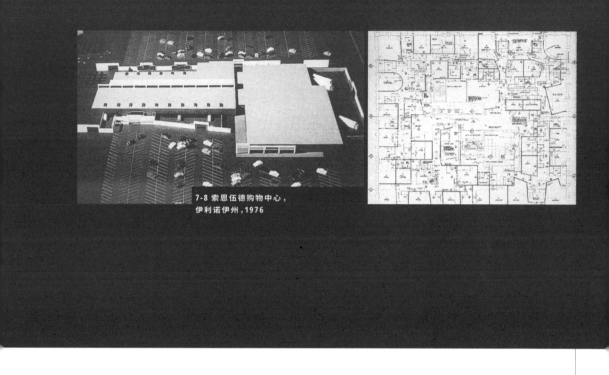

7-8 索恩伍德购物中心，
伊利诺伊州，1976

7-8

盖里在某处曾称自己是一个幸存者，是一个经历了几代的移民，漂浮在历史的河流中的人。相较于罗西总是倾向于放大个人的戏剧性，盖里选择放弃英雄的身份，而以一个幸存者的姿态接受任何工作。1976 年设计的索恩伍德购物中心（Thornwood Mall）是一栋带有停车场的普通办公楼。虽然这里沿用了在戴维斯住宅中运用到的形式手法来打破空间，弱化直角的强硬约束，但它的结构非常简单。建筑平面图完全自由绘制，只遵守信念的各种指引。也

许这里就要说到在空间频繁使用中产生的一种建筑自大状态，夸大了功能性对于整个系统的作用。我们之前提到过的美国风格在这里表现得非常清晰：功能凌驾于审美之上。

9-10 圣莫尼卡广场，
加州，1972—1980

9-10

在著名的圣莫尼卡广场（Santa Monica Place，1972—1980），盖里似乎想表明：如果文丘里是通过在建筑上添加图案来反抗现代建筑的清教主义风格，那我就更进一步，把整个建筑都变成一个巨大的符号。字母—图形—外立面，没有别的，建筑本身就是标识，从而融入洛杉矶的信息丛林。我们曾经介绍埃森曼是如何巧妙处理哥伦布会议中心的体量的，他试图通过伪装的手法使形体融入环境。其中"整体"的想法占据了上风，埃森曼忽略了内容，而通过一种尊重形式的方式对会议中心进行"处理"（remaking），以此把它植入现有的环境。而盖里的做法则完全相反，他通过购物中心自身展现出的逻辑来组织和建构内部空间，并用一层红色的金属把不能动的建筑体块包裹起来。这个建筑在这座城市中不是以一个建筑的形式或姿态出现，而是作为一个巨大的标志，写着"圣莫尼卡广场"。

11-12

1979 年设计的加布里罗海洋博物馆（Cabrillo Marine Museum），位于加利福尼亚圣佩德罗市，是一个很小但却很有分量的建筑。屋顶的设计体现

了盖里怎样使他的建筑超越了仅仅是简单的满足空间需求的层次。一些传统的、商业的、朴素的元素被盖里灵活运用了起来（比如说窗户），通过覆上一层灵活的遮板或者隔板来使它们产生新的状态。遮板和隔板都是工业材料制成的，这种出其不意的使用方式让人耳目一新，把原本普通的房子变成了一个有趣的建筑。

13-14

正是在一系列私人住宅的设计中，盖里的研究方向开始变得清晰，比如圣莫尼卡的法密里安住宅（Familian House）、甘泽住宅（Gunther House）、瓦格纳住宅（Wagner House）以及他的自宅，盖里住宅（Gehry House），这些住宅都是在 1978 年左右进行的。在法密里安住宅中，盖里开始着手探索建筑剥去表皮后的可能性。在他纽约五人组朋友们的粉刷墙背后藏着的是什么？我们能看到木构架、金属网面板、隔热件等。在表层之下才是盖里所着迷的建构世界，这也让我们可以把他的作品当作一场解剖学的探索来思考。建筑图像背后那个"肌肉和骨骼"的世界才是吸引盖里的，倾斜的元素似乎能支撑起各种垂直构件，一种明显的、不稳定的感觉弥漫在他的建筑世界里，由此展现出一种趋向反叛的手

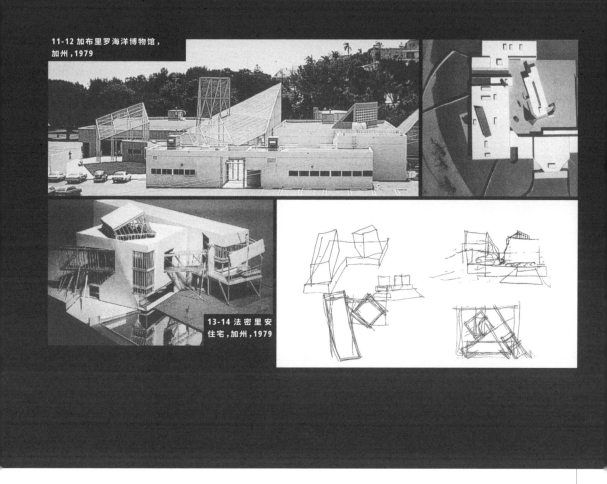

11-12 加布里罗海洋博物馆，
加州，1979

13-14 法密里安
住宅，加州，1979

法。这来源于一种对个人自由的自豪态度，在这里就是建造者的态度。当然，这种自由的态度与我们在西扎的作品中看到的大不相同——这位葡萄牙建筑师把所有的个人包袱都传达到了一个物体上，这个物体最终表现出一种自主性；然而盖里一直力图展现的是建筑师对作品所担负的最终责任，这个责任就是建筑要成为个人自由的表达。今天我们对解构主义建筑那种复杂变化的结构感到震撼，然而盖里70年代的这些作品所引起的反应与其说是焦虑，更多的还是惊喜和赞赏。

有趣的是，这种建筑是从正统的现代主义中发展起来的。在法密里安住宅中，很容易辨别出原始的立方体形和柯布西耶式的白色棱柱的元素。但是正统现代建筑的那种柏拉图式幻象在盖里所处的环境里都消失了，尽管这种柏拉图式幻象一开始也是盖里作品的源头。在光影的捕捉或者特定朝向的视野定位时，原始的建筑图像就会发生变形。法密里安住宅的两个体量也产生了破碎和分裂，但正是在这种破碎和分裂的欢庆仪式中，建筑有了它存在的理由。

15-19 盖里住宅，加州，
1977—1978

15-19

有了在法密里安住宅和之前其他住宅的经验，盖里得以用更高的效率着手设计他的自宅——盖里住宅。在之前的设计中，立方体的分裂方式或多或少都带有些人为感，而这个方案中设计的出发点就是一栋由他的妻子贝尔塔（Berta）购买的现有的房子。盖里让自己呈现出的是一个依恋家庭的普通美国人的状态，他对妻子的这个房产交易很满意，不希望破坏了她满怀热情地购买的东西。因此他没有打破这个立方体，他反而还说："好，我会搞定它。"然后他就开始工作。他乐意把自己作为一个木匠，但他并没有复制劳伦齐阿纳图书馆的做法，而是设计了四步通向住宅的台阶，营造出一种正式的感觉。不像特塞诺（Tessenow）[译者注：德国建筑师，海因里希·特塞诺（Heinrich Tessenow）]那种静态的、形态完美的方式，盖里赋予台阶的是真实的移动感，他用混凝土浇筑了底层台阶，你就可以先在这里把鞋上的灰尘擦干净，再踏上另一步台阶，然后把你引到

住宅门前，最后这一级台阶不经意间既构成了立面表皮的一部分，也是梯步平台的延伸，但却也让人无法很清楚地分辨两者间的关系。

之后，他又用在戴维斯工作室使用过的金属材料构件来保护并扩建住宅。如果需要一个窗户来观景，那就给金属板打穿孔洞，对盖里来说这些都不是问题。在他看来，窗户可以是柯布西耶式的带形横窗，但除此以外还能有很多别的形式。混凝土墙面所需的完成面对他也不是难事，但同样的问题对西扎来讲是个困扰，盖里不介意墙面需要按传统的那样有表面处理，有需要他就给墙面刷上面漆，也不会顾虑这是否适合于波浪板立面。

这栋住宅有一个金属表皮围起来的室外空间，盖里很擅长处理这种室内外之间的空间，并且把相对较小的空间拉伸延展。就像在圣莫尼卡广场和法密里安住宅里的设计一样，他乐于去探索建筑表皮，并把它们解剖开，展示出每一个层次。盖里喜欢表

15-19 盖里住宅,加州,
1977—1978

现建筑的元素，这些是在建筑工地时让他十分着迷的东西，也是让他偏爱着未完成建筑的东西。这些东西像是一个教导性的任务，他希望向大众展示传统建筑是如何最终背离了建造的。他认为我们有必要放下对美学的偏见，拯救建造之美，这就是盖里的建筑作品中所想要展现的。他一定很疑惑：人们在房子建造之初如此欣赏天空、树木等景色，但为什么最终房子完工后却舍弃了它们呢？因此盖里打开了厨房的天花板，随后他看着墙面的时候也思考着类似的问题，为什么要花几十万美元买一幅埃斯沃兹·凯利（Ellsworth Kelly）的画作来让墙面变得生动活泼，我明明有能力在墙上开个洞、装上窗户，这不是起到一样的效果吗？为什么不能在已经完工的房子中提出这样的要求呢？盖里相信这是可行的。在他身上有一种在其他建筑师那里不常看见的乐观主义精神，相比起来，西扎就是个斯多葛主义者（stoic），他的建筑里有一种塞涅卡（Seneca）或卢坎（Lucan）式的冷峻。

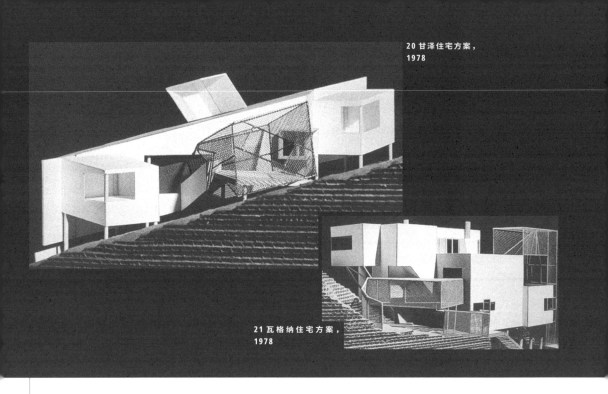

21 瓦格纳住宅方案，
1978

20-21

甘泽住宅和瓦格纳住宅都没有真正建成过，但是这两个方案都借鉴了盖里自宅的设计原则。地形造就了体量的不稳定性，这与他纽约的朋友们所追求的东西是相对立的，他们专注于现代建筑的连续性。盖里的建筑里始终有着一种有机的成分，一种灵气，使它们不同于传统建筑的标准，但他采用的所有元素和材料都是建造工业中最常见、最传统的。总而言之，盖里的这些住宅既有现代建筑的功能严谨性，同时艺术性的导向又使得它们不同于普通的房子，因而带来了一种新鲜的、引起争论的、制造分裂的感觉，而这种感觉让人着迷。观赏住宅模型的人很快被体量中意想不到的开口方式所吸引，或者被这种表面上试图系统化使用柱子的手法（它们在各个交角变得规范清晰）所迷住。

22-23

盖里在洛杉矶开始受到关注，他很了解这座城市风格的随意性，因此也以极为自由的手法来处理斯皮勒住宅（Spiller House），一个坐落于 20 世纪上半叶和 20 世纪下半叶的两栋住宅之间的房子。他巧妙地把新建造的体量放置于两栋住宅之间，展现了他对空隙空间处理的熟练。在如南加州这样的气候条件下，以庭院的形式来表现的中介空间的重要性就凸显了出来。一方面，这栋建于 1980 年的斯皮勒住宅，展现了一种盖里对"有文化的"建筑的"调侃"，另一方面它又在向现代建筑致敬。只不过，现代性中原本朴素简洁的表面，在这里转变为形成外壳的楼梯、窗户和各种裂缝，并且这些东西迅速地成为建筑的主角，正是它们吸引了我们的注意力。色彩在这栋建筑中非常重要，中性的蓝灰色使得它完全不需要倚赖两侧的房子，盖里很清楚，仅仅依靠谦逊的手

22-23 斯皮勒住宅，加州，
1980

24-25 班森住宅，
加州，1979—1984

法很难使这栋建筑实现它的独立性。尽管斯皮勒住宅的场地条件很受限制，周围存有不少老旧建筑，但因为其建筑的独立性，它仍是一个值得关注的有趣的作品。

24-25

盖里的作品在 20 世纪 70 年代末得到了广泛认可。1979—1984 年完成的班森住宅（Benson House），是他用来反对当时后现代主义的宣言。首先，让我们来看看这幅图，与西扎的图中那种贾科梅蒂式（Giacomettian）的风格不同，这幅图展现了盖里是如何根据不同的空间需求对体量进行拆分的。我们可以辨别出一个塔和一个较低的构筑物，两者都被赋予了特定的功能。从图中我们甚至可以猜测所用的材料是什么，但这幅图却没有提供任何透视的线索或者阴影，所有的信息只告诉我们这栋房子是立在基桩上的，其他的一切都很模糊。这样的表达看起来像是盖里没法预测或是不想预测的建筑形态，或者他想等到建造的时刻才揭晓。因此在此期间他要做的就是把我们的注意力吸引到这些单一元素上来，通过精心的设计使它们呈现出绝对的存在感。比如说，他会给原本平淡无奇的建筑覆盖上波浪起伏的木瓦，或是设计一个视觉形象强烈的户外楼梯扶手。这里盖里仿佛是在说：如果规范要求楼梯上要有安全防护，那我就加上防护，但同时我会让人们忘记这个规范的存在。因此他把栏杆夸张化处理，甚至让栏杆变成建筑的主角。

对各种剖面空间的随意重组和对基本结构的强调，一起形成了一个具有安全要素、自身形式和象征性价值的形态。盖里知道，按照常规方式来建造楼梯扶手，产生的是人们能够预期的东西，而不会是一个能引起大家注意的新事物。现在我们能够理解为什么盖里对常规的制图，那些平面图、剖面图，没有一点兴趣了，在他看来，我们不应该用图纸来预测实际的建筑。他认为，建筑的现象总是直接地、即时地展现的。建筑在建造的过程中才得以呈现。

26-27

盖里对材料的兴趣使他在 20 世纪 80 年代达到了他所谓的"实验的前缘"。他喜欢探索新材料的潜力，他用普通瓦楞纸板设计了一系列椅子。它们之间有一些令人好奇的区别。有时，它们只是包豪斯模型的转化，有时，盖里似乎沉迷于"颓败"之中，因为我们发现看到的物品——各种家具片段——表现出来的就是一种"颓败"的神态，但它们都有一种与概念艺术家的作品相似的脆弱性。盖里的椅子需要的是敬赏，而不是使用。借由微妙的设计手法，运用有其他用途的普通材料，原本仅具有纯粹工具价值的物品呈现出艺术品的特征。

28-29

在 1981 年的一位电影制作人的住宅项目中，好似房子里的一切都是为了向我们展示盖里如何依赖其他领域的生产机制。在这个项目中，他似乎想让我们看到，建筑与电影导演们所说的"蒙太奇"没什么不同。这个模型以教学的方式展示了各种场景组合的结果：一个供电影制作人灵感迸发时工作的工作室，一个为他的烹饪热情所准备的厨房，一个供朋友们

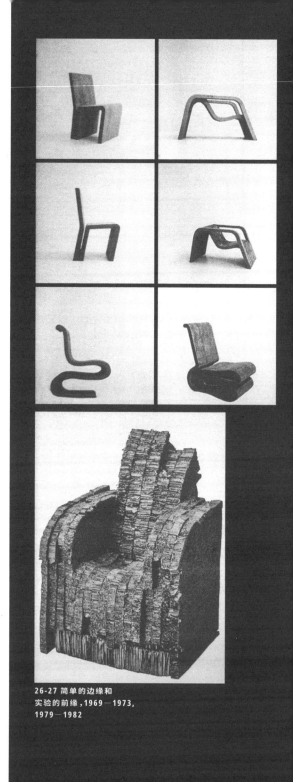

26-27 简单的边缘和
实验的前缘，1969—1973，
1979—1982

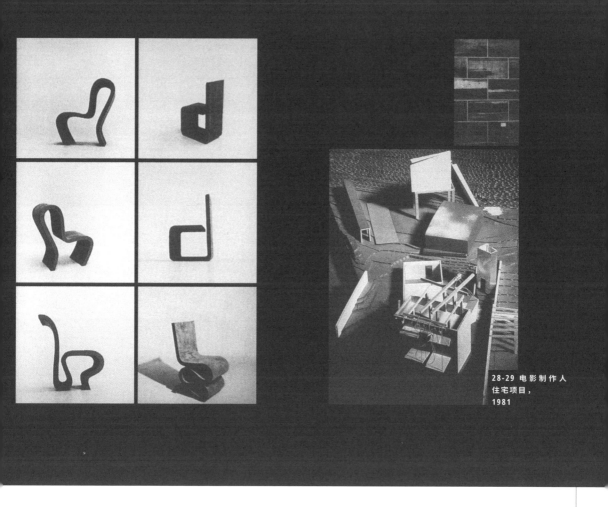

28-29 电影制作人
住宅项目，
1981

使用的客厅，一个通往阁楼的楼梯——所有独立的场景组合在一起形成了一个房子。因此，建筑成了一个由各种体验和用途组成的蒙太奇。与其说建筑是景观（尽管柯布西耶的建筑漫步在此肯定存在），不如说它是一系列可能的活动，产生了有"剧本"的空间方案。

但需要说一下的是，该项目也包含了一份关于各种材料的声明。正是在这个项目中，盖里解释了材料使用和处理的转换，这将成为他作品的一个特色。我所说的转换，指的是从传统建筑系统中提取的新材料。胶合板的安装方法就可以比作石墙的安

装方法，将密封化合物条作为砂浆接缝。面板的纹理类似于石头的纹理，加强了模拟效果。新材料超过了传统图像的修辞力量。盖里很清楚发生了什么，为了避免混淆，他选择了一种亮蓝色的密封材料。他通过精妙的色彩运用消解了材料组合的表面意义。其中的一些"花式处理"因为与后现代主义过于接近而被忽略了，因此盖里是在有点危险的情况下操作的，但是，他处理这些对立事物的充沛精力是毋庸置疑的。

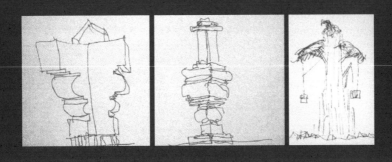

30-32

这是一个完全由形状任意支配建筑的例子，这使得建筑形状的生成脱离了任何外在的解释。建筑师总是试图避免随意性，但应该承认，随意的形式是我们工作的根源。1980 年，盖里在为《芝加哥论坛报》起草提案时，似乎已得出这个结论（同时他放弃了创造一座新的高层建筑的机会）。他有点故意地让同行们感到不安和恼怒。无论人们如何看待，他决定将装饰线条或栏杆转化成摩天大楼的形态，但是从盖里后来提出的一些替代方案中可以看出，对他本人来说，这个想法不太令人信服。在其中一个方案中，他富有想象力地用一张报纸盖住这座建筑。形式的脱轨从一根栏杆开始，最终以一件报纸雕塑结束，带有讽刺的玩笑似的承认建筑中任意性的重要性。在这里，盖里再次追随他的艺术家朋友们的脚步。他对《芝加哥论坛报》的提案必然与克莱斯·奥尔登堡（Claes Oldenburg）的工作有联系。

33-34

"弗利"（Follies）提案与《芝加哥论坛报》提案之间三年过去了。但它们经常被放在一起来说盖里对建筑形态原创性价值的自信。盖里经常谈到鱼的形状对他很有吸引力，并在这里用它来作了一盏灯。1983 年，芭芭拉·雅各布森（Barbara Jakobson）在利奥·卡斯特里（Leo Castelli）的画廊举办了一场展览，她邀请 12 名建筑师各自提出一个不受限制的想法，或者说是装置。[4] 有些人构想出花园中的亭子，其他人则设计装饰品、水表及其他作品，但想法总是来自也是为了住在豪宅中拥有奢侈品的人而做的。相比之下，盖里专注于鱼或是鱼灯的形象，预期鱼形的使用可以作为任意形状的范例，并且应用在更大建筑的形态自由处理中，比如日本的迪斯科舞厅和巴塞罗那奥林匹克港。

35-37

建造于 1982—1984 年的加州海滩上的诺顿住宅（Norton House），可以被看成一个完整程式的宣言。这就好像盖里在告诉我们，他拥有可以盖出所有他希望盖的房子的公式。这座房子展现出他所有建造的想法，或者说，它综合了当时他已经完全掌握的词汇和语法。这座房子既一般又意义深远。它没有之前建筑师通常对小建筑的热情的状态。

—
4   B.J. Archer and Anthony Vidler, *Follies: Architecture for the Late Twentieth-Century Landscape*（New York：Rizzoli）1983.

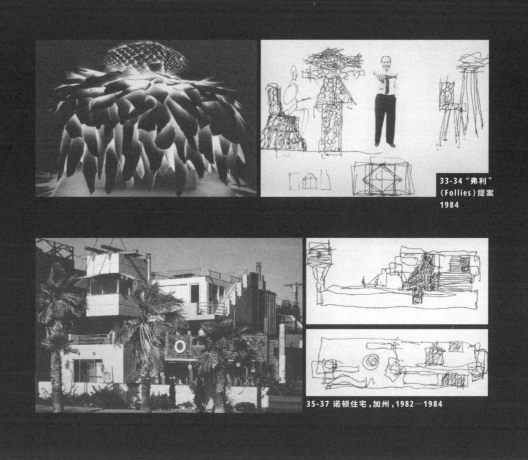

首层的一部分是一个露台，一个瞭望塔，你可以通过外部楼梯爬得更高。在一个4米×20米的地块上，满足了住宅空间可能产生的最大需求。这里有足够的空间容纳生命的舞台，甚至人们可以在这里对生命进行沉思。其实，诺顿住宅也可以被认为是为远望者建造的。比起那些花了很大力气来设计扶手的同事们，在这里每处都用幽默和带有雄心的方式来处理。

我理解为什么许多建筑师觉得盖里有点令人烦。虽然他熟悉专业人士所需要处理的一切，但在很多情况下，当他解决设计问题时，就好像在说：我知道你会怎么做，但这无关紧要，我宁愿用各种变化

的元素，最终创造出一种更强烈的建筑氛围。尽管诺顿住宅规模较小，但也不要轻易将其定论，它有着与萨沃伊别墅（Villa Savoye）或玛利亚别墅（Villa Mairea）相同的建筑野心。人们也可以把诺顿住宅当作一个幽默的评论，或者一个笑话。但当我考虑到建筑师是如何废寝忘食地建造房子，各部分是如何被处理的，材料是如何被处理的时候，我就不这么认为。这里再重复一次，要理解建筑是如何产生的，看一看设计图是有帮助的。我们看到了西扎的空隙空间是如何被现象学赋予力量的。这里我们有一幅盖里的素描告诉我们空隙的意义：空隙，无关紧要。

38-39

1982 年的崔克特住宅（Tract House），盖里再次让他的同事们有点惭愧。当他们醉心于九宫格，很正儿八经地想格子与立方体如何运用的时候，盖里转向寻找住宅的起源，他沉迷于对住宅最真实的表达，将元素的形象与特定的用途和形式联系起来。经过他的重组，得以赋予局部和整体意义，九个正方形所形成的九宫格都能获得自己的性格特征：一个房间冠上一个半球形的房间，另一个房间被一盏灯笼罩等。户外空间让房子融入城市结构，在私密和公共之间建立理想的过渡。当然，没有人会忽视这样一个事实：其中一处是故意拿来的。我们听到盖里说：不要纠正错误，这就是我想要的，这就是我喜欢的。也许我们可以把这种对错误或含糊的纵容，解释为证明我们的社会不再是以前的同质社会，因此我们必须时刻注意隐晦的私密信息。

40-41

在那几年里盖里得到了公众的关注，更多的机构开始热于邀请他做设计。因此，1984 年他开始忙于一项重要的项目：洛杉矶的航空航天博物馆（Aerospace Museum in Los Angeles）。规模的突然变化和可能出于对机构本身的要求的重视和理解，或许可以解释盖里的这个作品为什么会受到限制。当然，这个项目没有他之前那些小型、私人的项目那么有冲击力。

42-45

位于洛杉矶的洛约拉法学院（Loyola Law School）（1978—1984），是盖里职业生涯第一阶段（20 世纪 80 年代中期）最优秀的作品之一。事实上，按时间顺序对他的作品进行分类和归纳是很困难的，但洛约拉标志着一种设计方式的巅峰。它是建造在一个比较落后的地区的大学综合体，其最大的挑战在于了解在那里可以做些什么。认识到盖里对场所意识的理解和盖里对设计的调整和掌控能力是很重要的。在我看来，洛约拉法学院是一个由令人尊敬的建筑师设计的有温度的作品。他以自己的方式思考，并用他认为最好的方法来解决现实的迫切需要。正如他所说：我必须保护自己不受所处外界环境的影响，还有什么比划一条清楚的线，把教室和行政大楼与其他建筑分开更好的办法呢？这将使我能够更清晰地看到项目中更有潜力的建筑元素，如图书馆、会

40-41 加州航空航天博物馆，
加州，1982—1984

42-45 洛约拉法学院，
洛杉矶，1978—1984

议室、学生俱乐部等，然后通过一个引人注意的楼梯将这些开放空间与教室和行政大楼相连。楼梯很显然是大胆的设计，它把用于行政大楼上最廉价的窗户变成了标志物。楼梯在不同建筑空间的交通联系中扮演了重要的角色，但更重要的是，它是盖里用来引发转变的工具。正如我所说，窗户成了象征元素，最终会使建筑更加有活力。

后现代主义的回响引导他向古典建筑致敬——这是司法建筑设计的传统（译者注：法学院建筑多以古典主义建筑形式进行设计）。但在盖里的设计中，它是一个坦率、明确的暗示，而与楼梯的透视效果无关。爬楼梯是一次有价值的经验。它提供的视点类似于电影摄像机的视点：建筑本身就是连续的画面。盖里没有沉迷于可以漫步的人行大道（译者注：一般做法可能是设计一条壮观的人行大道，并使它作为联系的元素以突出建筑的宏大，但是盖里却用楼梯作为象征元素）。他的建筑环绕着我们，仿佛它是有生命的。奇怪的是，楼梯的设计可以支持他的建筑独立存在。在某种程度上，这里发生的事情在剧本中是可以预见的。这没什么好惊讶的，因为我们第一次看到它的时候就已经预知惊喜了。反观西扎的建筑，它需要人们的参与来使建筑获得全部意

义，而盖里的建筑不需要参与者。它本身就是一部电影（scenography），并且不需要知道演员是谁。

洛约拉的一切都是简单和基本的，碎片化的处理方式也是司空见惯的。然而，在这种复杂的结构里，每一种方式和每一块碎片一起创造了独特的地方，形成人们可以辨识的大学校园。洛约拉法学院不仅仅是一个建筑群，通过他的建筑，盖里能够让人感觉自己身处校园，而且不需要使用昂贵的材料，不需要忽视所处的环境。正如我们所说，盖里不是一个会联系语境的建筑师。但是很少有建筑师会以同样的直觉来处理这个委托案，他们不知道在这样的社区可以做些什么。一般情况下，如果幸运地得到了一个大学项目，并对客户机构表示尊重，多数人会设计出一个"近乎神圣"的建筑物。而盖里在不忽视业主的宗教信仰的前提下，巧妙地摆脱了建筑对宗教的从属关系，并且体现了对建筑的赞美。洛约拉法学院坐落在洛杉矶一个不起眼的社区，它完全地再现了整个大学校园的建筑场景。

我们还应该谈谈材料的处理方式。在引人注意的楼梯上，人们可能会想，为什么工程师没有多增加几英寸，让它贴近山墙？这样，楼梯就可以脱离所有支撑它的构件。答案是，盖里有时会选择看起

46-47 纽伯里大街360号扩建工程，
波士顿，1985—1988

46-47

来更加困难的方式，因为这会为建筑带来一些附加价值。他喜欢表现出他不畏惧建造可能带来的困难。最后，让我们停下来看看这座塔是如何建造的，除了我们所看到的盖里建造方式的成果以外，更令人惊讶的是玻璃安装在木框架上的手法。玻璃和木材的对比强调了这两种材料的自身属性。盖里保持了它们各自的独立性，并赋予了这座建筑有吸引力却又模糊的定义。玻璃是石墙表面的替代品吗？塔楼一般由外围护体系承重，但如果它只是一个脆弱的表皮，那么塔楼是以木质框架承重吗？毫无疑问，玻璃和木材之间、塔的虚体和真实结构之间的相互关系，使得这个建筑具有朦胧的魅力。

在波士顿纽伯里大街360号扩建工程中（1985—1988），一个独特的屋檐彻底改变了一座20世纪初期的商业建筑，同时我们也必须承认它完美的石材工艺和精细的陶土表面处理。盖里似乎意识到这个建筑可以追溯到文艺复兴时期，他认为通过建构并把建筑变成类似意大利宫殿的建筑，可以证明屋檐与它的关系。我想再次强调一下盖里通过模型直接建构的建筑。在那里，箍子和支柱看起来像是木质的，完全看不出是由钢材所构成。建成后，镀铅铜层掩盖了真实的钢材结构。值得注意的是，当模型完成时形式也随之诞生了。留意角落的精心设计。正如他前卫的建筑项目，盖里摒弃了传统的先例。

48-51 温顿宾馆，明尼苏达州，1982—1987

48-51

1982—1987 年的明尼苏达州温顿宾馆（Winton Guest House）是体现这种建造方式很好的例子，通过这种建造方式，模型在早期就将建筑进行了整合。几乎可以说，这种方式使建造真实的大楼变得不再必要。模型的建造确定了建筑将来的形态。温顿宾馆的任务是设计一栋带有客房的大厦。盖里从一开始就决定，采用特定的形状和材料，使每个房间都有自己的特点。三间卧室和包含壁炉、烟囱的小卧室环绕着一个不规则的金字塔形公共空间。盖里以一种与莫兰迪静物画的构图差不多的方式来安排和组合这些物体。他并不企图建立一个组织或者一个整体。我们只是感觉这些个体之间是相似的，它们堆积在一起形成了一幅图像，这个图像由形式独立的元素组成。我们在他早期的作品中可以看到节制的特性，项目计划越小，越是彰显出他的方法论的直觉完整和前卫。

温顿宾馆是一个很好的建筑例子，它的模型比实际建筑更容易理解。看到这些图像，我甚至会说，该建筑误解了模型提出的建议。当在模型中操作的形体成为建筑物时，会丧失很多原本的力量。窗户与门在体量上开口之后，一些尺度上的不确定性不可避免地浮现出来。另外，构图和力量也都被削弱了。当建构不再是单独的实验，而变成由面所界定的、含有室内空间的体量时，体量变成了建筑的主角。组成实际建筑物外观的元素，如石材、木板与金属板的特殊性，削弱了原本模型所具有的力量。盖里以极大的

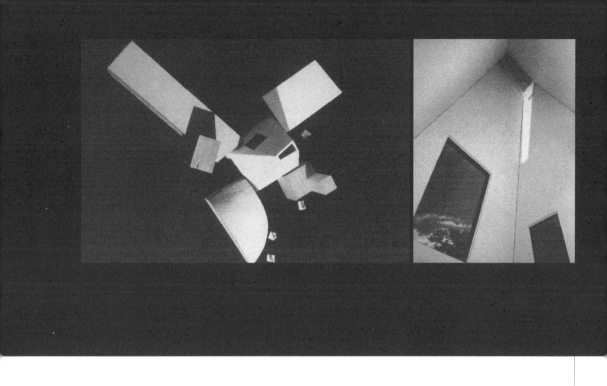

热情来建造温顿宾馆，但它却没有诺顿住宅新鲜和欢快的空间品质，他在温顿宾馆中过于强调处理的手法，而且虽然在表面上自由地使用材料，却给人故意的感觉。在这个特殊的案例中，我更偏爱模型而不是实际的建筑，它在某些特定的点上保持了盖里常有的强度和新鲜感，比如人们通过扭转的窗户平面以及它的奇怪框架与自然有了新的接触。

52-55

在接下来的几年里，温顿宾馆中探索的机制得到了广泛的应用。 盖里的建筑在那时广受好评，不时会有传统的项目委托他来设计。其中的一个例子是 1989 年位于洛杉矶豪华地段的施纳贝尔住宅（Schnabel House）。

在我看来，施纳贝尔住宅最好的地方是它的利用基地的方式。它占用了大量的基底面积，但不像它相邻的地块那么多。通过巧妙地将游泳池设置在基地的一个边界上，使其实际上占用了相邻地块的自由空间，这些空间围绕着泳池，基地内的客房也使泳池周围的空间更加丰富。其余的部分实际上是由一组小体块组成了建筑的主体。不管在室内或室外，盖里（的创意）无处不在。我认为，这是该项目的主要成就。

类似于温顿住宅，盖里在这里创造了一个中心空间，这个空间生成了一些相对独立的体块，他赋予每个体块一个功能。这些体块是一个家庭内不同成员的

52-55
施纳贝尔住宅，
洛杉矶，
1989

独立房间。很显然的是，相对的事物（对角棱柱、立方体、球体）可以共存，所有在人造景观的框架内的事物都与一条轴线相关。轴线将我们引到塔形的元素上来，塔状物无疑是这座房子的主角，所有的活动都围绕着它。当盖里决定用一系列窗户来处理它时，他一定意识到了塔形元素这个主角，因为当我们进入房子的那一刻就被（塔上的）窗户吸引了注意力，窗户的设计有一种刻意的模糊性，我们马上就会被这种模糊性所吸引。开口的定位故意避免了几何学的一般处理方法。最终形成了一座看起来并不稳定的塔。在这里，虚与实之间的关系，不是基于比例和形式的问题，但是这种关系具有吸引力时还有点令人困扰。那么这些奇怪的窗户为我们提供了什么呢？天空，蓝色的天空，纯粹，不受任何轮廓的限制。

　　施纳贝尔住宅的室内很漂亮，且一直体现着盖里的建筑原则，尽管有人觉得它因使用了丰富的材料和

常规的处理方式，失去了一些原本应有的持久纯粹。在这里，没有什么是未完成的。现在已经和以前不一样了，盖里学会了用更少的手段进行建造，这种方式现在成了一种风格化的来源。这导致他所使用的建筑语言与预期结果之间存在一定的分离。这个矛盾逃不过体验者的眼睛。然而，这个住宅有一个雕塑打破了各尺寸间的秩序，把我们带入一个不真实的世界。盖里的建筑沉迷于一种难以描述的模糊性，它探索诸

如"错误"地使用比例、尺寸、测量、材料等机制。其结果形成了一个持续转变和去情境化的过程，这个过程将证明我们所说的一个不真实的、未知的和意想不到的世界。盖里喜欢过度和夸张，并且因此出现了意想不到的元素。即使是居住者生活中必要的传统家具也会让人惊讶，比如我们发现盖里选择挂一台钢琴而不是电吉他在他建造的房子的墙面上。

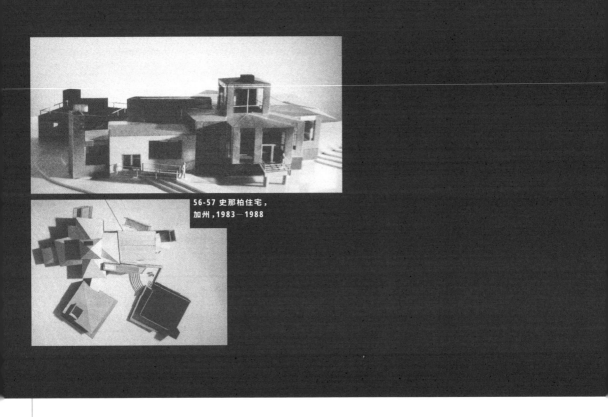

56-57 史那柏住宅，
加州，1983—1988

56-57

史那柏住宅（Sirmai-Peterson）（1983—1988）。我
关于施纳贝尔住宅的评价也可以用于这个项目，我
会把它留给你们并应用到盖里的其他作品中去。

58-59

特特尔克里克规划（Turtle Creek Development）
（1985—1986）。偶尔我们会遇到非常具有挑战性的
项目。这个项目就包括公寓楼、办公楼和酒店等。盖
里的特别之处在于放弃了使用单一的、统一的建筑
语言的幻想，而是提出设计三种不同的建筑物。他

知道，只有运用差异性才能在一次操作中处理如此
庞大的项目，并且在此过程中会掩饰手法的过度使
用。也许，通过差异性操作，盖里巧妙地批评了他
曾经被委托的另一个项目。他很可能用过将一个大
型项目分配给几个建筑师的策略，有时这种策略是
有效的。但是，盖里也能够证明自己能处理多样的
状况。该项目的第一部分展现出 30 年代的纽约建
筑。第二个建筑体很生动活泼，它展示了盖里以一
种非正统的方式处理传统建筑元素的能力。第三个
建筑中，他似乎在告诉我们，菲利普·约翰逊（Philip
Johnson）或贝聿铭的模式可以进一步改进，他能够
创造出一个意想不到的、自由的玻璃形象，而不像
那些受到几何形体高度约束的建筑师作品。

60-62

1991 年的奇亚特／德一办公室（Chiat／Day office）说明了在建筑中主观形式的决择是重要之事。这就好像盖里曾引用阿基米德（Archimede）的话，告诫我们："给我一个形状，我就能把它变成建筑。"在这里，是建筑遵循形式，而不是形式追随功能。奇亚特／德一是一家位于洛杉矶威尼斯区的艺术经纪公司。当盖里把望远镜转化为一种建筑形式时，他似乎是在暗指公司的特殊属性，即公司旗下的星探发掘有前途的男女演员。作为建筑入口的双筒望远镜，它的重复有效暗示了功能上的需求。但盖里很聪明，他果断地打破了它在立面尺寸和形式上的对称。双

58-59
特特尔克里克规划案
1985—1986

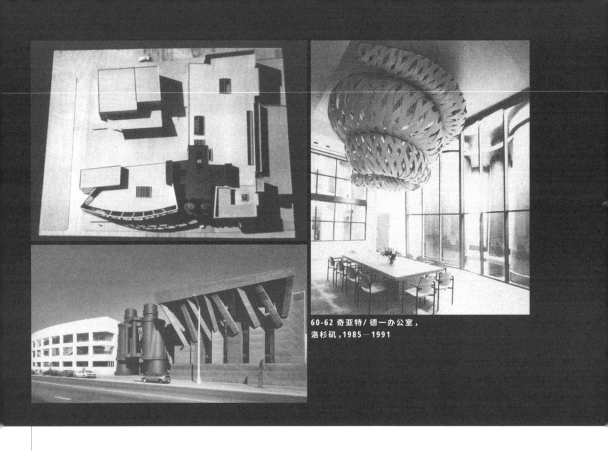

60-62 奇亚特/德一办公室，
洛杉矶,1985—1991

筒望远镜的一侧连接着一个低矮的、略带弯曲的体量，其规则的开口让人看到了理性主义建筑的影子，另一侧是一个楼阁式体量，其支柱组成的森林图案和介于中世纪与当代之间的复古建筑遥相呼应。但是立面上的不同部分在整体轮廓上依旧是统一的，这巧妙地强调了双筒望远镜在构图中的核心地位，它们暗示着古典主义建筑中的山墙。如果盖里没有忘记在奥尔登堡雕像（Oldenburg's statuary）中学到的教训，那么这里并不是仅仅运用了形式上的尺度变化。

　　这种立面的解读方式也可以应用到平面图上，在那里盖里再一次展示了他的能力。他从不浪费时间寻找无用的连贯性。没有人能忽略立面和平面图的分离。当我们考虑以密度和正交为特征的传统平面图时，立面的表皮形式就会在脑海里浮现出来。至于内部环境，我们很自然地发现了一些与常规情况并没有太大差别的规则。例如，会议室原本是一个传统的空间，但它被夸张的灯光改变了，巨大的嵌入形体主导着空间，让我们的注意力完全被它吸引了。这个空间没有任何准确的定义，它的使用者的行为才是关键点。由于灯的尺度变化，一种新的空间形成了。巨大的灯让空间的属性发生转

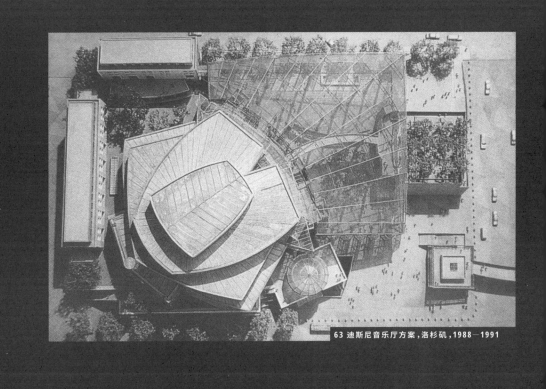

63 迪斯尼音乐厅方案,洛杉矶,1988—1991

63

变，即一开始这里是一个传统的空间，现在变成了另一种无设计感的流动空间。想象一下，一个由斯卡帕（Scarpa）、霍林（Hollein）或卡斯提格利奥尼（Castiglioni）设计的会议室，需要多少年的工作和令人难以置信的努力。幸好在这个时代特征的影响下，盖里并不需要在这一领域内付出这样的努力。与概念艺术家一样，设计是精神性的，它脱离了所有需要实际工艺的活动。尽管如此，结果仍然是惊人的，悬挂的灯的效果支配了我们的感觉，让我们不由自主地被它吸引了。

因为我在另一个场合曾深入讨论洛杉矶的华特迪斯尼音乐厅（Walt Disney Concert Hall）的尺度问题，我就不在这里细谈它了。这座音乐厅始建于 1988 年，盖里为之花费了多年，但在第一阶段的建设中遇到了些困难。幸运的是，该项目最终在 20 世纪 90 年代末重新启动。

64 欧洲迪斯尼项目，
巴黎附近，1988—1993

65 荷兰国民大楼，
布拉格，1992—1996

64

另一个迪斯尼项目是巴黎附近的一个游乐园
（1988—1993）。在美国，职业上的成功不可避免地
会使你接到大公司的电话，盖里也不例外。近年来，
他被委以一些很特别的项目。在这个常规项目里，
他的才华不足以表现出来。

65

位于布拉格的荷兰国民大楼（Nationale Neder-
landen）（1992—1996）项目体现了盖里建筑的局限
性。我看不出在一个遵守规范，并且受约束和秩序
的建筑里，这一系列窗户有什么意义。在波士顿项
目中，我们看到个人的特点把生命力注入经时空使
用而磨损的建筑。然而在这里，体量的花招、要把建
筑秀出来的各种不太可靠的要素都显得没有根据和
没有必要。这个项目激发了对"必要形式""拒绝随意
性"以及"一种当然的对失去理性的怀念"的讨论。

66-67 美国中心，
巴黎，1988—1994

66-67

1988—1994 年，盖里在建造美国中心时所处的巴黎语境并不利于他展现裂化的语汇。因此，美国中心给人的印象是一种介于符合行政功能要求的传统建筑和满足精神与欲望需求的类似于表达美国文化的巴黎市区建筑之间的妥协，就像是同一种基于盖里以前的公司和机构的工作经验的方法的频繁运用，例如奇亚特／德一办公室、耶鲁精神病学研究所和洛瓦大学的激光实验室大楼。但在这些项目中，模型比实际建筑更具吸引力。在模型中，盖里掌握着整个状况。依据建筑准则和法规后，一切似乎都经历着一个地方化的过程。我们几乎无法通过建筑本体来识别建筑师了。当盖里在使用法国建筑工业提供的传统材料时，无论是石材镶板还是木制品，他的设计都是相当自由的。这些是仅有的个人的特点，

它们揭示了建筑师希望以这样或那样的方式被看到。在我看来，它们总是达不到预期的效果。有时它们会逐渐消失，消融在建筑的整体中。立面造型的裙边在模型中是如此重要，但在现实中却成了毫无意义的姿态。事实上，我们可以说整个项目都是吸收了建筑师自己强加的不必要的规范的结果。这个过程被倒置了。一个看似源于对元素和材料的自由推敲的建筑被这些规范所束缚，所以我们在盖里其他作品中所看到的自由也已经消失了。在我看来，建筑最好的地方是在内部：一些内部间隙空间。在大楼里，盖里可以忘掉巴黎这座城市的轮廓以及里面的建筑。正因为室内没有这样的参照，他拥有自由行动的能力，所以他的才能在室内得到呈现。

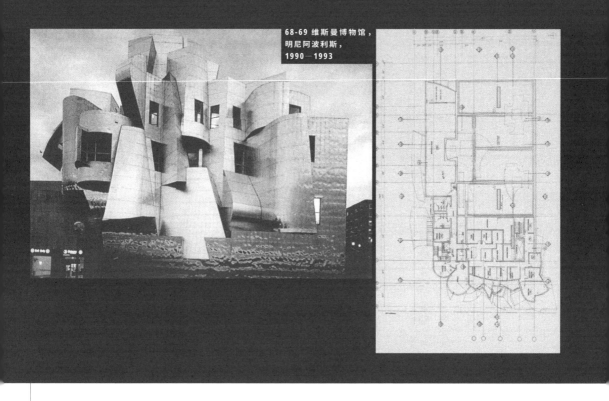

68-69

盖里最近的另一个项目是 1993 年在明尼阿波利斯的维斯曼博物馆（Weisman Museum）。不需在这里详述。这是一个基于之前分析过的设计理念的发展，它使用材料的方式打上了我们熟悉的盖里手法的烙印。

70-74

我认为更重要的是研究 1987—1989 年的维特拉博物馆（Vitra Museum），它位于巴塞尔附近的德国领土上。正如你所知，维特拉是一家家具制造商，它已经委托了一批国际建筑师，包括安藤忠雄、扎哈·哈迪德和阿尔瓦罗·西扎，在其工厂场地上设计不同的建筑。盖里被分配到椅子博物馆。维特拉区位

于一片平原的中部，仍然具有农田的特征。但由于工业的兴起，农业正在衰落，景观也失去了色彩与温度，以至于失去了现在可以被描述为中性的，建筑师也感觉不到任何文脉与背景的厚重感。我的意思是，与布拉格和巴黎不同，盖里在这里可以完全自由地创造，他可以自由地做他自己。在研究他迄今为止的作品时，我们目睹了一个解构和再生的过程，某种程度上，可以用莫兰迪的静物画来解释他的建筑。正如我们在他职业生涯的许多项目中所看到的，盖里的建筑是以雕塑感和视觉性为主导的。崔克特住宅、温顿宾馆、施纳贝尔住宅或是瑟麦伊彼得森住宅，都可以说明这些。

但是在维特拉博物馆，盖里突然抛弃这种设计方法。我认为，不能再称之为碎片化建筑，因为它是一体的、连续的与流动的，也正是覆盖建筑整体的外表皮促进了这种新形式的呈现，盖里建筑中材

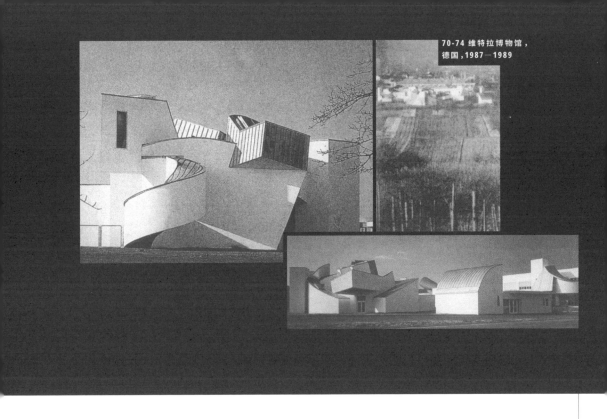

料的多样性不见了。在这里，更难去辨识、隔离那些在其他作品中可以被辨识的元素。这个项目是更为复杂的，甚至以这样的方式去设计白色的粉刷墙面，到了让人无法分辨室内与室外，垂直与水平的程度。由于构成建筑的元素不易识别，所以建筑给人的感觉是纯粹的空间状况。我们可以把它与前卫的雕塑家做一些比较，例如彼夫斯奈儿（Pevsner）或加波（Naum Gabo），甚至某种摩尔（Moore）或最近的史特拉（Stella）的作者，他试图向我们展示，塑造空间是可能的。"塑造空间"的概念最终导致了象征性或代表性的创造，在这种创造中，整体统一性和运动感成为不可或缺的特性。这是重要的一步，它抛弃了立体派的形式机制，在我看来，这使得维特拉成为盖里职业生涯中的一个关键项目。

我将避免以夏隆（Scharoun）和他的一些同事在 20 世纪 30 年代的作品为例，引导我们以表现主义的观点来阅读这部作品。我也不会细谈那些不那么成功的地方，比如入口的顶棚处理，在那里盖里利用了他以前的经验，简单地将他在其他项目中使用的元素运用到维特拉上。然而，如果盖里没有具备成熟的建筑知识，维特拉是不可能存在的。在维特拉，他故意冒险进入新的领域，放弃了他已经探索过的东西。不过，维特拉的建筑是过去经验的结晶，即使此刻他强调这些是要被刻意忘记的。在他的职业生涯中，盖里一直自由创作，但在维特拉，这种自由不仅仅是表达他某种批判的想法而已。他不像他的一些追随者那样，打着解构主义的旗号，自以为是地用简单化的设计与机械化的重复去打破规则。

是不是可以说，维特拉建筑中除了化繁为简和机械重复就没有使用其他手法了呢？盖里职业生涯中一直秉持的自由理念，在维特拉中展现了最大的光彩。它体现在内部的空间中，摆脱了所有可以被

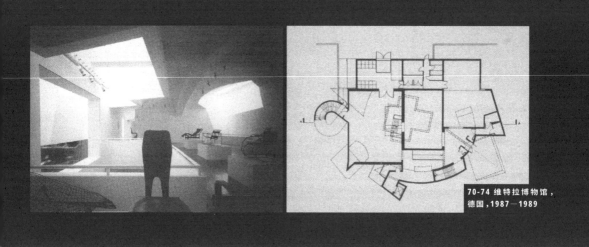

理解为传统的东西。这也与源于平面并被剖面强化的西扎的作品完全不同。盖里并不像阿尔托勾勒伊玛特拉教堂（church of Imatra）那样，把室内或是剖面作为切入点。实际上，阿尔托一直在解释存在于建筑中的室内外分离的关系。盖里在这里没有区分内部和外部，他也很难决定在创作过程中应该优先选择哪一个——就像很难确定一只手套是容纳手的虚体，还是塑造空间的壳一样。从最近的盖里身上，我们看到他试图消除内部和外部的区别。他希望建筑无法被人们以这样的方式识别与界定，并向我们表明，建立这样一种"现实"是有可能的，在这种现实中，坚持连续性和统一性，外部和内部都有恰当的流动性，三者反映出同一事物：一个无法明确界定的流动空间。

75-79

毕尔巴鄂的古根海姆博物馆（Guggenheim Museum in Bilbao）为盖里提供了一个机会：证明在维特拉出现的建造模式适用于大规模的作品。但是它不只是这样。盖里喜欢运用的自由在这里成了一个城市未来的象征。毕尔巴鄂因这座建筑而自豪。

毕尔巴鄂河口沿岸的工业建筑不断发展，而且

19世纪的城市传统可以在其肌理中得以体现，但这个城市知道旧世界已经远去，我们有必要去创造一个新的世界。因此，盖里的作品代表了一个新城市所渴望的新精神。再次，建筑常常扮演着社会的镜子的角色，并证明了它有能力采取一种象征性的形式诠释一个有雄心的愿景。因此，凭借其在城市中的存在，以及作为河口新中心的象征，盖里的建筑体现了毕尔巴鄂的乐观主义，并试图不断提醒他们的公民这一新地标的存在。这就解释了为什么闪亮的钛金属的表皮使建筑化身永恒的火焰。

但是毕尔巴鄂的古根海姆并不仅仅是一个象征符号。它显示盖里处理城市空间的才能。他对基地选址的贡献是决定性的。从一开始，他就把桥作为一个元素融入建筑中。他对城市状态的敏锐感知，尤其在这座建筑巧妙地连接了河口两岸时，体现最为明显。为了做到这一点，他将进入博物馆的通道设置在较低的楼层，这样一来，到达的游客就会驻足在建筑的活跃空间的中央。这种体验就像在峡谷里一样。古根海姆博物馆是在提醒人们有机类比（organic analogy）在建筑中的重要性。盖里试图让它成为支离破碎的城市结构中的一个纽带，这在室内可以看得很清楚，它提供了一个观看城市的交叉视野，让古根海姆成了毕尔巴鄂重生后的心脏或重心。

75-79 古根海姆博物馆，西班牙，1991—1997

另一方面，盖里在古根海姆博物馆设计中最大程度地发挥了计算机的作用去完成他的作品。在维特拉之后，我们注意到，他最后几部作品中的流动性特征已经很明显，并在这里得到了实现。计算机——以及工业航空学中软件程序 CATIA 的应用——使他能够使用任何形式，而不用担心无法表达出来。现在，最复杂多变的形式可以被绘制、表现，并最终被建造出来。这将我们所理解的建筑语言扩展到一个无限的形式世界，而不必再用传统的几何图形来描述，这无疑是扩展了建筑师的设计范围。平面、柏拉图式的实体都被遗忘了，它的表面呈现出具有饱满生命力的形式。建筑不再是一个静态的实体，而成为一个流动的空间（palpitating body）。通过这种方式，盖里从现有的形式中解放出来，成为他自己最想成为的建筑师——一个形式的创新者。最新的盖里，古根海姆的盖里，以自由的状态塑造自己的建筑。他意识到他可以获得所有这些"自由"，因为他自身的技术可以让他发挥。他慢慢地获得了建造任何他可能塑造出的形式的能力，你可以说，在古根海姆和后来的作品中，他利用随意性支撑起他的建筑。如果以前盖里是把一副双筒望远镜变成一个入口，强调形式与功能是各自独立的，现在，形式不再是我们所认识的形式，它成为建筑师个人意愿的直接表达：计算机和 CATIA 软件承担了界定的角色，为建造提供必要的信息。一个没有形式限制的世界展现在我们面前。

但我想让大家关注博物馆的其他特点。在我看来，盖里对我们可以联想到的许多过去的建筑属性都很感兴趣。在古根海姆博物馆，我们看到了一种全新的纪念性，即无须直白的隐喻，就能使我们享

受那些回到过去建筑中的体验。尺度、跳跃、破裂、
介入、跨越等的不断变化冲击着我们的感官，一连
串的惊喜充斥了参观体验，以至于没有时间去反思。
这其中存在的参考可能有很多，从俄罗斯的建构主
义者（Russian constructivists）到德国的表现主义
者（German expressionists），从塔特林（Tatlin）
到门德尔松（Mendelsohn），从柯布西耶等理性主
义者的语言到阿尔托等更为精致的建筑师语汇，从
我们认为的哥特式到我们印象里的皮拉尼西亚式

（Piranesian）的氛围转变。但是，诚如在维特拉一样，
比起建筑作为纯粹的感官所散发的全部力量，这些
都是次要的。盖里在他的一生中积累了丰富的经验，
在这类作品中，他似乎达到了他的巅峰。事实上，毕
尔巴鄂的古根海姆具有我们在维特拉看到的那种连
续的统一性，没有那些自我束缚的上层建筑形式层
级的痕迹。这本身就是一个突破。

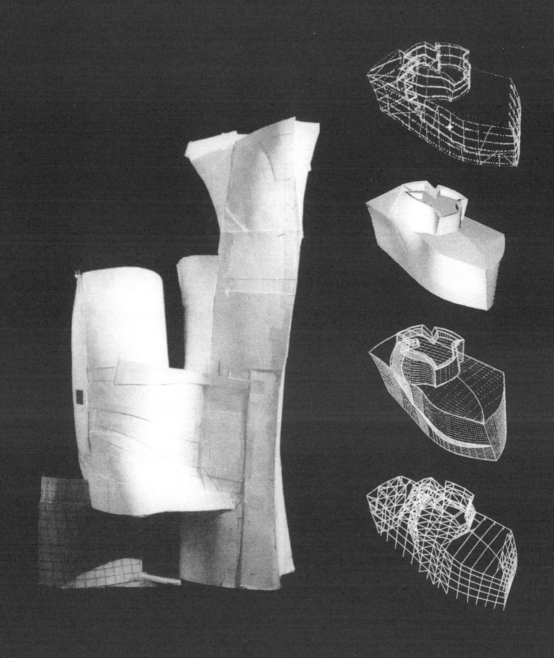

雷姆·库哈斯
Rem Koolhaas

翻译　杨震，陈烨，伍秋橙，罗通强，李治鲜

本堂课的主题是雷姆·库哈斯，我们将从他的生平开始谈起，因为他的生平是理解其建筑实践的关键所在。毫无疑问，库哈斯的童年及青年时期的经历对他的职业生涯影响深远。库哈斯于 1944 年生于鹿特丹。在 10 岁以前，他一直居住在荷兰的亚洲殖民地，直到青年时期返回荷兰，开始学习新闻学并对电影产生了兴趣。他写过一些剧本，并且发现如果要描绘 20 世纪下半期的世界，需要新的表现技术。他认为那种以静态的框架来展现建筑的方式已不再适宜，建筑师有责任去探索新的方法，而电影可能正好是最适合时代与文化需求的一种媒介。库哈斯对电影的兴趣不仅仅停留于奇思妙想，他将拍摄电影的手法视为可直接运用于建筑实践的工具。

他在从事建筑实践以前受到的文学与电影训练激发了他对城市的热情。也许正是由于城市给他带来的新奇，促使他于 60 年代晚期求学于伦敦的"建筑联盟"（Architectural Association）。在当时，"建筑联盟"完全受到"建筑电讯学派"（Archigram）的影响，该学派秉持在建筑中行动与技术至上的观点，并且刻意忽略形式的作用。离开伦敦后，库哈斯来到美国并执教于康奈尔大学，这所学校当时有两位个性截然相反的学者：奥斯瓦德·马西亚斯·安格斯（Oswald

Mathias Ungers）与柯林·罗（Colin Rowe）。安格斯和罗之间的竞争，使康奈尔的建筑学院成为 70 年代最活跃且最有吸引力的建筑交流中心之一。库哈斯很快成为安格斯的追随者，投身于对建筑形态的探究中。也许，是因为罗始终强调历史研究的重要性，才促使库哈斯更倾向于安格斯。当然，只有当时在康奈尔的亲历者们，才能确切地告知其中的故事。然而，安格斯在当时却被视为延续了现代主义的传统，并完成了一些在 60 年代具备影响力的作品。1968 年学潮爆发，库哈斯移居美国。他在康奈尔教授城市设计理论，其间受到"趋势学派"（Tendenza）原则的影响；同时，他运用了类型分析的概念（concept of type），且并未抛弃在他最早期作品中体现出来的现代主义训练。库哈斯从他的教学中体会到，城市是任何建筑介入都不可缺少的参照，并且越发意识到现代主义文化在当代建筑学中的重要性。安格斯很快注意到库哈斯的才能，并将后者引介到纽约的建筑圈中。在 70 年代中期，库哈斯与安格斯这位良师合作开展了一些设计，之后他离开康奈尔来到纽约，加入由彼得·埃森曼（Peter Eisenman）创立并领导的"建筑与城市研究所"（Institute of Architecture and Urban Studies）。在接下来几年中，库哈斯以"研

究所"为依托，致力于一本书的写作。这本书是研究库哈斯作品最重要的著作，同时也是理解20世纪后1/4时期建筑学的关键之作。我说的当然就是《癫狂的纽约》(Delirious New York)。[1]

对库哈斯而言，纽约是现代城市的典型代表。他热衷于探索这座城市，借此去发现构建当代城市生活背后的真正原则。为了传播自己的想法，他借助了自己妻子玛德仑·维森朵(Madelon Vriesendorp)的水彩画技法以及一位早期的合作伙伴伊利亚·曾格里斯(Elia Zenghelis)的工作能力；他们三人创建了大都会建筑事务所(the Office for Metropolitan Architecture，OMA)。OMA很快吸引了一批一心求变的美国学生的加入，其中包括罗琳达·斯皮尔(Laurinda Spear)，她后来是建筑构成事务所(Architectonica)的重要成员，这个事务所也是最早受到库哈斯理念影响的建筑团队之一。OMA这个构词十分重要，它表明库哈斯将建筑实践视为一种集体工作的成果，而非艺术家建筑师的单独创作。在库哈斯眼里，美国和纽约是现代性的真正表征，而现代建筑从来没有忠实地反映出当代文化。与此类似，埃森曼说过，现代性一直没有达到极致的境界。虽然我们也看到盖里尝试将现代性从刻板的教条语汇中解放出来。在库哈斯的书里，他告诉我们他在纽约的所见：正是纽约，这个现代城市的典型代表，其建造完全受到经济因素的影响，受到肆无忌惮的资本力量的推动，在此过程中建筑形态得到真实的塑造并大放异彩。库哈斯将向世人展现这种形态的塑造过程视为自己的任务，他认为当所有制约形态的传统语言和规范都不再适用时，只有技术和经济才是建造现代世界的真正因素。

在探寻美国作为产生现代主义的摇篮的过程中，我们会发现其间产生了某种反智主义(anti-intellectualism)。当然，这种反智主义只有那些受过精英教育、敢于与自己所属的社会群体拉开距离的人才会有。在库哈斯看来，这些新的英雄恰是书写现代性新历史的主角，他们包括哈里森与阿布拉莫威兹组合(Harrison & Abramowitz)，或者是亚特

兰大的波特曼(Portman)等，而这些人却被那些自诩为知识分子的同僚们贬低为商业建筑师。库哈斯对大众文化(mass culture)深感兴趣，而纽约的大众文化可能比世界上其他地方都要更为彰显。因此，库哈斯认为如果要为建筑实践设定标准及奠定根基，就必须对这种现象加以探寻及调查。这并不是指像盖里那样沉迷于模型与材质的直观操作，或者像西扎那样醉心于建筑的精妙指涉，而是指去探究大众文化对城市和建筑的影响。矛盾的是，这种影响曾经同时发生于20世纪早期两个两极化的社会里：美国与苏联。库哈斯仔细研究过苏联的先锋主义运动(avant-gardes)[2]，他了解苏联人在当时追求一种目标极其清晰(包括社会与美学方面)的乌托邦。苏联人宣示了这种先锋主义，并完成了一些极致的作品，但随后保守的斯大林主义却将这些成就扭曲了，在30年代开始走向以苏维埃宫(Palace of the Soviets)和莫斯科地铁等工程为代表的宏大叙事(monumentalism)。美国人同样拥抱大众文化，但他们意识到了它会带来的问题，因此美国人在学习建造曼哈顿的过程中，试图将大众文化潜在的缺点转化为优点。在《癫狂的纽约》中，通过对曼哈顿的研究，库哈斯收敛了他作为职业建筑师所受过的训练，学习着去抵御乌托邦的诱惑。几年以后，他谈道：

> 我的建筑作品是刻意非乌托邦的：它尽力在普遍性的状态下进行，其间没有痛苦、没有争论、没有任何形式的自恋，所有这些可能仅仅都是为内在缺失而辩解的复杂托词而已。因此，我的作品对乌托邦式的现代主义是持批判态度的。但是，它们仍然与现代主义的内在力量及其过去300年的相应演变一脉相承。换言之，对我来说，重要的事情是找到并表现

1　Rem Koolhaas and Gerrit Oorthuys, "Ivan Leonidov's Dom Narkomitjazjprom, Moscow." Oppositions 2 (January 1974).

2　Rem Koolhaas, Delirious New York: A Retroactive Manifesto for Manhattan (New York: Oxford University Press, 1978).

现代主义的力量，但要去除所谓乌托邦的纯粹性（purity）。就此而言，我的作品是现代主义的，是一种批判性的、带有艺术运动色彩的现代主义。3

他的话表明一个文化精英，发现自己所属的社会群体正失去与大众文化的联系。同时也使我们看到一个学者所处的矛盾状况，即他发现智慧并不是推动进步的唯一引擎，真正需要的是行动，并且这种行动需要以强势的技术手段来推动。库哈斯最后还分析到：大众在面对新的历史境况时，会比建筑师或者知识精英们表现得更为敏感并更敢于采取行动；因此历史的新课题往往在大众的欲望中变得显而易见，而非存在于思想者的宣言中。库哈斯在谈论马恩河谷镇（Marne-la-Vallee）这个新城项目的建造时，脑海中的想法是：

> 建筑师在其间的角色是微不足道的。建筑师唯一能做的，往往就是在给定的条件下去创造出大致称得上杰出的建筑。但令人难以置信的是，大家其实往往高估了建筑创造正面价值的能力，甚或更糟的是，还高估了建筑制造负面性的能力。建筑师们对现代主义的批判则进一步助长了这些误判：在1960—1970年代那些司空见惯的抱怨与批评中，以及对臆想出的现代主义的错误的大声咆哮中，建筑师们实际上削弱了自己的专业地位。4

我们注意到库哈斯的这种大众流行论（populism）与大众文化相关联的渴望，与文丘里的观点相距甚远。文丘里的大众流行论主要体现为一种符号图像（iconography），他主张去愉悦地享受并颂扬美国商业文化中的事物。在我看来，这是知识精英的一种屈尊逢迎的态度。库哈斯的理念则与此截然不同。在他看来，借由利润的驱动而绝非形态的主导介入，大众文化具备一种能量，可以创造出一个无论看上去多么没有特色、但却符合逻辑并具备内在存在理由的城市。纽约比其他任何城市都适合用来阐述这个理念；事实上，如果企图进行任何价值判断，或者要对城市科学设定任何先验性

的标准或者原则，纽约都会把一切全盘推翻。进一步说，传统的城市论倡导某种平衡的、密度均衡分布的城市，但《癫狂的纽约》中的一些段落则表明了库哈斯的不同看法：

> 曼哈顿表现了一种理想的密度状态，包括人口和基础设施两方面；它的建筑在一切可能的方面都促成了一种"拥挤状态"（a state of congestion），并借由这种状态激发并维系了社会交流，进而造就了一种独特的"拥挤文化"（a culture of congestion）。5

库哈斯在纽约充分体验了这种"拥挤"，例如在康尼岛（Coney Island）的游乐园、在街道与林荫大道上、在公共建筑、百货公司、剧院乃至地铁里等，他惊叹于这种"拥挤文化"。他坚持这种拥挤及密度是建筑实践所需的必要价值所在："在这种无与伦比的'拥挤文化'中，超高层建筑这种类型的潜能得到充分发挥，从而在曼哈顿具化为一种'构成主义式的社会凝聚器'（Constructivist Social Condenser）的功效。"6 苏联的构成主义学者曾经探讨过建筑作为"社会凝聚器"，能够促进人们之间高频与积极的互动，然而正是在纽约，学者们所希冀的这种互动无意识地广泛发生了。因此可以说，真正的"社会凝聚器"并不源于那些前卫的苏联建筑师的图纸，而是来自纽约的超高层建筑。

它是20世纪为数不多的、具备真正革命性的建筑之一——在技术与心理层面，它都提供了根本性革新的可能，而这在本质上都源于大都市的生活，这也使本世纪与之前的时代产生了根本的差异。7

他补充说道："超高层建筑的不确定性（inde-

3　Rem Koolhaas, *Conversations with Students*, ed. Sanford Kwinter（Houston: Rice University School of Architecture; New York: Princeton Architectural Press, 1966），p.65.

4　同上：43.

5　Rem Koolhaas, "Life in the Metropolis, or, The Culture of Congestion," *Architectural Design* 5（1977），p.320.

6　同上：322.

terminacy）决定了在大都市中，单一的建筑功能无法匹配单一的场所。"8

　　库哈斯时常强调区分功能与场所的重要性，他认为这种区分是建筑实践的基础，尽管必须承认，他自己的建成作品并不全都秉持这一原则。具体而言，这一原则主张建筑应具备一种与生俱来的开放性（an inherent openness），而非局限于某种特定的功能，这种特质将使建筑超越我们的期待，更自由地被使用。想想我们建筑师，有多少次因为功能的需要而限制形态的可能！而在纽约这样的城市，我们却看到建筑的形态脱离了功能的必需；或者换言之，这座城市让我们看到，建筑形态实则可以更轻而易举地去适应功能。用库哈斯的话说：

> 结构的外部和内部是建筑的两面。其外部仅仅与建筑的外表相关，多少类似于一个安静不动的、雕塑般的客体，而内部则处于主题、用途、符号图像等要素的持续流动状态中；这种流动拨动着大都市居民那被过度刺激的神经，让他们克服周而复始的倦怠感。9

　　文字虽然冗长，但它们表明库哈斯的建筑正是针对这些大都市居民的。他对范型（models）的使用当然也是基于此目的。有趣的是，西扎的作品虽然充满对现代建筑的指涉，但却没有范型；罗西的类型与范型，更接近一个柏拉图式的理想世界；埃森曼的范型是为一个由句法结构所主宰的想象赋予形态；斯特林更关注历史风格，而非范型；盖里则企图摆脱这些一切的影响。因此可以确定地说，在本书所讨论的这些建筑师中，库哈斯是唯一知道自己的建筑应该具化为什么样子的。即是说，他熟知自己的范型，并且像一个写实画家一样，尽力使自己的建筑向其范型靠拢。库哈斯一直要从这一现实，这是为什么我有时将他的建筑称为"现实主义"（realistic）。库哈斯的范型其实就是"自发性城市"（spontaneous city），一种来自不受控制的开发的城市，一种只有在美国才得到最为强烈呈现的原型。

　　对库哈斯而言，建筑与其相伴随的用途（pro-gram）相关，但他对建筑用途的理解与他人不同。例如，库哈斯建筑中用途所扮演的角色就与盖里的建筑相距甚远。我们有必要就此谈论一下这两人的关联，因为在本书的八位建筑师中，只有库哈斯和盖里将用途置于建筑的本源范畴。但盖里将用途视为极为具体、精确的要求，譬如客户告诉我需要什么，我负责创造出满足其需求的有机形态。而对库哈斯而言，用途的意蕴更为广泛分散，与被建造出来的建筑不一定有直接的关联；相反，用途可以是一种完全不同的范畴，可以促成不精密的、开放的建筑营造。库哈斯因此尽力避免对建筑用途的过度依赖，他将用途与建筑之间的矛盾概括为："用途最大化，则建筑最小化"10。他同时主张："当一切皆无时，一切皆有可能，当有了建筑之后，则其他一切皆无可能"11。他似乎意指今天的建筑实践不应该限制建筑内行为与流动的自由，这种自由正是当代文化的特征。可以认为，库哈斯关于流动的概念不如盖里那么清晰明了，他认为建筑实质上终结了流动的自由、消耗了流动的自由。所以他对建筑的主张实际是"非建筑化的"（nonarchitecture），如他所说"当一切皆无时，一切皆有可能"，这正是他希望他的建筑呈现的状态。而达成此目的的前提是需要一个能承载无限空间意蕴的结构。库哈斯在评论德国西南部的卡尔斯鲁厄（Karlsruhe）建筑时描述了这种结构："创造密度、运用紧密度、激发张力、最大化摩擦、组织中间状态、促进渗透、提升个性，以及刺激模糊性，所有的用途都被整合到一个43米×43米×58米的空间容器里"12。

　　所有这些都是理解库哈斯作品的关键。然而，他拒绝以所有评论家都惯常使用的简单分类的方法去简析他的建筑。也许，他的建筑可以被形容为"难

——
7　同上：322.
8　同上：324.
9　同上：324.
10　Rem Koolhaas and Bruce Mau, *S, M, L, Xl.* ed. Jennifer Sigler（New York: Monacelli Press, 1995），p.199.
11　同上：199.
12　同上：692.

以捉摸的”（elusive）。我更想自作主张地将他的建筑定义为“鸡尾酒建筑”（cocktail architecture），即像鸡尾酒那样融合了各种味道。不过，我以为鸡尾酒的混合味道虽然新奇并很有吸引力，但还不能与上佳红酒的纯正口味相媲美。和鸡尾酒一样，这种建筑的各种成分，都在调解制作的过程中融化消解，但并非不能辨识。我们也可以将其类比为“杂交繁殖”（cross-breeding），不过“鸡尾酒建筑”的说法可能更准确。“杂交繁殖”意味着某种演进（transformation），但在库哈斯的建筑中并没有确切的演进存在。我们仍然可以辨识其中的参照指涉，有些甚至直接得令人汗毛直竖：一方面可以看出纽约的影子，那个自发性城市的典型代表；另一方面是随处可见的他受过的现代主义教育的痕迹，反映出某种对失败的乌托邦仍然潜在的渴求。他的作品包含了对苏联先锋建筑师的隐喻，同时也反映了对两次世界大战期间美国建筑师的指涉。库哈斯对自己偏好的展现向来是很清楚的。在某种程度上他也许更偏向于美国式的实证主义（positivism），但他对苏联先锋派的推崇仍不断浮现在他的建筑中。尽管他的作品中包含着多种形态，但他的建构过程却是绝对商业化的、粗野的、自发性的，且是为一般常规建筑所能使用的。在这种建筑中，他找到了现代主义所探寻的合理性；同时当他为此骄傲地公开宣扬时，还势必享有一种大胆魅惑的愉悦。可以说文丘里也追求类似的目标，但两者仍然存在差别：库哈斯相信20世纪的自发性城市具有某种结构，并需要去找到这种结构；而大众主义的文丘里（在其第二个阶段），对找出隐藏在这种结构背后的机制更感兴趣。去发现当代城市中潜在的结构，并学习运用建构这种结构的机制，似乎成为库哈斯作品的目标。

另一方面，库哈斯的建筑总是体现了一种将作品作为产品（product）来打造的渴望，他喜欢强调这一点，就好像这是一个体现当代性（contemporaneity）的无可辩驳的证据。在他的观念中，建筑作品与工业主义产品没有太大区别；建筑是工业生产的产品，建筑师的工作室就是工厂。

这类似于安迪·沃霍（Andy Warhol）在艺术领域的探索。建筑因此可以再次得到与过去一样的匿名性（anonymity）。因此，可以说库哈斯的工作室更类似于工作坊，而非学校，其输出的建筑作品是集体努力的结果；在这里，建筑师并不像埃森曼那样，是个做设计、推敲思考并探寻理想方案的人。对库哈斯来说，建筑师更类似一个触媒，他在工作室这个设计生产单位里，促成形态与空间的具象化，以此来满足现代生活的功能用途。库哈斯总是对生产分析感兴趣；不要忘了在60年代晚期的“建筑联盟”课程中，方法论研究是其基础部分之一。库哈斯在此基础上走得更远：他极其重视工作室的结构构成，并将生产与设计的任务紧密结合起来。

同样地，在当代性的名义下，库哈斯还希望他的建筑是全球化的、普适性的、与地域性无关的。这与西扎关注偶然性因素及地域特质完全相反。库哈斯希望他的建筑是有用的，而且不管是在日本、荷兰、美国或者其他什么地方，都能完成它被赋予的任务。就此而言，地点并不重要，普适性的愿景超越了建筑师的个性。盖里的建筑虽然遍布全世界，但不渴求具备普适性。城市与企业机构委托盖里，获得他“签名”完成的建筑作品。他们其实要的是盖里，就如同要一件带有私有印章的艺术品，可供全世界鉴赏。但这与普适性的概念并不可混为一谈。与此相对，库哈斯考虑的是他或者OMA给市场提供的产品，在世界各地都是有用的。这可能更像一个商标，而非建筑师或者艺术家的作品。工业化生产方式阐明了他对建筑的这种渴望，这与时间、形态以及最终的人，都是不相关的。

库哈斯对运用正确的尺度很感兴趣。我们将在讨论他的作品图例时具体讨论这一点；不过大致来说，库哈斯认为尺度不可避免地与人——包括个体与群体——对建筑的使用相关。他的著作 *S,M,L,XL* 显现了对尺度的关注，并将尺度作为一个展现与组织其作品的框架。他关注尺度的核心，实际是强调建筑以服务为本。尺度由此成为一种从私有到公共的分类，它使建筑能够满足个体的需求，同时也满足大众对空间的诉求。通过技巧性的尺度操作，建筑能够服务于由大众文化所界定的社会，从而恢复它在过去曾扮演的有益角色。库哈斯认为开发商作为自然形成的经营者，最能经由寻找正确的尺度来理解建筑的用途。当其同时期的建筑师们陷于形态与符号的学术讨论时，库哈斯则无视"建筑规模决定和设置了设计条件"这一事实，反而时常清晰地展现出他面对现实的决心。与盖里对日常生活的材料感兴趣不同，也与西扎从大众建筑中探寻那种无法言述的诗意不同，库哈斯感兴趣的是一种"更为残酷的现实"，一种我们在一些美国电影中看到的、也是他在研究纽约城市时所发现的现实。这种现实是由开发商建构的现实，他们深知今天应该建造些什么。相比喜欢自称为理性主义者的建筑师，开发商其实更讲求工作的理性。"实践理性"（practical reason）在西方文化已经取代了在康德之后的一切理性。如今，那些在建造行业工作的人最熟知建筑的形态。要成为当代的理性主义者，就需要接受当代城市所反映出来的那种看待事物的方式，而当代城市正是年轻时的库哈斯最为向往的。

年长的库哈斯按照他在《癫狂的纽约》里所热情描述的那样，建构了大都市的个人模型。他在研究美国城市时所接触到的形式世界，正是他意图建造的现实。因此，可以说库哈斯是一位写实主义画家。但是，如果用同样的视角来分析其作品，可以认为安迪·沃霍或者大卫·萨利（David Salle）也是写实主义的。和沃霍一样，库哈斯也首先力图形成一种距离感。对沃霍而言，图像是固定不变的（stereotypes），肖像画对他来说就是一个图像而已，并不涉及太多个人情感，所有的一切都必须适合消费主义世界的需求。比如，无论玛丽莲·梦露对公众意味着什么，这都与她作为一个个人的存在无关，至关重要的只是她的图像而已。建筑元素也可以同等分析。库哈斯对"设计"并不感兴趣，他只是运用来自建造业或者大众文化的那些要素来开展工作。他并不醉心于发明，而是宁愿保留那些既有的符号与图像。和沃霍一样，库哈斯也乐于单纯

地展现那些众所周知的图像。他们两人都不认为在此之外有添加任何事物的必要。库哈斯和沃霍都积极地面对社会并坚持在其作品中反映社会。而另一方面，大卫·塞勒的作品则是可以接受周围多层面现实的银幕，在他多元化的画作中常见重叠的机制（mechanisms of superposition）。我指的并非面或者层次的视觉重叠，而是经验、知觉与情感的重叠；即这不是视觉操作上的重叠，而是一种存在的方式。我相信库哈斯的建筑也与此类似。他将现实视为一种条带排列般的组织（reality arranged in bands），犹如荷兰的乡村景观；这些条带正是景观的基础，使其构成满足人们生活需要的物质形态。

从库哈斯对当代城市的解读，可以立即推导出一个概念（我相信这个概念是一种必然的结论，并具有非凡的价值）：自由剖面（freesection）的概念。我们在斯特林的建筑中领略了剖面的重要性，以及看到它如何在其作品中成为形态的母体（matrix of form）。在斯特林的早期作品中，剖面决定了建筑。认识了剖面等同于设计建筑并确立了空间用途。假如柯布西耶教会我们如何从"自由平面"（free plan）去思考建筑，库哈斯则把自由剖面的概念融入20世纪晚期的建筑文化中。库哈斯帮助我们从垂直维度（vertically）去思考建筑，正如他似乎极力去证明大都市密度的价值。建筑并非由水平的层次所堆叠而成，它们是从剖面的角度来被思考的，尽管剖面并不完全界定建筑的形态。建筑的形态实际是借由探讨尺度及探讨其在城市中扮演的角色来界定。有趣的是，这种看待建筑的方式，导致了对建筑符号图像重要性的全新的认知。事实上，库哈斯在美国城市中所看到的建筑，其形态都由建造的观点所决定，以及与它们在城市中被设定的尺度相关，而与用途决定形态的说法并无关联。换言之，美国城市促成了将建筑视为容器的想法。这种想法是理解近来建筑学实践的关键所在，而无疑地，库哈斯对于纽约的描述进一步强化了这种想法。有时我们会察觉到库哈斯对于模型的依赖，这种依赖使他想分毫不差地把模型复制出来。但在另一些作品

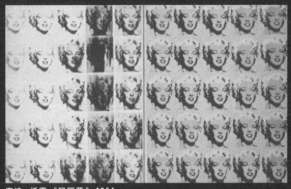

安迪·沃霍,《玛丽莲》,1964

大卫·萨利,《我的客观性》,1981

中,建筑师库哈斯则是"建筑变成容器"（building-turned container）这样一种形态生成逻辑的发明者。如此,他可谓选择了一种能产生自主性及完整的（autonomous and complete）建筑图像,体现出占据极大优势的统一性及全球性（unitary and global condition）。库哈斯很清楚这一切,因此他大胆地运用图像来恢复了全球单一的建筑实践观点。我脑海中浮现的作品有渡船总站、里尔（Lille）的会议中心,以及阿加迪尔（Agadir）的酒店;在我看来,这些作品体现了非凡雄心,值得尊敬与赞赏。

当我们仔细体会库哈斯对美国城市的描述、他对正确尺度的关注、他对基于自由剖面概念的新设计方法的贡献,以及他对重新寻回建筑图像特征的

雄心壮志时,我们即可理解,为什么他的作品在当今能够获得如此积极的评价,以及为什么他会被放在这门课程里。

1 被囚禁的地球之城，1972

1-2

"被囚禁的地球之城"（The City of the Captive Globe）和"出埃及记，或称自愿成为建筑之囚徒"（Exodus，or the Voluntary Prisoners of Architecture）这两个项目，都始于 1972 年，尽管安格斯的影响显而易见，但它们都是库哈斯在美国工作期间的成果。前者，明显模仿曼哈顿模式的街区被众多不同的超高层建筑充满。在城市接纳多样性的准备中，城市结构的力量脱颖而出。柯布西耶式的建筑与明显是安格斯式的塔，或灵感源于德国表现主义（German expressionism）的建筑相并列，商业建筑与公共建筑相混淆。在这个方案中连续性不是障碍，它并没有阻止建筑师继续他们的工作。

另一个项目"出埃及记，或称自愿成为建筑之囚徒"，表达了库哈斯对维也纳概念艺术家（Viennese conceptual artists）作品的兴趣和对佛罗伦萨超级工作室（Florentine Superstudio）的研究。它试图探究如何轻松地将一个巨大的建筑结构叠加在现有城市中，并与之和谐共存。

2 出埃及记,或称自愿成为建筑之囚徒,1972

3-4

在对纽约下城健身俱乐部(the Downtown Athletic
Club in New York)的研究中,库哈斯发现了证据以
证实:建筑其实可以从保持室内外一对一关系的义
务中解脱出来,形态和使用之间也不需要相互依赖。
当审视盖里的作品时,我们曾谈到任意的建筑。在
这里,随着超高层建筑进入城市,任意的建筑以一
种不同的方式呈现。正如我们在其剖面图中所见,
在下城健身俱乐部,健身房、咖啡馆、游泳池、餐馆、
酒店和办公室聚集在一起,建筑平面生成建筑物的

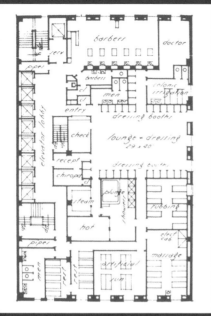

3-4 下城健身俱乐部,纽约,
1931

5 新福利岛方案,纽约,1975

概念完全消失了。在超高层建筑中,至关重要的是建筑物的结构和竖向交通核的位置。建筑的整体结构和交通核的位置决定了可用空间,然后这些空间渐次展开以适应多样的用途。结构和交通核是最重要的,之后曲折的走廊可能会出现,但只要不同空间之间仍保持必要的联系这就没什么关系。建筑的形态从用途中解放出来;建筑师在决定建筑形态时也不用考虑用途。在这个项目中,库哈斯发现了"自由剖面"的原则,这将成为他未来建筑师工作的一个灵感来源。他对下城健身俱乐部的分析也成了他的设计方法。今后他将以剖面为基础设计大尺度建筑。建筑的形态 —— 包括它的形象、它作为符号的状态都将隐含在剖面中。

5

1975 年在纽约罗斯福岛(Roosevelt Island)举行的"新福利岛"(New Welfare Island)竞赛,是库哈斯建造一系列包含公寓、办公室、酒店等多样性使用的超高层建筑的由头。这些超高层建筑随时准备为各种用途服务:公寓、办公室、酒店等。"拥挤"发生在桥上、桥下,库哈斯的个性也正是在这里表现得最为自如。他的方案与其他参赛作品的不同之处在于,它把罗斯福岛描绘成一个更广阔、更有能力接受曼哈顿至上地位的岛屿。从曼哈顿的角度来看,罗斯福岛是一个发生在东河(the East River)上的事件,一个通过桥梁和驳船将城市整合在一起的事件,因而它是有意义的。罗斯福岛不是自治区域,而是曼哈顿的一部分。库哈斯在曼哈顿的格网上制造的裂缝似乎也表明了这一点。如果这些裂缝某一天形成岛屿,那么它们与作为福利岛项目起点的裂缝也没有太大区别了。

这些提案的价值,除了作为设计备选方案的价值之外,更在于库哈斯所提供图像的高度可塑性,而这要归功于玛德仑·维森朵的透视图技巧。

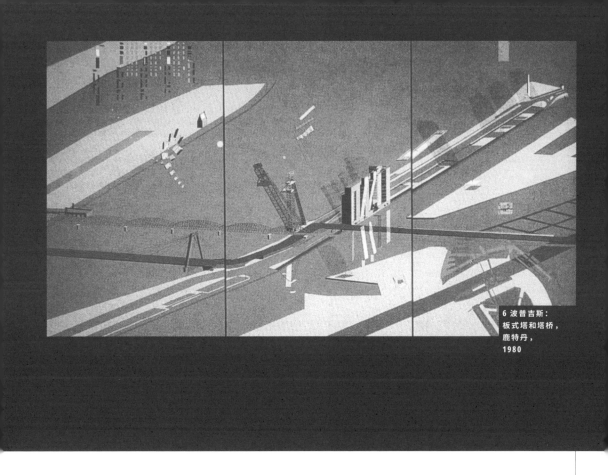

6 波普吉斯：
板式塔和塔桥，
鹿特丹，
1980

6

相似的评论也可用于 1980 年鹿特丹名为"波普吉斯：板式塔和塔桥"（Boompjes: Slab Tower and Tower Bridge）的项目。在此，库哈斯使我们知道，他设计的建筑可以建在任何地方，甚至是罕有城市氛围的地方，比如河口和港口，以及桥梁、起重机、堤坝、飞机库旁等。公共设施建设使我们得以支配环境，而库哈斯似乎对探究建造它们的工程师的作品背后之美很有兴趣（我说"探究这种美"，但可能该说成他面对那些他不期望要求自己做的项目时的敬畏和钦佩）。与新福利岛项目一样，"整体"的概念占了上风，"整体"消除了对环境的所有暗示。库哈斯的建筑就这样在起重机的阴影下拔地而起，就像从城市场景中分离出来的人格（但不是外来的），在最终的分析中，这成为库哈斯最热衷的参考和设计框架。这需要一定的努力来映射他脑中所想，因为那图像强大而吸引人，并似乎已自成一体了。图像仅仅是一个说明，并不会降低它作为现实事件的代表价值。不可否认，库哈斯选择这样一种表现方法是非常重要的贡献。

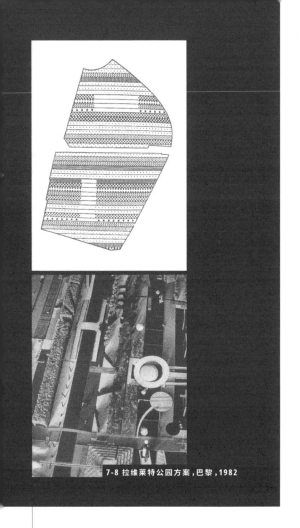

7-8 拉维莱特公园方案，巴黎，1982

一种不断演化的肌理组合，这不可避免地使我们想到当我们飞越荷兰上空时在我们下方蔓延的农田全景。事实上，库哈斯使用的条带状几何图案与荷兰农民使用的几何图案没有太大区别。在库哈斯看来，拉维莱特公园没必要非与任何轴线和图案产生联系。相反，他设想了由条带定义的活动区域，这些带状区域将反过来被特定的催化剂激活，而这就是建筑师的职责所在。没有形态，取而代之呈现给我们的是一个活动的目录，这些活动将被潜在的相遇点具象化，就像埃森曼的一些方案一样。这些相遇点可以用来界定一个结构，然后得出一些物质实体：路径和交流网络。这个无定形的方案由两股开放的正交轴的力量激活，可以确定的是，它与巴洛克式花园（baroque gardens）中决定性的轴线没什么关系，而更像蒙德里安画作中的线条，积极地界定范围领域但绝不等级化。设计是一个虚拟的活动内容，是一个将空间塑造得可用而灵活的机会，而不是一个静态的对形态的定义，这种设计理念在库哈斯的拉维莱特公园方案中充分展现，该方案也将对他在欧洲建立影响力大有助益。

9-15

库哈斯的作品中，1986 年海牙市政厅（the town hall of The Hague）竞赛的提案最能说明他运用范型作为参考的程度。作为一名建筑师，库哈斯希望为这座城市提供一座像洛克菲勒中心（Rockefeller Center）或华尔道夫酒店（the Waldorf Astoria）那样庄严的建筑。对于海牙这种城市的行政总部来说，没有什么比纽约那种严谨厚重而又克制的建筑风格更合适的了。库哈斯在这个提案中严格遵照他在摩天大楼之城中学到的经验教训来设计，并以极大的热情将它们记录在《癫狂的纽约》一书中。忠于这些原则，他继续建造在纽约见到的那种建筑，即那种能被自由而任意地垂直切开的一般性建筑（generic architectures）。库哈斯被纽约建筑的视觉丰富性迷住了，它毫无顾忌地接受了经济压力下对土地使用规定的随机体积

7-8

库哈斯在参加饱受争议的 1982 年"拉维莱特公园"（Parc de la Villette）竞赛时的提案，是他建筑师才华的最初的主要表现之一。在这场竞赛中，伯纳德·屈米（Bernard Tschumi）以一个与库哈斯的设计没太大不同的方案赢得了竞赛，库哈斯舍弃了公园中所有可能的风景如画的景致，正面挑战了景观设计师所采用的常规手法。库哈斯不认为一个公园应该提供一种完整且确立不变的景致。他选择把它看作

9-15 A 市政厅方案，海牙，1986

9-15 B 华尔道夫酒店，纽约

9-15 C 洛克菲勒中心，纽约

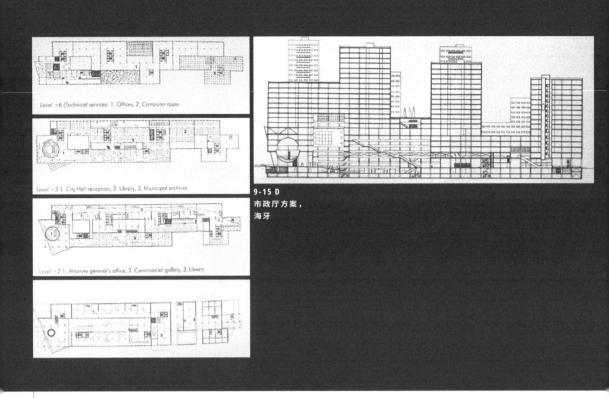

Level +6 (Technical services: 1. Offices, 2. Computer room

Level +3 1. City Hall reception, 2. Library, 3. Municipal archives

Level +2 1. Attorney general's office, 2. Commercial gallery, 3. Library

9-15 D
市政厅方案，
海牙

配置要求，从而超越了风景如画的美。库哈斯尽力在建筑形态的生成中获得同样的配置，即使这里的结构条件并不完全相同。矛盾的是，他会从形态而非结构上靠近他喜欢的范型，因而当我们审视这些图像时，值得赞美的是他塑造形态的才华。奇怪的是，库哈斯在理论上拒绝任何基于视觉角度的建筑，而他自己在这个项目中表现出来的却是一个形态塑造的大师。

这些模型的照片具有一种令人印象深刻的塑造力。库哈斯能在拍摄它们时表现出一种十分有效的矛盾情绪，一方面说明了体量的抽象状态，另一方面也在细节中展现了他对不可避免的现实的感知。这些体量由使它们能移动的图样和网格构成，并在空间中产生了振动。这种振动将它们与纽约的超高层建筑联系了起来，后者也能在曼哈顿的网格上自

由移动。作为对比，窗户有助于使图像更完整，而被随意点亮的灯则证明了他不想让这些建筑物被看作是从日常现实生活中它们的固定位置上移走的东西。库哈斯对他的模型之拍摄的掌控，展现出了他对电影的热爱，并且也在对建筑工具方面不存在偏见的前提下，确认了建筑影像的重要性。事实上，我们也的确看到了一个懂得在整个环境中取景的人，他对两组光的巧妙处理使抽象的模型看起来十分真实。

海牙市政厅首先是一座行政大楼，一座办公楼，这意味着它对土地使用没有太多要求。但它包含了一个大图书馆，以及一个隐喻了由启蒙运动时的建筑师提出的球形空间，库哈斯在此设置了镇议会的会议大厅。这座建筑是一个由虚体（voids）激活的容器，这些虚体空间用于构建和塑造那些各种用途

的内部空间。而在实体（solid）（即在城市形象中占有一席之地的独立体量）和体现库哈斯所推崇的纽约的自由内部空间的处理之间，存在一种方言，对库哈斯来说，这是真正现代建筑的范型。我们可以在模型的相关剖面中看到，现代性正体现在空间的自由使用上。

也谈谈平面吧，我不会详细讨论它们，但请留意剖面是如何强化平面的。我不是说剖面所体现的转换成了一个埃森曼风格（Eisenman-style）的平面，而是说事实上毫无疑问，库哈斯通过一个有条理的形式机制生成整个建筑物的体量的方式，与我们在埃森曼的房子中所感受到的相差不多。另一方面，当按照项目需求以侵蚀和塑造铸模的方式操纵体量时，似乎会让人拥有某种满足感。要解释这一点，只有记住，对正统的现代主义者来说，摆脱外部设计

准则中体量配置的专制性十分重要。与柯布西耶式的自由平面相比，库哈斯建筑的自由体量更接近于某些新造型主义者（neoplasticist）的实践，尽管他有时很自然地使用前者的手法。请留意库哈斯如此喜欢的"拥挤"概念是如何以一种刻意的紧凑方式表现出来的，而我们也在纽约下城健身俱乐部的设计中看到了这点。

16-21

于 1981 年建成的海牙国家舞蹈剧院（National Dance Theater），在我看来并不像市政厅那样雄心勃勃。不过，它仍有些有趣的元素，比如门厅。铺设在座椅层下面，是一种在同类建筑中经常采用的方法，这是由一个自信的抛物线构成的，使得它与通常

16-21 国家舞蹈剧院，
海牙，1981

在严格的网格上建造所产生的结果大相径庭。库哈斯希望按照经济指导方针进行建设，因此采用了网格（grid），但在一些孤立片段（isolated episodes）或奇异点（singular points）上，引导观察者进入中性空间，门厅上方的楼梯和平台应该足以说明这点，在这些奇异的元素中，我们可以欣赏库哈斯作为建筑师的才能。尽管如此，我相信他还是会被他声称欣赏的庸俗建筑所困扰，这也让他自己感到沮丧。

国家舞蹈剧院可能是一个高效的建筑，但它没有考虑跳舞最具体的环境。剧院也缺乏对空间需求的关注，这使得这个剧院的内容是什么，显得毫不重要。最后，建筑还体现了这样一个事实：它居然没有包含任何对舞蹈的明显的直接引用。在这里，我们注意到库哈斯非常注重表面的操作，以及运用传统棱柱法工艺（conventional prismatic construction）构造立面皮质，通俗地说，他被迫"活跃"（enliven）起来。

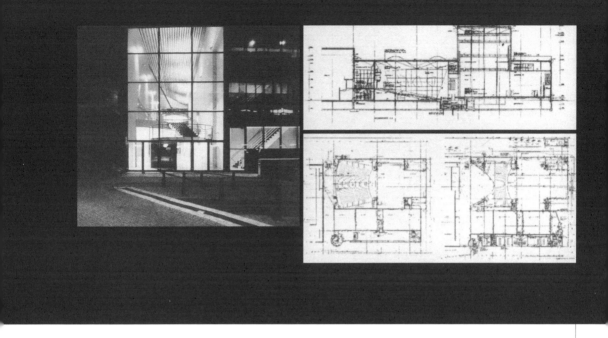

这些操作包括引用"文化"(culture)建筑,例如打断水平带出现的遮挡的女儿墙,或不同设计的直接叠加。在这样的建筑中,不难看出建筑师从不同单元的组合中获得了满足感,于是"鸡尾酒建筑"这个词就出现了。例如,为了与下方体量的窗户共存,上层使用了金属板护墙,这无疑是商业建筑的一种案例,就像一些建筑师会做的那样,以尊重高贵的文化。库哈斯似乎在建筑中注入了纪念性(monumental)

的马赛克,这也让人想起 20 世纪 50 年代的巴西和意大利建筑,或者是亨利·马蒂斯(Henri Matisse)画作中常见的舞蹈描绘。这并非为批评该建筑的人开脱罪名,它也是库哈斯对商业建筑的推崇之情的一部分。至少结果是不矫饰的、真实可信的,虽然这不是一座真正有意义的建筑。

22-23 海港规划，
阿姆斯特丹，1981

24-27
双露台别墅，
鹿特丹，1984—1988

22-23

库哈斯对商业和消费建筑有着浓厚的兴趣，他在1981 年阿姆斯特丹的"海港规划"中再次落入了陷阱。他渴望启迪他人，但让人遗憾的是，他转而去探索瓦尔特·格罗皮乌斯（Walter Gropius）、欧内斯特·梅（Ernest May）和路德维格·希尔伯赛莫（Ludwig Hilberseimer）等截然不同的建筑师可能会做些什么。库哈斯的作品只是试图成为另一种可能性。我们可以称这种建筑为"类型自证（typological justifies）"。建筑师坚持使用已知类型。库哈斯解决这个住宅问题，是遵循了自 20 世纪 20 年代以来现代建筑已知住宅案例中使用的标准（norms）和元素（elements）。库哈斯应该意识到，这并不是一个出色的例子，或许这可以解释这部作品出现在夜间的照片更多，就像电影的序言一样，也被用来描述生活在大都市边缘的人们的孤独。

24-27

我相信，这些 1984—1988 年建于鹿特丹的名为"双露台别墅（Two Patio Villas）"的住宅表现出了更加清晰的建筑意图。首先，需要认识到在承认局限性的建筑作品中涉及的成熟度。库哈斯清楚，在这样的地区建设房屋必然有所限制，他并不试图超越这些局限性，他的态度与他的同事大不相同，库哈斯不会为追求精致的建筑设计，毫不考虑场地和用途进行随心所欲的建造。他知道回旋的余地不多，无论是空间需求、可用区域还是应用的建设系统等事项，都不可避免地导致建筑面临这些局限性。这就要求建筑至少在外观上不能过于偏离周围环境。某种程度上的伪装似乎是合适的，因此库哈斯采取了在郊区少见的含蓄（subtlety）。

　　某种程度上来说，这些房子也给了我们一个讨论文丘里提出的"哪些元素是装饰建筑"的机会，对

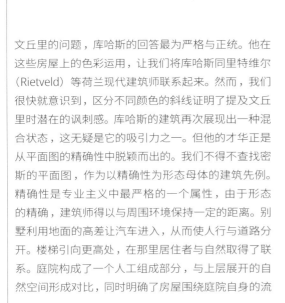

文丘里的问题，库哈斯的回答最为严格与正统。他在这些房屋上的色彩运用，让我们将库哈斯同里特维尔（Rietveld）等荷兰现代建筑师联系起来。然而，我们很快就意识到，区分不同颜色的斜线证明了提及文丘里时潜在的讽刺感。库哈斯的建筑再次展现出一种混合状态，这无疑是它的吸引力之一。但他的才华正是从平面图的精确性中脱颖而出的。我们不得不查找密斯的平面图，作为以精确性为形态母体的建筑先例。精确性是专业主义中最严格的一个属性，由于形态的精确，建筑师得以与周围环境保持一定的距离。别墅利用地面的高差让汽车进入，从而使人行与道路分开。楼梯引向更高处，在那里居住者与自然取得了联系。庭院构成了一个人工组成部分，与上层展开的自然空间形成对比，同时明确了房屋围绕庭院自身的流

线组织。厨房、餐厅和生活区以庭院、楼梯为核心的布置，卧室和浴室则沿隔墙分布。分析楼层平面图是很有趣的，尤其是一张广为流传的外部环境照片，在镜头中，树木的倒影与界定庭院的框架相混淆。实际上，建筑平面图的精确性与这张照片正好相反，它似乎想要消除这是一个建筑的所有佐证。在这里建筑平面图表达出的显著的建筑力量，同建筑师想要表达当代人们生活在一个由回应主宰的世界之间，再次出现了矛盾。因此，玻璃作为反射的范例和建筑屈服于其的材料，转化成了一种难以理解和不断变化的形象。当然，这张照片并不是随意的。它有一种奇异的效果，这种效果与超现实无关，事实上这是我们之前遇到过的，而且会继续在库哈斯的作品中出现，如同与生俱来。

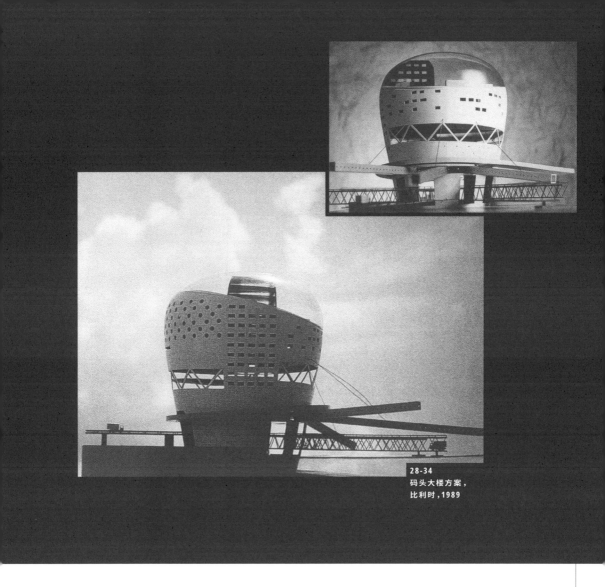

28-34
码头大楼方案，
比利时，1989

28-34

我们刚刚看到库哈斯如何将真正进步的、有意义的建筑标准应用到一个适度的项目中。玻璃被视为最能代表当代建筑技术的材料，以玻璃本身和它产生的反射为基础，其产生的结果是一个溶解的、不精确的图像。1989 年比利时的泽布吕赫码头大楼（the Sea Terminal in Zeebrugge）项目，无论在规模上还是在空间需求上都是一个雄心勃勃的项目。这里的设计方法也非常不同。符号图像作为提案最重要的部分，包含了赋予建筑生命的所有组件，无论是单一的还是综合的。

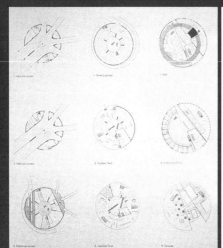
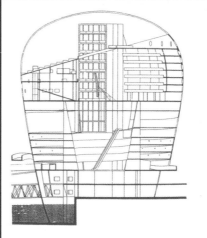

28-34
码头大楼方案，
比利时，1989

　　很难定义这个建筑，因为它聚集了不同的用途和功能。可以说，它说明了新世纪的多样性和矛盾性。这是个火车和道路同时聚集的建筑物，类似灯塔的形式也暗指海上交通。这个既不是球体也不是圆柱的建筑——也许我们应该称之为"椭圆体"——顺便说一下，它被固定于地面的方式，挑战了传统建筑的垂直顺序。尽管有完美统一的形状，但这令人不安的建筑仍让我们自然而然地联想到插画家笔下的外星世界，接收到多样化的输入：服务公共交通和私人的交叉道路、连接到地面的人行通道，以及连接船只的人行道路等。基础因此是最不稳定的部分，也是最活跃的部分，库哈斯恰如其实地称之为"运作的巴别塔"（a working Babel）。从这个全景圆顶里可以重新看到地平线，旅行者或者说是当代的战士们，得到了

他们渴望的休息，在这一点上，这座建筑似乎获得了某种平静，除了使用他的原则——拥挤、自由、剖面等——在这个项目中最吸引人的是建筑师在重视符号图像方面的勇气。虽然该项目没有实施，但如果想象从海上看到这座建筑。华灯初上，这个圆顶建筑毫无疑问地展现出泽布吕赫这个城市，努力成为强悍的欧洲交汇中心的野心。在这种情况下，建筑项目需要与社会的认同一致，建筑师也为社会提供了忠实的形态表达。当代很少有如此忠诚地表达一个理念的建筑，或者说在我们这个时代，很少有建筑师能对一个项目提供如此直接的符号图像的表达。我认为应该着重强调该项目的这一方面，而不是会让我们通过这种设计方法联想到迈阿密建筑师的风格上的暗示。事实上，这个建筑让人意识到现在大多数的立面都只是

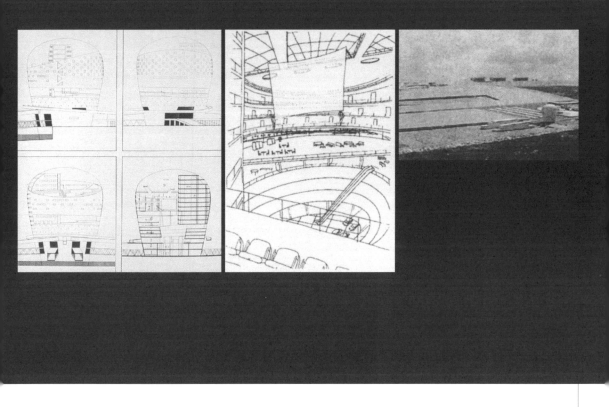

表面的膜，建筑师通过切割操作开始在膜上工作。这就产生了窗户的多样性（矩形、圆形）和顶部倾斜的切口，而失去了建筑材料本身的感觉。只有在基座到圆顶的过渡过程中，我们才会欣赏库哈斯建筑中经常出现的三角切口，当然，根据现代建筑的教义，它暗示了结构在所有建筑中的重要性：三角形的切口表明，在膜的下面有一个能够证明形态正确的抵抗结构（resistant structure）。

虽然我认为我们不需要深入地描述这里的空间，但我想再次强调该剖面的重要性。到目前为止，我们已经讨论了外表皮和建筑扮演的准地理（quasi-geographical）角色。如果我们冒险进入内部，我们会发现巨大的空间首先是一个可用的空间，在这个空间中，结构不会破坏可使用部分。螺旋线结构被用来解决停车场问题，这是正确并合乎逻辑的。但是这种遵循几何学的方式很快就被抛弃了，圆形方案被倾斜的模式所取代，倾斜的模式定义了能够容纳最多样化空间的平面。空间的定位是考虑到选择的视点，因此酒店大堂和房间都享受这些视点，而阶梯式座位被作为公共空间来使用，其背景是海洋。库哈斯在纽约建筑中所推崇的多样性在这里得到了颂扬和赞美，并得到了强烈的符号图像的支持和保护。至于交通堵塞，我们应该从交通堵塞的角度来考虑。库哈斯努力在不忽略交通指涉的情况下建造一座建筑，这是一次真正有趣的经历。他向我们展示了不同运输方式之间的联系是如何产生的。这就是他现今对旅行的看法，因为不同的交通工具的相遇，任何旅行中隐含的能量在这里以建筑的形式表现出来。

35-38
法国国家图书馆方案，巴黎，1989

35-38

库哈斯将他对纽约的观察运用在一系列独立自主的、综合性的全球性项目里，这点在两个项目中最为突出：一个是他在 1989 年法国国家图书馆（the Bibliotheque de France）的竞赛方案；另一个是同年的卡尔斯鲁厄艺术媒体中心（the Center for Art and Media in Karlsruhe）的正式委托方案。这两个项目是由同一个项目在不同尺度上发展而来的。重要的是建筑结构，也正因此产生了对一般性建筑的信心，它适用于任何用途或场地。

首先让我们来看看这个图书馆。该建筑的原型是一个半透明的立方实体。建筑师以此为材料进行工作。他需要赋予它结构与秩序。这与康在五十年代建构的服务与被服务空间遥相呼应。该空间由一系列垂直柱体单元构成，抗性结构和服务空间就在这些柱体之中。垂直单元按照巨大的笛卡尔坐标系的方式组织空间。整个空间都被其填满。需要强调的是这是一个图书馆，光是书籍的储藏和保存就足以构成它存在的理由。若以该参照系统为背景，构造的空间容纳了以下功能单元：阅览室、礼堂、视听室、公共空间等，时有柱体出现在这些空间中，但这并不妨碍它们发挥功能。矛盾的是，既然我们可以将该建筑考虑为抽象的，而如果我们把它看作一个包含五脏六腑的身体，这些器官的位置似乎也不影响建筑物的最终形态，那么我认为项目中有一些兽形的隐喻。我们还可以将其视作存储文化的机器，其中不同的部件被放置在预定好的底盘上。对图书

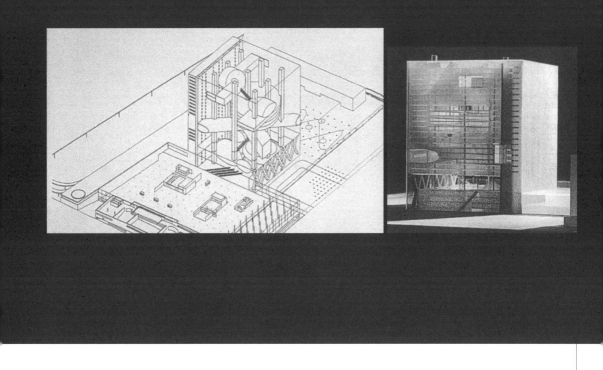

馆的这种双重解释或许并没有矛盾。请记住，机器的发明者一般都十分钦佩生物和自然。无论我们对库哈斯作品的解释是什么，事实就是他的形态不适合以美学的观点来评判，和它们的功能主义起源一样，它们试图摆脱与多样用途的提供者的角色无关的价值观的束缚。

在法国国家图书馆项目中，他对建筑的表现达到了顶峰。模型和图纸都非常富有表现力。请注意他在这里对实体和虚体的暧昧使用。在模型与一张轴测图中，虚体占主导地位，表现出基本的结构元素，而其中出现的实体暗示了与它们相关的功能。这些功能都是由虚体产生的，而在平面图和剖面图中，空间被这些虚体建立起来，又填满虚体。还有一

点，尽管库哈斯吹嘘他拒绝使用传统建筑语汇，但是他的作品展示出的极强的可塑性，往往使许多自持运用传统手法的建筑师眼红。挨个地检查立方体的每个立面，人们不禁惊叹于他使用颜色的技巧，抑或他异常熟练地在平面上画出的各种形状的价值，无论是椭圆形还是正方形。库哈斯意识到需要在视觉上使平面活跃起来，他所增加的三维特征使他的作品具有个人风格，而这一点在他众多的模仿者的作品中却难寻踪迹。最后，请注意他的建筑作品展开得多么自由。水晶立方体支撑着一切，包括那些从此开始成为他作品特征的元素，例如菱形结构，仿佛和我们之前在泽布吕赫看到的柱廊一样。

39-42 卡尔斯鲁厄艺术媒体中心，
1989

39-42

当然，卡尔斯鲁厄艺术媒体中心与法国国家图书馆项目有很大的联系，它阐明了库哈斯的提案是如何体现出我们之前提到过的普世价值。在刻意的夸张表现和规划下，法国国家图书馆项目力图成为一个宣言式的存在，在经历了规模的调整后，呈现出一个合理的建筑，其中，剧院、舞厅、电影院等再一

次叠加。当然，规模的变化意味着对实体和虚体系统的处理手法会非常不同。这一次，抗性结构是从外围开始建造的，这个结构确立的实体系统产生了虚体，而正是虚体使得功能的展开成为可能。他再一次探索了自由剖面的潜力，这在他切割模型的方式中清楚地展示出来。库哈斯一直主张完全忽略掉

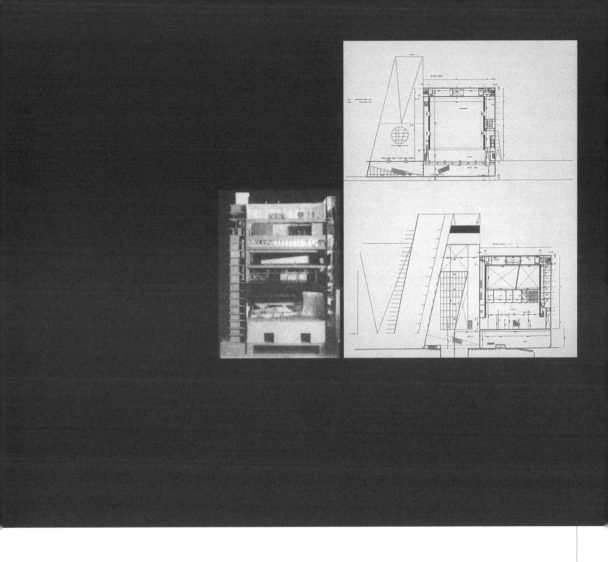

美学，在他精美的模型中，他似乎变成了一位令人敬畏的雕塑家。这些不仅体现在他对纹理和表面的精细处理中，也体现在他的建筑展示出的理论原则所具有的活力上。始终存在于他的建筑背后的现代性，在这个项目中浮出水面，不要忘记他"建筑电讯学派"主导的"建筑联盟"（Archigram-dominated Architectural Association）的出身。为了叠加功能和活动空间，他大量使用了自动扶梯和坡道。这些元素使浓缩了库哈斯建筑的所有原则的空间充满活力。这些原则可以归结成一条：建筑就是行动（architecture is action）。

43-50 阿加迪尔酒店和会议中心，
摩洛哥，1990

43-50

1990 年的摩洛哥阿加迪尔（Agadir，Morocco）的酒店和会议中心，我认为是库哈斯职业生涯中设计出的最美丽的项目之一，不太实际但非常漂亮。这个项目显然源于柯布西耶，但远不止于此。库哈斯从重建沙丘的景观开始，将其设置为酒店的周边环境。这个项目孕育了一个抽象的概念，但它最后试

图通过展示效果景象让我们忽视那极其复杂的操作。这个建造过程首先将方形棱柱嵌入面向大海的起伏的沙丘表面。现在想象一下地面破裂，棱镜也分裂成两半，然后二者都向上抬高。随着较低的部分被升高，它创造了一个新的地平面，人为地完全复制出现有的地形，但高度更高。较高的部分显示

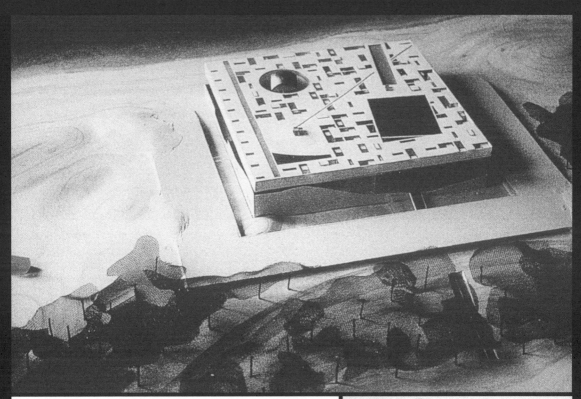

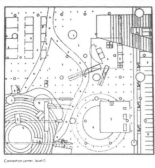

Convention center, level 0

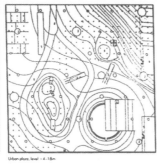

Urban plaza, level - 4 - 18m

Section through A

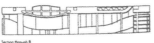

Section through B

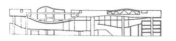

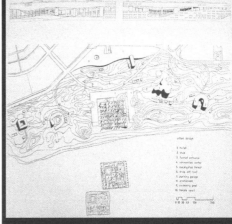

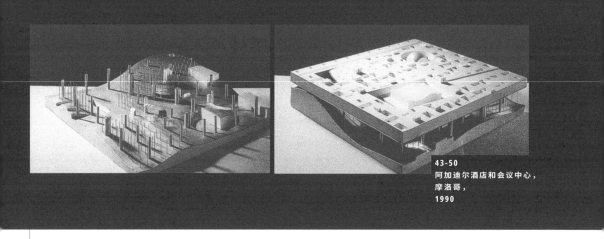

出它们共有的裂缝，但展开得更为自由，以平整的上表面结束。上表面有一系列天井镂空，由此产生了我们已知起源的一些棱柱和造型。"裂缝"是分裂棱柱的两个部分之间的间隙，它有助于建立起整个项目。总的来说，我们可以说会议中心的活动被安排在棱柱的地下部分，而酒店被分配到上部，也就是我们所说的由一系列天井镂空的那部分。作为一个将公共与私人分开的区域，"裂缝"可以容纳公共和私人之间的所有设施和通道，如酒店接待区，通往会议中心的斜坡、咖啡馆、商店等。正如我所说，很难不回忆起柯布西耶的项目，但我们也可以说，汽车与建筑物的结合从未如此激进地被提出过。整座建筑如今不仅是汽车的防护罩，还是一个巨大的华盖，一朵可以让人面朝大西洋冥想的方形的云。一个位于我们头顶的有天井、道路和方便人们活动的对角线型设计的正方形"埃及式"的城市，通过自动扶梯和电梯连接到由人工沙丘构成的昏暗世界，形成一种奇怪的连续性（尽管完全复制了原本的地形）；又连接到酒店内切的整个区域，最后无限延伸至大西洋。

我重申，这是一个棘手的项目，用罕见的精妙手法运用了柯布西耶机制（Corbusian mechanisms）。这是一个卓越的追随者的项目，这个项目本来应该

被采纳实现，以彻底地宣告某些原则的正确性：例如，底层架空柱（pilotis）。库哈斯处理底层架空柱（也可以说是新底层架空柱）的方式异常自由。这些柱子并不是一模一样。它们直径各不相同，整体犹如森林一样充满多样化和生命力。这使柱、圆柱体可被包裹在两个起伏的表面之间而不是两个平面之间，正如柯布西耶可能会做出的设计一样。在柱子的森林里，我们还发现了具有特定功能并可以强化景观人工性的棱柱。考虑到坚持复刻当地的原始地形的设想，这些棱柱的数量远超人们所想。如果这个项目建成，裂缝产生的人造景观将令人着迷，并且考虑到酒店空隙会产生的光影效果，不难想象它将具有的空间丰富性。项目中酒店、开放空间和会议的元素组合产生了一种具有奇怪价值的建筑形式，在这种形式里象征元素、地点和功能等不会被忽视，反而得以完全表达。该方法极具吸引力，但迄今为止不曾出现在任何被大家讨论的项目中，这还恰好是一个在海边的项目。

51-56

在日本福冈的一处住宅群"联结世界"（the Nexus World），虽然只属于这个由世界各地的建筑师参与

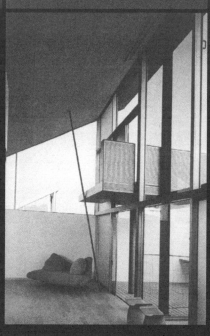

设计的多样化的大型建筑群的一小部分，但是在这里，库哈斯充分利用了他的机遇，交出了一份可被视为万能和通用的住房提案。库哈斯反对强调对土地的特殊使用，于是他决定建造一种更广阔的结构作为样板，这种结构可以根据需要进一步扩展延伸。比起新型建筑，他更钟情于这类广泛适用的建筑设计。于是这次他选择了设计一处庭院住宅。但是考虑到这个地段的向心结构，通过创造良好的通风和通道条件，将宜居的庭院天井移至楼上，与其他庭院相接，就可以对土地进行更集中和可持续的使用。这种项目的魅力在于，它存在于使密集性和独立性相协调的矛盾中。库哈斯一方面接纳了"日式密集"，但另一方面，致力于构建个人的完全独立，保障其对庭院周围空间的绝对支配。

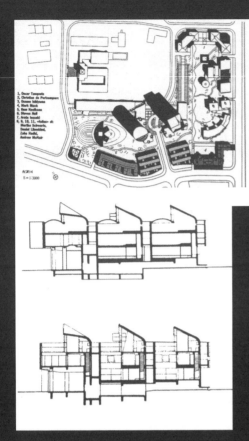

51-56 "联结世界"住宅方案，
日本，1991

　　一方面，我想指出，尽管该地段的规模有限，库哈斯仍设计出两种不同的住房，以承认其边界条件。这使他能够为住宅开发的入口增添一些特殊的三维效果，他将其正面设计为波型。另一方面，不得不提到他对建筑材料的处理。整个项目体现了"建造自然"的愿望，所以才有"质朴的人造"（il finto rustico）的理念和庭院中小绿色土堆的出现。屋顶和墙壁的波状起伏有助于创造模糊的自然主义氛围，正如我们所说，这是该项目的特色之一。

57-64

达连娃别墅（The Villa dall'Ava，1985—1991）坐落于巴黎郊区的小住宅。在这里库哈斯再次无视周围的环境关系，不关心周围的中产阶级的身份背景，他打算建造一座能实现业主和自我夙愿的、具有勃勃野心的社会性和审美情趣的宣言式项目。这座住宅不仅全面地反映了郊区的生活，同时还考虑了在郊区之中为了生存，人们如何去展示自己的幽默感。一方面，库

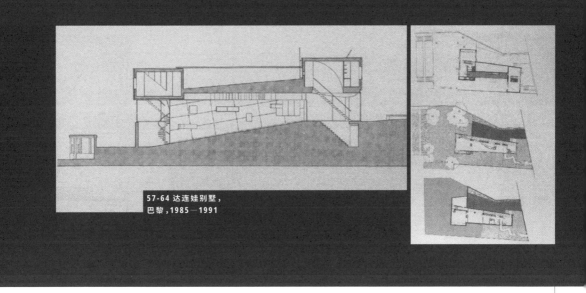

57-64 达连娃别墅，
巴黎，1985—1991

哈斯通过夸大住宅的纵向水平长度来强调地块的几何性。另一方面，正如书画家在做练习时经常拿别人的作品作为一种参考，他似乎也想借此来评价柯布西耶式建筑的繁琐。除此以外，这座住宅还提供了一种无限连续的空间和感受。建筑平面的纵向形体与别墅内的活动充分契合。可以说，整个建筑将引导人们从最狭窄的空间到最开阔的空间，把从最公共部分到最私密部分作为设计的重点（梯形平面的最短边是建筑的出入口，同时最长边与庭院相连）。进入建筑的方式有两种：一是通过人行道，二是通过车行道。

在行人通道入口处是侧向倾斜的底层架空柱，像森林般保护着一条蜿蜒而行的小路，柯布西耶式网格转化成了细长的被涂上各种颜色的钢柱森林。所有这一切都成为一个框架，从不同的角度审视周围的世界。至于车库，它就像自然斜坡上的一个切口。在两个入口交汇的地方，一个斜坡和螺旋形楼梯通向楼上的客厅、餐厅或者是厨房。这是这所房子里最开放的空间。整个空间是敞开的，壁炉和厨房的曲线"漂浮"在其中，它们实际可以被隔离，

形成独立的体量。空间的透明度是如此的真实，以至于居民宛如居住在整个花园城市之中。关注隐私似乎已经是一种偏见。在这样一个没有任何担忧的世界里，建筑舒适自信地矫揉造作着。我们已经说过这个建筑项目是基于活动的。居住者通过起居室附近的私人楼梯进入卧室及工作室，而客人通过位于另一端的楼梯到达他们的房间。还有一段室外楼梯，从一个水平连接主卧和客房的走廊便可到达它的外部，并且通向游泳池。在那里，柯布西耶式的花园成为一个可以远眺城市的朴素平台。这种复杂精妙的空间序列很难用功能性的术语来解释，只有被解读为对建筑的礼赞时，它才具有意义。

之前我们谈过库哈斯接受过电影拍摄教育。他的电影愿景在他的作品中得到了体现，而达连娃别墅就是一个很好的例子。空间的连接似乎是由摄像机镜头的移动所决定的，这就是为什么不存在对这座建筑进行任何全局或综合性的解读的余地。在库哈斯眼中，空间是各种活动区域聚合的结果，一个镜头的完整拍摄就基于那些空间。这种库哈斯看待建

筑的方式形成了他建筑摄影的专利。房子的人工照明亮起时,场景非常有趣。人造颜料在自然光下呈现得很单调,但在灯光下这个问题却得到了缓和。

再谈一个关于材料和语汇的词。库哈斯建筑的融合性在这里显而易见,我们大胆地称之为"鸡尾酒建筑"。自然和人工材料、石头和金属板、玻璃和混凝土,所有这些要素都有利于创造了一个别致而独一无二的氛围。在这种氛围下,现代性则建构于宽容性和非排他性之上。从风格特征上看,柯布西耶总是作为最重要的参照出现,但总是被一种个性的、不怀好意的方式操纵着。底层架空、水平长窗(the fenetre en longueur)、屋顶花园(toit-jardin)现在都变成了库哈斯的财产。在转译的过程中,他把它

们完全转化为自己的建筑属性。无论是透着讽刺意味的底层架空,还是执着于追求工业产品而非形式的带形长窗,抑或强调表面材质肌理而非体量的屋顶花园,都与柯布西耶关系不大。无论材料和语言如何被操作或表现得复杂精妙,它们都不重要。在这里,一切都是以房子的主人为核心的。这是一幢被设计为视觉消费的房子,它传达了主人希望被人看到的样子。这所房子无法与它的主人分开。我们看到了西扎的房子在使用者手中遭受的痛苦,这会让我们把建筑看作是建筑师的发明物,最后却被居住者变成了玩具。相比之下,达娃连别墅是建筑师和客户的女儿,这再次证实了库哈斯非常重视空间需求的说法。

65-69

作为项目来说，鹿特丹美术馆（The Kunsthal in Rotterdam）和海牙国家舞蹈剧院并没有什么不同。在鹿特丹美术馆中，库哈斯似乎不愿意浪费任何一平方米的面积，整个建筑场地被建筑物覆盖，并做到了规范所要求的最大容积。这座建筑是一个充实的体块，一个容器。当然，建筑并非这样简单。库哈斯的策略是通过两方面来激活界定边长的中性体量。一方面，通过一系列有利于整合空间同时形成活动的斜面将棱柱转化。另一方面，一系列的裂缝和切口在促进垂直交流的同时，戏剧性地照亮了空间。

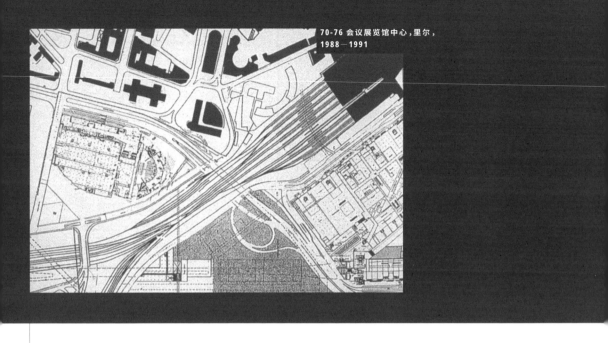

如果看一下这个方案的平面图，我们就会发现一些库哈斯用于城市设计的手法。矩形基地被分割成一系列与功能、用途和服务相关的横向条带。库哈斯巧妙地引入了一个与活动有关的坡道，让我们可以再次谈论柯布西耶对他作品的影响，还可以看到他如何熟练地处理结构。倾斜的结构，有助于形成入口处的大厅和讲演厅，并允许他建造一个之前提到的倾斜平面。这是这座建筑中一个最显著的特征，让我们再次欣赏到这位建筑师所拥有的能力，不像其他（柯布西耶）的追随者一样常常屈服于简单的程式化的方案。

70-76

在进行任何关于里尔会议展览馆中心（1988—1991）的讨论之前，我们都必须先审视场地的平面图。这个场地非常的棘手：虽然场地崭新空旷，但是却位于铁路和道路交汇之处。换句话说，这是一个

巨大的、不易进入的剩余空间。库哈斯承认，当他以卵形的形态建造他的建筑时，铁路和轨道构建了强有力的几何图形。和许多其他场合一样，他全心全意地接受了当代大都市的尺度和以其为特征的基础设施建设所带来的影响，并着手提出了一种分类形式（categorical forms）的建筑。对于这种避难式、碎片化的体量或者说是聚合过程的结果，库哈斯认为，大众社会的新建筑方案需要统一综合的形式，以确保他们在混乱的日常环境中得以安身。所以里尔项目必须与卵形相关，一方面可以让他画的一个平面图不与内接的卵形的周边发生冲突；另一方面，平面塑造出的完整的椭圆碟形像是圣餐盘一样，使屋顶的建造成为可能。与其他场合一样，库哈斯展示出引人注目和强势姿态的价值。任何人要是能想起在造型的精准性方面类似于布朗库西（Brancusi）这样的雕塑家的作品，将会轻易地接受明确的类型性（categoricalness）是库哈斯建筑最大的特色之一。我们之前在阿加迪尔酒店和会议中心的项目中

70-76 会议展览馆中心，里尔，
1988—1991

已经看到过这个。我认为库哈斯对形态的基本直觉是这些作品的根源。

但现在，一旦容器的形态确立，要如何进行下去呢？库哈斯在没有任何预先判断的情况下运用了带状理论（theory of bands），这在高效的分析图中得以证实。通过这种方式，他似乎沉浸在几何图形之间的对比中，同时告诉我们外部是从内部抽象出来的东西。内部和外部被视为两个分离的世界。如果在建造过程中也保持同样的态度，那么在这些对比中也就没有什么可反对的了。但是，现在这种对比变得异常尴尬。库哈斯用颇具诱惑力的圣餐盘形状的屋顶展示自己的模型，但它现在却由传统且模棱两可的结构来支撑。我不明白，在鹿特丹美术馆，将结构和倾斜平面联系起来的这样一位建筑师，现在怎么能

如此的草率。在模型中的屋顶可以说是个典范了，非常美丽，似乎要求的是一个连续且协调的垂直结构。柯布西耶在他的一些纪念性作品中充分意识到了这些问题，我本以为库哈斯会从这位在专业生涯上对他影响深远的导师身上吸取教训。而同样令人失望的是屋顶本身。模型给人的连续性被一系列横向结构元素打断，破坏了库哈斯极力描绘的空间承诺。至于建筑的围护结构，它们被不加区分地使用，以至于我们根本无法判断它们是用什么标准处理的。在某些方面来看，库哈斯似乎只沉迷于工业材料。从其他角度而言，他似乎专注于伪自然纹理（pseudo-natural textures）。最后，在某些时刻，他似乎倾向于进行塑形和纹理的实验，比如在玻璃和混凝土之间进行不一致的对话。

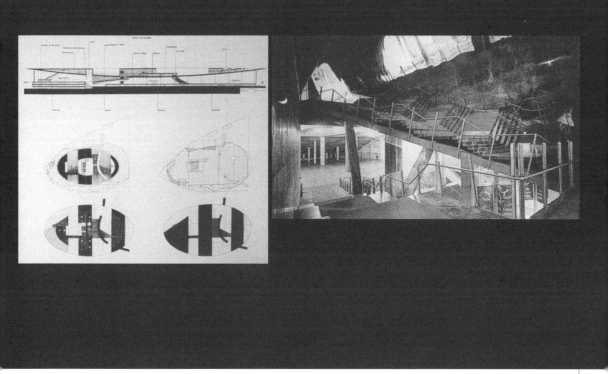

平面的力量没有在外观上表现出来。周围的自由空间转化为一个意想不到的结构元素，使整个建筑空间的利用成为可能。内部空间仅仅是占用空间的结果却并没有特色。我又想起鹿特丹美术馆。这些楼梯空间是多么不同啊！对内部的控制的缺乏，给人感觉建筑师唯一关心的只是设计一个基本的抵抗结构而已！平面的理性消失了，对建筑分区的精力也消失了。当然，被卵形碗覆盖和保护的感觉也完全消失了。

与之前的其他雄心勃勃地将基本类型的形态与新纪念性尺度结合在一起，不可避免地产生的以图像为主导的建筑作品放在一起，这个作品最终需要一个坚实而协调的施工建造来检验。我们今天在里尔看到的情况证实这一点。最基本的、图示般的、类型明确的、完整建筑都充满了我们在阿加迪尔酒店和会议中心等项目中所欣赏的图像符号。阿加迪尔模型的确证实了我们对库哈斯作品的期望。但这种值得称赞的建筑议题（agenda）需要充分的建构来回应。如果一个也没有，最后就什么都不剩了，甚至连像盖里建筑中常常具有的建构上的迷人暴力都没有。里尔的剖面本身没有任何形态上的价值，也没有解决所提出的技术问题。纽约摩天大楼这种库哈斯所欣赏的庸俗建筑，无论从结构上还是形态上确实解决了问题。我们不能把它和里尔画上等号。库哈斯的前提是用当下建筑解决大尺度建筑的问题，而这需要他在法国国家图书馆项目中展示的能力。所以，让我在对库哈斯再次展现面对这种大尺度建筑的设计能力的期待中结束这堂课。

赫尔佐格和德梅隆
Herzog & de Meuron

翻译　黄海静，韩悦

一件令世人感到震惊的作品的横空出世让雅克·赫尔佐格（Jacques Herzog）和皮埃尔·德梅隆（Pierre de Meuron）开始登上当代建筑界的舞台。这件作品也对二人之后的设计产生了深远的影响。20 世纪 80 年代末期，他们完成了利可乐仓库（Ricola Warehouse）的设计，杂志社相继报道，这让他们在不满 40 岁之际名声大噪，成为令人瞩目的建筑界新秀。他们在瑞士苏黎世联邦高等工业大学（Eidgenössische Technische Hochschule, ETH）求学期间，曾跟随建筑师罗西学习，毕业之后二人在家乡巴塞尔初露锋芒，留下几件早期小作品，部分作品我们将会在接下来的讲解中介绍到。

究竟利可乐仓库这栋严谨朴实的建筑有什么令人惊喜的独到之处呢？在过去 10 年里，缺少克制的建筑作品大量涌现，使建筑评论家和建筑师们更倾向于看到适度克制的内容，二人在作品中的严谨克制着实令人欣赏，甚至被归于正统地位。这种形式的建筑在近来被视作难以企及的高度，也因此被扬弃。尽管利可乐仓库尺度较小，却依然不失为一项宣言。建筑师既不需要依赖于外部条件（功能／计划），也无须寻求个人表现（语言／风格）。它应当是基于自身逻辑表达的形式结果。因此，在利可乐仓库中，墙壁围合下的

空间，是最简单却保持中立的矩形。建筑中没有任何一种个人表现的形式暗示。他们擅长使用胶合木板轻型墙面，并将传统建筑形式与数字、比例、韵律等相关手法运用其中。与此同时，檐板的特殊处理也间接地暗示了历史：当看到那些尺度虽小但却有强烈的现代主义建筑特点的建筑时，我们会不自觉地被一种古典而又现代的气氛所征服。后现代主义的运动风潮及其荒谬的象征符号已经消失殆尽，然而这栋瑞士建筑却对当时"提出新目标"的学术争论置之不理，这实在令人耳目一新。追根溯源的方式似乎一直是引导和激发赫尔佐格和德梅隆创作的源泉。事实上，在 20 世纪后半叶，这一直是那些艺术家们所客观坚守的东西，他们坚信这是让他们与尼采和海德格尔这一类伟大的思想家们举步同行的必经之路。然而，建筑在这条道路上已走到山穷水尽，如同一眼望到尽头的历史，在那些毫无意义的风格形式的重复中便可见一斑。在这种情况下，回归本源、重新开始是唯一的方法。回望赫尔佐格和德梅隆的早期作品，尤其是利可乐仓库，会让人不禁想起森佩尔或是第一代建筑师们的早期时代。建筑的建构过程，其实是一种逻辑的表达，因为建筑本身就是结构的呈现。在利可乐仓库这栋建筑充满活力的墙面上，水平单元的密度是对单纯重力法则

的回应。令人震撼的是，这种做法与那些巨石堆砌的建构方式，即将最重的方石放置于墙角与地面相接处的基础做法几无一二。毋容置疑，在对建筑追根溯源的过程中，赫尔佐格和德梅隆重燃了我们对历史的热情。因此，他们恰好与那些认为文化需要新基础的人产生了共鸣。但在这里，福柯所指的19世纪君主与领主的那段历史应当被省略。一方面，回归本源导致建筑形式的极简化，甚至极端到忽视表现的地步；另一方面，它引发了人们对材料本质和表现潜能的内在思考。赫尔佐格和德梅隆的职业生涯的转变便是最好的佐证。他们最好的一些项目——自然就会提到位于纳帕山谷（Napa Valley）的多明纳斯酒庄（Dominus Winery）——就是探究建筑材料表现的潜能，而并非结构形式的问题。因此，在他们的作品中，对于物质的强调和歌颂是第一要义，而形式不过是使物质变为可能性实体的一种媒介而已。

在他们的作品中物质与材料的重要性不言而喻——在结构和技术上同样如此——同时也伴随着对建筑图像的刻意压制和对象征符号的有意识舍弃。或许有人会说，这是与任何有关建筑风格变化之事的公然对立。但对于赫尔佐格和德梅隆来说，建筑出现在或"被安置"在可由建筑师操作的极简的方形体量和极小单元之中。如果建筑透过材料将其最好的一面展现出来，那么对于任何形式的服从，无论是受制于建筑语言还是符号意向，都必须被全票否决。因此，我们可以看到，赫尔佐格和德梅隆无视象征和符号，放弃表现和沟通，从而为建筑赢回了作为建构本身的尊严，寻回和再现了材料的本质。除了最初利可乐和多明纳斯的建筑，同样的案例还有石屋（Stone House）和巴塞尔（Basel）的火车站信号塔（Railway signal box）。这完全不同于我们

探讨的库哈斯的作品所持的观点。在库哈斯的作品中我们近乎痴狂地想要找到一种综合形式，既能够服务于项目内容和场所表达，同时又能成为一种具有地域价值的象征性符号。比如里尔（Lille）的交通枢纽中心（Transportation hub）。至少，在赫尔佐格和德梅隆职业生涯的核心部分，他们似乎已下定决心抵抗形式的诱惑：形象并不存在。建筑的实质在于让材料说话，为此，它们只需要一个最基本的体量。在这样的体量中，建筑师通过网格划分和编织使建构成为可能，这就是所谓的建筑内部的可操作领域。具有这种象征性符号的作品只在他们最近的一两件影像参考资料中有所体现，但最终都被否定了。熟悉他们作品的人，一定知道我说的是鲁丁住宅（Rudin House）这个项目。

他们对于形式符号的抵制，也是对被解释为纯粹个人情感发泄的建筑的拒绝与排斥。因此，在赫尔佐格和德梅隆的作品中，我们很难看到个人符号。不像在盖里的作品中看到明显的风格标签，也不像在西扎的建筑平面中看到的浓重的个人手笔。或许早在读书期间，罗西就教会他们，建筑师应当与自己的作品保持距离。赫尔佐格和德梅隆的成功，可说是与20世纪90年代大众感知的契合，极大程度上取决于他们对明显个人风格的扬弃，或者说是他们放弃了在作品中表达自我的机会。在民主大众化的时代，建筑不再是个人财产，也不再带有个人化标签，而只是一个回应功能需求的物体，一个对功能无害的静态构架。在艺术界也曾发生过此类事件。赫尔佐格和德梅隆努力使建筑从普遍性走向特定性。其关键是对普遍性的认知。利可乐仓库便是最完美的例证，其空间是建构的直接呈现。由最简单的矩形构成的墙体和屋顶是最原始最根本的建筑元素。这一复杂精致的墙面源自建筑师想

要一劳永逸解决所有问题的直率想法。因此，建筑成为一种基于建构和使用要求的综合表达。采光、隔热及视觉秩序成为建筑师创作的灵感和动力。建筑师只有将自己置于建构的最初状态，才能创作出古人称之为建筑的建筑。面对一件作品或建筑时，坦率与真诚能让建筑师发现其中的数字、序列及其韵律效应。在准备面对未知现实的时候，以此态度进行创作，建筑师才能找到那个被称之为"建筑"的领域。

建筑即建构。建筑赋予材料以生命，使其在建构中展现真实的本质与自我。赫尔佐格和德梅隆深谙此道，他们竭尽所能彰显材料本质，并在此过程中意外收获创新思维，比如材料使用的新方式。材料使形式有了外在的表现。在利可乐项目中，正是木板的平坦特征赋予了墙面纹理质感。在此，建构作为建筑形式展现了自我。东正教教堂（Orthodox church）项目中，他们希望展现传统玻璃的魔幻魅力。在瑞士奥伯维尔的蓝屋（Blue House of Oberwil）中，喷涂油漆后的混凝土砌块形态发生了转变。他们运用嵌板建构的方式凸显分割线，从而创造了一种独特的表皮"图案"。赫尔佐格和德梅隆对于材料的敏感，让我们在塔沃勒（Tavole）石屋中看到了一次精细的实验。混凝土、砌块、石头这些不同材料扮演的角色，对于窗户位置的确定，天花板与墙体的交接处理等都至关重要。材料有助于外露结构的界定。因此，在赫尔佐格和德梅隆的作品中"交接点"非常重要。最基本的元素，通常是建构过程的产物，必须与交接点并置在一起。所以，对赫尔佐格和德梅隆的作品深感兴趣的人应当留意到这一点。

对材料的兴趣在材料发明之时便达到顶峰，多明纳斯酒庄便是最好的例子。赫尔佐格和德梅隆很喜欢那些用石笼网（将松散碎石放置在金属框架里筑成的

大块）做挡墙的基础设施。在建筑室内看向石笼墙时，光从碎石缝隙中渗透而入，令人惊喜。建筑师将这种瑞士高速公路旁的传统石笼转变成独特的新材料。多明纳斯酒庄中石笼的应用，成为理论上材料可以移植运用的独特经验。但是，新材料已成为某一特定建筑的表征。因此，再将其运用到别处并不容易。

或许有必要来谈谈"古风主义"（Archaism），这个概念似乎和我们一直在探讨的追寻本源的意愿相差不远，但也不尽相同。人们常说"奖励总是留给另辟蹊径的人"。赫尔佐格与德梅隆看到了这个事实：建构逻辑显而易见，任何让美学在设计中扮演角色的尝试都是不可能的。这反映了他们对大多数原生建筑都具有"永恒性"的渴望。正如我们所见，赫尔佐格与德梅隆的建筑根源来自现代主义，但他们又积极投入建构，甚至对他们而言，建构是最基本和至关重要的。因此可以说，建构回应了古风主义。此外，他们对材料的兴趣是具有普遍性的，并未将工业生产的材料排除在外。除了那些以材料来颂扬本质和建筑根源的作品，赫尔佐格与德梅隆也在很多项目中展现了他们对人造工业材料的兴趣（其中，他们对玻璃最感兴趣。事实上，我要特别强调他们运用玻璃的项目，包括因此对运用玻璃做出的巨大贡献）。他们对工业材料的兴趣把他们的古风主义与浪漫主义、地域主义区分开来。相反，在他们的建筑中，始终有一种扑灭自发性情感或感性因素的倾向，正如我们之前提到的忠实于"个人"因素的剥离。

在他们的作品中，我们感受到极其严谨的态度，让人想起密斯·凡·德罗（Mies van der Rohe），他一直强调，他的建筑设计都不可能再有其他的做法。当建构逻辑成了建筑设计本身，并用明确性来控制建筑时，建筑师自由选择建筑形式的能力就会受限制。

尽管如此，我们必须将两者（密斯和赫尔佐格与德梅隆）划清界限，并将瑞士建筑师置于所在时代。密斯执着于纯粹化建造，以此来建立一种普遍而绝对的建筑语言。赫尔佐格与德梅隆则喜欢明确、具象的实体，他们通过具有本质意义的材料对建筑的特定性和明确性做出回应。正如多明纳斯酒庄项目一样，这种回应的最高境界就是创造出一种新材料。通过对材料、建构的特意的处理，使其不至于陷入单一、排外的建筑语言中，这是与密斯最大的不同点。

热衷于回归本源，这与当时的艺术潮流颇为相近。因此，赫尔佐格与德梅隆也常常被当作极简主义的代表。那些所谓从概念艺术发展成极简主义的艺术家强调简洁形式的价值，同时也彰显物质材料的力量，并摒弃个人要素和表现欲望。极简主义者提出了一种对艺术的反思性理解，把一切可能的批判留给观众，并创造出一种美学标准。而这与赫尔佐格和德梅隆的建筑观相差不远。赫尔佐格与德梅隆在建筑设计探索初期采用的"方盒子"与卡尔·安德烈（Carl Andre）和唐纳德·贾德（Donal Judd）等艺术家提出的形式也并无太大不同。他们对海姆特·费德勒（Helmut Federle）的欣赏，或许可以帮助我们准确判断他们的观点和品位。费德勒并不是正统的极简主义者，但他填满整块画布的作风，迫使观众融入他朴素又引人入胜的形式世界中，这与赫尔佐格与德梅隆运用材料的方法极其相似，他们让材料成为建筑世界的主角，从而使每个人置身其中。

也许将赫尔佐格和德梅隆与极简主义的关系，与过去评论家将柯布西耶与立体派的关系作类比是不可能的。但可以确定的是，当代只有少数建筑师的作品可以如赫尔佐格和德梅隆一样，拿来与艺术家的作品相比较。还可以确定的是，如果建筑师可以从外部世界得到任何有益的帮助，那必定是取自艺术家的经验。建筑与艺术之间的关联曾引起广泛的研究。而这种关联依然延续到现在，是耐人寻味的。因此，赫尔佐格和德梅隆的作品是有趣的，因为他们超越了纯粹的建筑专业。两位建筑师的态度不同一般，要确认这一点，只需将他们与前文提到的年代接近的雷姆·库哈斯进行比较。尽管可以追溯到库哈斯的建筑与一些当代艺术家之间的关联 [正如我们将库哈斯与安迪·沃霍（Andy Warhol）或大卫·萨利（David Salle）所做的比较]，可这位荷兰建筑师从未明确宣称与任何美学潮流有关，然而赫尔佐格与德梅隆则经常暗示他们对当代艺术风格的偏好。

相对于赫尔佐格与德梅隆的美学态度，我们必须提及他们对专业（关于他们作品中纯粹的实用主义）投入的重要性。事实上从执业开始，赫尔佐格与德梅隆就非常重视专业实践。他们进入国际舞台，不是靠改变整个学术界的举动（如文丘里、埃森曼、罗西），也不是靠发表引人注目的或惊人的宣言，而是在遵循所有建筑游戏规则下，受到广泛认可的真实的专业实践。正如我们看到的，利力乐展馆虽然不是他们的第一部作品，但在此前的作品都呈现出扎实稳健的风格，可以说是对未来作品的一个预示。他们有意识地以实践建筑师的身份来表明这种实用主义。这证明了赫尔佐格与德梅隆的作品扎根于他们所处的社会背景——瑞士。从一开始他们的作品就反映出瑞士建筑所有的优点和特性：尊重地域性，注重尺度，细致地处理细节。因此，与此书中其他七位建筑师的比较是不可避免的。一边是赫尔佐格与德梅隆对专业实践的强烈意愿，另一边是表现出激进态度的建筑师，如那些宣称自己是理论家的人（埃森曼、罗西、库哈斯），那些沉迷于复杂激进理念的人（盖里、文丘里），以及那些坚持在狭窄的专业道路上不断创新而得以闻名的人（斯特林、西扎）。

在我看来，可以将赫尔佐格与德梅隆同一系列瑞士建筑师相提并论，如卡尔·莫斯（Karl Moser）、汉斯·伯努利（Hans Bernoulli）、萨维斯伯格（O. R. Salvisberg），甚至是非正统的汉斯·迈耶（Hannes Meyer）。合理的尺度、精确度和严谨性这些特质是谈到上述建筑师的时候立刻浮现在脑海中的。在赫尔佐格与德梅隆的建筑作品中，要察觉这些也不难，这些特质与基于理性的建筑手法相关联。我相信，这一直是赫尔佐格与德梅隆制定设计策略时的标准。他们追求或者说已追求到的极简方盒子建筑，排除了所有"个人"的要素。但是，这并没有阻止他们用精致的手法将窗户嵌在混凝土墙上（见第戎学生公寓），或者将两个网格与精致的几何结构相叠加（见巴塞尔的SUVA办公楼）。这种专业态度或许可以解释他们作品中始终带有的工艺技术，也因此可以产生非常独特的建筑。当代建筑师关注其他问题，很少有人能注意到将技术融于建筑的重要性。因此，赫尔佐格与德梅隆为解决当前建筑问题做出的努力值得被称赞，如幕墙的做法。赫尔佐格与德梅隆对玻璃技术的发展贡献是非常宝贵的。他们的专业实用主义也促使他们去探索住宅建筑并做出很大贡献，他们研究传统住宅类型，并通过细微的改变进行创新。

谈了这么多他们对国家与专业实践的付出之后，可以确认两次世界大战期间瑞士建筑的理性主义同赫尔佐格与德梅隆建筑之间有着一脉相承的关系。战争期间尽管前卫建筑师受到批判，但却成了整个20世纪后半叶的必要参考。然而，提倡重新发现基本要素和专业化之间存在一定的矛盾，重新发现基本要素

需要一种有深度的态度，而建筑专业化工作又需要有接近入迷的态度。这也使得赫尔佐格与德梅隆接到了最为多样的委托，并在残酷的市场竞争中占据一席之地。一个有高尚目标的建筑，与一个愿意接受游戏规则并认可重复是不可避免的专业实践，从定义上来说是互不相容的。赫尔佐格与德梅隆在20世纪80年代后期及其之后的作品，并不总是具有他们早期作品的强度。我们不时可以发现建筑受外界影响而产生的不必要的细节，从而使建筑成为沟通的机器，失去了早期建筑那种令人着迷的神秘感与模糊性。在这一点上我必须说明，他们的建筑作品实际上也并非总是获得好评。我想到的，如SUVA办公大楼、法芬霍兹（Pfaffenholz）体育中心、新利可乐工厂、埃伯斯瓦尔德（Eberswalde）的图书馆、巴黎大学朱西厄（Jussieu）校区的项目以及布洛瓦（Blois）的文化中心。这些作品和项目毫无疑问地体现了赫尔佐格与德梅隆的专业能力，但在每个作品中，建筑师的操作仅限于立面的控制和表面的诠释。材料在此仅用来呈现这一点，之前作品中令人着迷的建构形态已不复存在。幸运的是，像多明纳斯酒庄这样的作品是令人非常高兴的例外，我们将给予它们特别的关注。我们还将研究其他作品，这些作品在探索新方向时，显示出明确的自我批评能力。例如鲁丁住宅、科特布斯图书馆（Cottbus Library）以及拉斯帕尔马斯（Las Palmas）的奥斯卡·多明格斯中心（Centro Oscar Dominguez）。所有这些都使赫尔佐格与德梅隆的未来如他们的开端一样令人振奋。

无须多言，让我们来检视他们的作品。

1-5 胶合板住宅，
博特明根，1984—1985

1-5

位于博特明根的胶合板住宅（Plywood House，1984—1985）是赫尔佐格和德梅隆探索最基本的建构元素时的早期作品。他们发现"建构"意味着，首先是创造一个水平面，并在此基础上移动，最后由另一个水平面将其覆盖，两个水平面之间形成的使用空间可以保护身处其中的我们。与密斯一样，赫尔佐格和德梅隆也认为提升水平面将其与地面（大地）分开是最基本的动作，是一个建构过程的开端。随后，围合几乎是自发性构成的。他们有一种近乎

强迫的决心，要在大地和建筑之间做出明确而根本的区分。上部水平面（镶板和天花板）的定位，成了产生建筑的实质性的关键因素。镶板决定了窗户和门的开口。而内部空间是中性的、惰性的，以一种我们可能称之为自发性的方式展开自己。

尽管赫尔佐格和德梅隆会努力通过将房屋的结构与我们所谓的"基础动作"相关联来实现普遍性或通用性，但他们仍然对每个建构的特定条件很敏感。在这里，他们尊重"树"的存在而使建筑凹折，并移

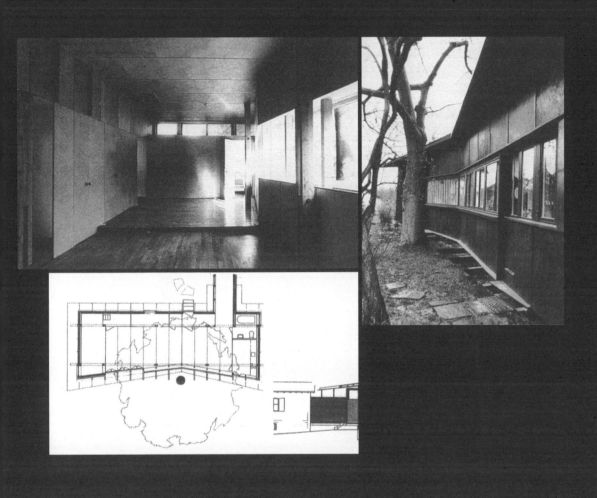

动。但胶合板住宅形式的生成并非归功于这个原因。没有人会认为这栋房子是因为树而产生的这个结果。对于建筑师而言，重要的是去诠释建构，并最终建构出一个包含了特定性的系统。如果把这个建筑看作是一个以环境为出发点的案例，就是曲解了赫尔佐格和德梅隆的作品。恰恰相反，从他们职业生涯开始的时候，追求普遍性和基本性似乎就成了他们的关注点。

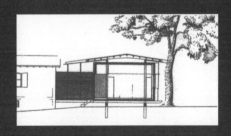

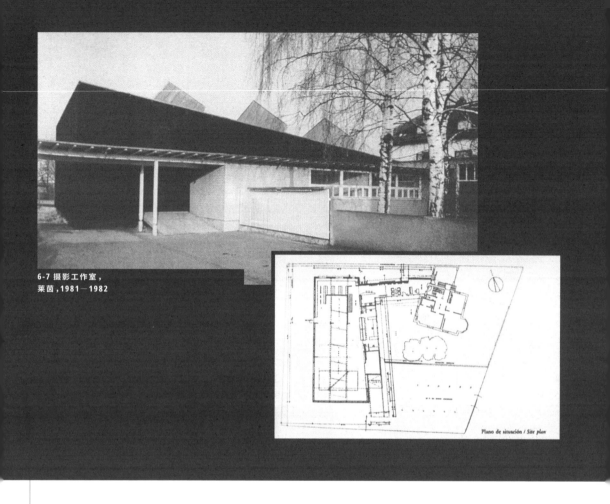

6-7 摄影工作室，
莱茵，1981—1982

Plano de situación / Site plan

6-7

位于威尔-莱茵的摄影工作室（Photography Studio，1981—1982）首要展现了赫尔佐格和德梅隆对最纯粹建构的喜爱。在这个项目中，建筑似乎想要从功能中找到它的实质。这栋建筑可以被视为一个巨大的相机，其中天窗起到了快门的作用。关注它的平面图可以发现，从既有建筑到工作室之间的通道，建筑师煞费苦心地做了精心的设计。当人们看到这样的作品时，可以理所当然地谈论其功能主义中的严谨性。

8-13

利可乐仓库（Ricola Warehouse，1986—1987）坐落于瑞士劳芬的一个工业园区，这个项目给了赫尔佐格和德梅隆一个谋划激进方案的机会：让建筑以建构的方式在视觉上展开。无论是平面、剖面或任何空间概念，都不是他们的关注对象。重要的是使建构可看见和可触摸。建筑师在由长方形构成的空白表皮上进行操作。意识到这一点，并且一旦接受了以木板为基础的建构工法后，赫尔佐格和德梅隆便

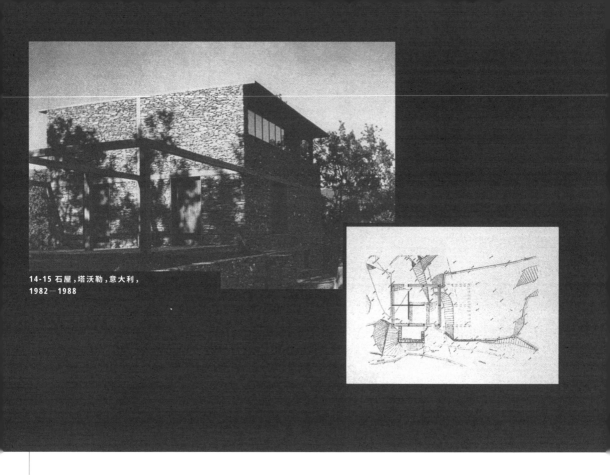

14-15 石屋，塔沃勒，意大利，
1982—1988

开始探索如何创造出形式。这个严谨的体量通过展露木墙板之间的巧妙接缝而建造，并采用水平构件加强连接，构件表皮的属性以建筑师最擅长的设计元素：数和比例来强化。水平构件可能暗示了其对早期石墙的厚度和尺度的一种怀旧。基于板宽大小构成三种木板间隔形式，通过重复、排列，创造出向上的感觉，从而形成一种韵律感。严谨的结构，纯粹的建造，为我们寻回了建筑中似乎一直存在的观点和理念。

当看到富于韵律感的木板，以三种渐增的间隔向上叠拼，直抵檐口时，使人不免想起传统的木构建造，这也印证了我们前述的观察结论。木板加工方式的新探索似乎与古老的方式相冲突。这栋建筑的形状使人联想起原始的建构，当时建立的所有文化都是要保护那些费尽心力从地球上获得的食物。

这个精致复杂的墙面似乎是该项目的首要目标，它源于建筑师想要一举解决所有问题的明确愿望。这个建构因此具有一定程度的通用性，使它成为抽象的而非具体的东西。让我们注意一个单一的细节：角落。赫尔佐格和德梅隆没有犹豫不决，因为角落是不能反映出一个实体是如何被建构的。对他们来说，很明显，角落只是单纯的两个不同平面的相遇而已。所以，当两面墙相遇时，出现了一个美丽的、意想不到的细节。这种即时性的手法吸引了我们，使它成为整个建构过程的象征。但是，这样的手法并非偶然。将模型中屋檐下转角的处理方式与后来实际施工中采用的解决方法进行比较，可以明显看出建筑师是在非常用心地诠释它。因此，说来也怪，他们对基本元素的热忱追求，以及对获得建构本质的渴望，促成了一个卓越而独特的结果。但我们同时也要注意到，仓库与山坡之间令人不安的间隙空间。最后，请观察建筑师是如何充分用"门"这样的普通元素激演出最大的火花，以及用轻质木板墙谱写出的建筑特色插曲。

14-15

在意大利塔沃勒的石屋（Stone House，1982—1988）项目中，建筑师也把建筑的重心放在了墙面的建构上。建筑师再一次将建构作为建筑的本质。在这个案例中，他们专注于一个日后职业生涯会一直反复出现的议题——填充，它是结构与表皮之间的联系，也是这个建筑的主角。这里的结构是混凝土框架，它在提供墙体稳定性的同时，也确保了内部空间的构建。建筑表皮看起来像是干式施工的石墙，没有砂浆黏结剂，这是自新石器时代以来就存在的一种技术。石头在这个案例中占主导地位，可以说预见了他们将来很多作品中会出现的情形。赫尔佐格和德梅隆让我们看到，建筑如何作为表达其建构材料的载体。他们以一种现象学的态度，使人从石屋中感知到岩石最纯粹的表现。几乎消失于外墙中的混凝土框架，在这里扮演了一个模糊的双重角色。一方面，它可以被理解为石材表面一个纯粹的接头，并提供所需要的稳定性。另一方面，当我们看到混凝土变成一个含蓄的十字架形时，便可知它有另一个非同寻常的目的，即通过建立纵横框架来控制垂直面，也是界定石头表面形式的一种结构。

　　继而，十字架形引导我们来讨论平面。在这个案例中，有一个神秘的平面，它没有活动迹象，也没有因为使用功能（常用来决定平面的议题）而产生差别。这个神秘的平面是赫尔佐格和德梅隆的作品想要呈现抽象物体的本质的另一个证明。仅有少数的线索显示出石屋设计的优点，因此，大多数时候，石屋只是一个安静的物体。

　　在利可乐仓库的设计中，开口被置入木板墙内，雨棚被用来保护货物的装卸活动，同样在石屋的设计中，建筑师也有违反自己强调的规则的时候。顶层的水平带状窗就是这样一个例外，而这可被理解为，是在严格遵守规则的过程中一个喘气的机会。对于赫尔佐格和德梅隆而言，例外，就是打破周围那些束缚他们的建构规则。

16-18

这栋位于巴塞尔的集合住宅（Apartment building，1987—1988），虽然它可能会让我们觉得不那么激进，并且显得有点特征不够清晰，但在我看来，这是赫尔佐格和德梅隆最好的作品之一。让我们从平面开始。如果我说它是遵循创新策略的作品，应该不会有人反对吧。场地中有一个内庭院，延续了人们对于中世纪房产分隔的记忆，这个想法使建筑师坚持要建立一个与其中一道分隔墙相连的纵向结构。公寓的平面遵守这一首要、原初的决定。中产阶级住宅的关键要素是房间。它要满足使用／活动功能（餐厅、客厅）及个人需求（卧室）。在这里，中产阶级住宅采用最直接的表达方式，通过最简单的机制——走廊，来分配空间结构，并将各房间连接起来。连续的阳台与走廊平行，强调出平面方案的基本要素。平面简洁、利落。但没有人会认为是平面生成了建筑。倒是立面的转折与屋顶轮廓线产生了矛盾的意外。与夹板墙一样，集合住宅强调水平系统的结构特性，阳台的前端设计明确，边缘处理轻巧而精准。这再一次显示，材料的选择是至关重要的。材料不仅决定建筑特征，影响外观，还赋予建筑以生命。然后再想想看，建构方式在多大程度上，同时解决了实体和虚体、隔墙和窗户的关系。

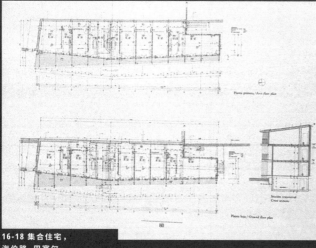

16-18 集合住宅，
海伯路，巴塞尔，
1987－1988

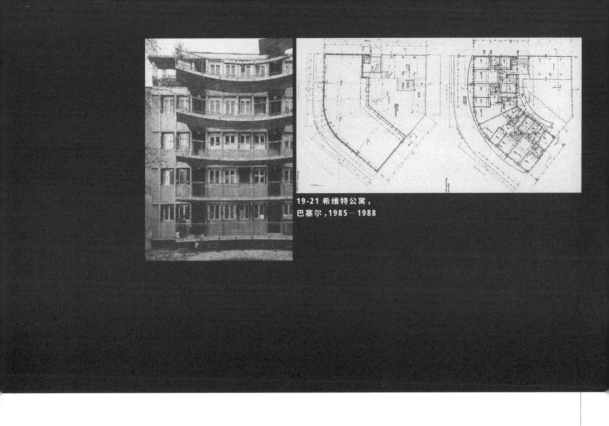

19-21 希维特公寓，
巴塞尔，1985—1988

19-21

在这个特别的案例中，木头——这个容易使人联想到过去传统工艺的材料，被用作了柱子，这些造型优雅的柱子成了重要的象征元素。Hebelstrasse 公寓的形象归功于这些柱子，如果这里有任何所谓暧昧模糊的元素，那便是柱子。它们为这栋房子赋予了某种古老而永恒的外观，当然，这与我们所谓现代的风格和手法大不相同。就像赫尔佐格和德梅隆的其他作品一样，这栋建筑物给我们上了一堂普遍受用的"如何建构"的一般课程。但也正是由于它的一般性状态，我们才得以与过去相遇，才能谈论古风主义。当然，这种古代氛围被更高的水平面，也就是屋顶的处理削弱了。显然，赫尔佐格和德梅隆对屋顶的处理手法是相当自由而不刻意的，但房子的其他部分却是被精确建构的。也许，这栋建筑的魅力就体现在这样的不一致上。

巴塞尔的希维特公寓（Schwitter Apartments，1985—1988）项目，让赫尔佐格和德梅隆的建筑观再一次引人关注，该公寓面对的是比集合住宅更大的市场。正如我们已看到的，他们早期的作品通常把重点放在水平面的建构上。现在他们运用这一经验，把新建筑设想为水平面的单纯叠置。他们再一次依托表皮来诠释建筑，于是从这个案例中便可预料，他们未来会有运用玻璃的项目。和集合住宅一样，两个轮廓之间的对比——这里指阳台的外轮廓和居住单元的外轮廓——决定了建筑的形状。因此，我们所说的建筑是通过不同面的"冲突"成形的。这种辩证的观点是让建筑成为真实存在的一种手段。柯布西耶是运用这种有效手段来创造建筑形式的大师之一。

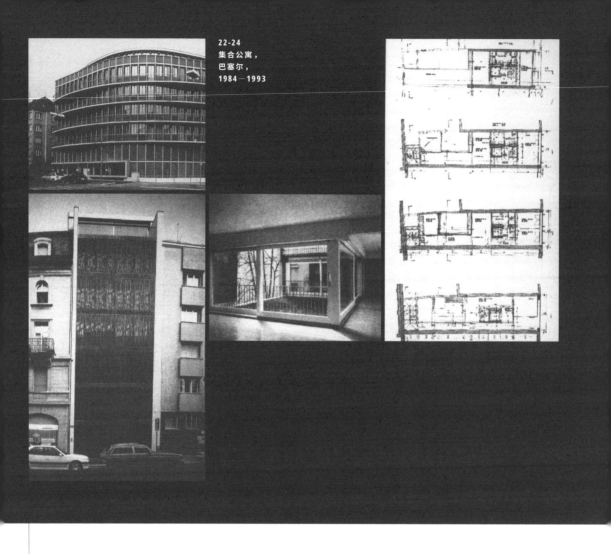

22-24

这是赫尔佐格和德梅隆展现其专业上多才多艺的另一个案例。在希维特公寓项目中，我们可能只是说平面是正确的，但是在巴塞尔的另一个公寓（1984—1993），其细长的单元平面显得更加含蓄、复杂。在我看来，这栋建筑最棒的地方在于建筑师对各层平面的掌控，都以令人钦佩的精确度实现了，形成了非常有趣的室内公共空间。建筑临街的外观取决于百叶窗，而百叶窗不是传统元素，因为它们是金属材质的。尽管建筑师很想复原装饰性元素，但这种尝试却并没积极有效地反映在设计中，这不禁让人怀念传统百叶窗的轻盈和效率。因而在这个项目中，赫尔佐格和德梅隆不考虑文脉的设计主张是不具意义的。这栋建筑可能并没考虑与相邻建筑建立理想的连续性，但是由于场地狭窄，即使没想成为主角，的确也难以保证其连续性。

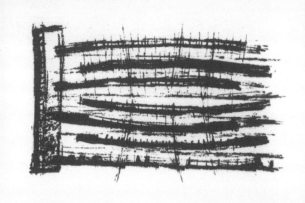

25-28
皮洛坦格斯集合住宅，
维也纳，1987—1992

25-28

对已有平面进行形式上的修正，该想法源于类型学思考中的一个练习，让人想到理性主义的"Siedlungen"（Siedlungen 为德文，即集合住宅，德国为解决城市化居住问题，而出现的一种社会性住宅的形式），促使赫尔佐格和德梅隆去探索更大尺度的建筑设计原则。维也纳皮洛坦格斯集合住宅项目（Housing on Pilotengasse，1987—1992）的草图 [这是一幅渴望表达象征意义的草图，唤起了我们对卢齐欧·封塔纳（Lucio Fontana）这类艺术家的印象]，展现了建筑师对设计基地的关注程度。建筑师采用几何手法介入，将正交秩序直接打破，从而

产生巨大效果。因此，原本直角正交的方案，受透视角度的控制而变成一个整体图像。住宅群则作为一种整体元素被插入一个圆弧内，从而构成一种秩序感更强的元素。这种将综合体理解为一个整体，完全忽略直角性，使空间与透视对抗的做法，显而易见是与建筑师最初的模型极为不同的。通过这种方式，赫尔佐格和德梅隆证明了"极简"理念的干预在视觉上是如此有效，从而再度唤起他们喜欢置身其中的美学想象。

经过这些观察之后，我想指出那些含蓄的横向切割，引导出细管状网络通道，使人怀疑弧形笔触

这一动作的必要性。我们还必须提到像皮洛坦格斯集合住宅这样的城市项目对裂缝空间的重视程度。这里面最强有力的空间，可能就是最后一排弧形房屋所界定出的凸起状态，或者说是还原了基地的周边空间。在我看来，这些图像是对构思的有力支撑。抛开这些引人关注的想法后，皮洛坦格斯集合住宅项目还是一个探索有趣的语言学的机会。赫尔佐格和德梅隆致力于精准的语言学，在表皮的转化上寻求多样性，从而使该地区将那些乌托邦愿景被遗忘，也就是那些曾刺激过集合住宅的建设者对未来社会所怀抱的愿景。也许，我们应该把这种建筑经验看作社会主义理想让步于新的社会民主信仰的预兆。

29-30

位于巴塞尔的铁路仓库（Railway depot，1989—1995）与皮洛坦格斯集合住宅的设计年代相近，是另一个赫尔佐格和德梅隆处理大尺度建筑的机会。序列性、重复性和连续性是围绕建构和建筑的必然

问题。在屋顶的大跨度结构中，将形式与建造联系起来的想法是显而易见的。这些适合于基础设施建筑的强化大尺度表现的大型构件，解决了巨型屋顶的照明问题，从而在空间中形成抽象网格，使我们想起赫尔佐格和德梅隆的建筑所依据的美学原理。整体的外观使我们想到"Siedlungen"建筑。无论是供人或是机车使用，储藏空间都是一种相同的形式；在这里，不再需要皮洛坦格斯集合住宅中那种似乎被伪装起来的多样性，建筑师致力于将空间的功能性转变成一种美学经验，至少在最初是如此。

31-34

苏黎世的东正教教堂（1989）是另一个由赫尔佐格和德梅隆精心设计的方案，遗憾的是它并未被建成。让我们先来观察，他们如何巧妙利用道路现有高差来切割矩形体。矩形体的两个面构成教堂的辅助性服务体量的立面；同时，教堂的棱柱主体从第三个面（即水平面）上升起，而并未与基地的边界对齐。这

29-30
铁路仓库,
巴塞尔,
1989—1995

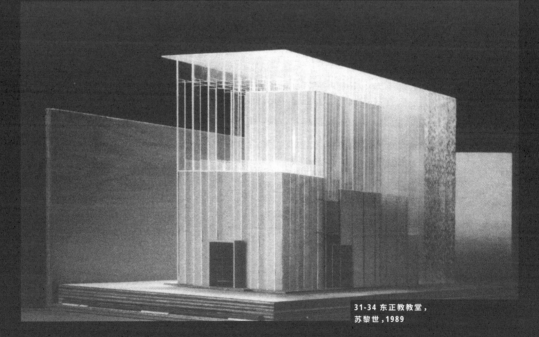

31-34 东正教教堂,
苏黎世,1989

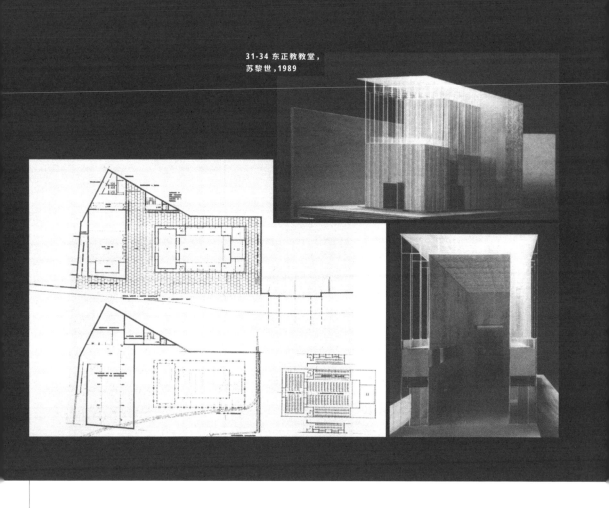

个结果使教堂看起来像是一个不受束缚的、自由的体量，展现了赫尔佐格和德梅隆持续探索的一种体量的自主性。在这神秘的透明性中，简朴的实体预示出一个复杂而诱人的内部空间。

　　赫尔佐格和德梅隆以他们的才华，充分利用了半透明实体和矩形墙壁之间的大部分空间。这些墙可以理解为界定教堂体量边界的背景或框架，在其缩小的尺度里，教堂庄严地从较低的水平面延伸出来，而这些从较高的街道上几乎是看不见的。这个

包含着神圣空间的极简实体，由双层玻璃墙所建构，创造出一个非常美的立面图案。这个东正教教堂可以说同时呈现了罗马式墙壁的厚重和哥特式墙壁的轻巧透明性。因此，不难想象鸟瞰室内空间，可以使人将宗教的心境与漂浮的建筑空间的幻想联系在一起。如果我们针对建构和教堂的氛围，谈及哥特式与罗马式时，那就要提到拜占庭式。玻璃上的图像，必然使我们想到古老的马赛克，空间的垂直性使我们想起意大利的拉文纳教堂。一切都是光，物质便

35-36 文化中心，布洛瓦，1991

35-36

在光之体验中完全消融了。赫尔佐格与德梅隆是20世纪90年代的建筑师中，最早发现半透明玻璃对于建筑重要性的几个人之一，如果这个设计方案被建成的话，从墙面漫射出来的光必然会成为这栋建筑的主角。它是否效仿了库哈斯的法国国家图书馆，从设计年代来看，的确有理由让人这么联想。

当我们谈及布洛瓦文化中心（Cultural center，1991）时，提到库哈斯似乎是合理的，这是一栋充满活力的建筑。在这个案例中，楼层平面的一致性并未产生吸引人的体量：其传统的立面设计并没有因楼层外墙上"珍妮·霍尔泽"（Jenny Holzer）的文字信息而得到弥补。这些文字信息，到后来被建筑滥用来作为影像传播，而失去了自身作为都市刺激元素的特性。

37-41 戈茨美术馆，
慕尼黑，1989—1992

37-41

赫尔佐格与德梅隆的作品与极简主义的联系，可以清楚地从慕尼黑的戈茨美术馆（Goetz Art Gallery，1989-1992）中看见。在这个作品中，建筑师只有一个目标，就是抽离出一个纯粹抽象的空间。在此，我们就足以感受出一件艺术品所有的光辉——一种能展现20世纪后期艺术品的稳定与中性的氛围。这样的氛围看起来到底怎样？该如何展现和表达呢？这就引发了另一个问题：包含它的实体看起来又是怎样的呢？赫尔佐格和德梅隆从执业最初就致力于追求一个目标——将抽象、普通的实体变为建筑。"建筑必须同时考虑室内和室外"，这是个永恒的议题，因此，赫尔佐格与德梅隆处理的极简实体是可以穿越的。从窗户的尺寸和位置来判断，建筑体量依赖于其内部的"虚空间"系统，该系统由两个几乎相同的楼层叠加而成；然后以不同方式碎化，以此来界定戈茨美术馆的展厅。再一次可见，比例、尺度和墙体建构是最重要的，而建筑师的存在则被弱化至此。至于不间断的窗户，我们称之为"窗户"仅仅是出于习

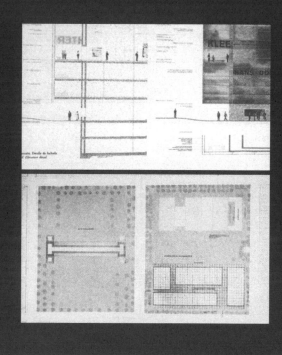

惯，因为建筑师的真正意图是将墙体的一部分转变成能界定公共空间的一个连续带，从而让光线由此渗透进来。连续性光带使我们忽视了角落，这也成为一种诠释机制，诠释了玻璃和混凝土之间令人困扰的转换。在此，赫尔佐格与德梅隆还向我们成功展示出，无论材料被赋予哪种结构功能，他们都希望材料能够表达其自身。

42-43

从某方面来说，慕尼黑的博物馆综合体（Museum Complex，1992）方案可说是前一个项目的延伸。因此，不需详述，只需指出平面的基本原则即可。依照我们可以称之为古典的构成标准，并且忽略场地周围边界，利奥·冯·克伦泽（Leo von Klenze）的慕尼黑古绘画美术馆（Alte Pinakothek）是一个为大众提供了价值的建筑。相反，赫尔佐格与德梅隆建造的这一系列建筑则强调场地的边界，并按长方体形来划分一系列内部区域，而人们也可从缝隙空间中感受到这些长方体形的自主性。若这个方案实施了的话，这些缝隙空间肯定会在建筑体验中扮演决定性的作用。

不透明、封闭的平面又一次弱化了活动。连接空间的通道被理解为使人从一个空间移动到另一个空间的必要"穿孔"，在某种程度上，这与物理学家称之为"渗透"的隔膜通道有些相似。这与传统走廊是不同的。这个建筑或许可以被描述为有机体。剖面使这些要点被清楚地表达，并帮助我们体会到空间是如何被使用的：这些机制几乎都更接近细分（subdivision）而不是群组（grouping）。此外，还有两点发现。一点是与平面有关的发现：就如在石屋中，空间不是由已知元素划分的，而是通过持续

44-45
SUVA 办公大楼，
巴塞尔，
1998—1993

44-45

赫尔佐格与德梅隆的专业性在巴塞尔的 SUVA 办公大楼（SUVA office building，1988—1993）中再次凸显。他们所有的注意力都集中在玻璃立面的开发上，而且这次要呈现出传统的使用功能的特性。结果则是造就了一个高效的建筑，其凸显的建造元素（隔热、遮阳等几个必须遵从的明确条件）决定了美学的内容，而这反过来又表现出一种极简主义。

46-49

利可乐是 20 世纪 80 年代中期给赫尔佐格和德梅隆一个很大机会的业主，他在 10 年后再次召集他们进行类似项目的建设：位于法国米卢斯的工业建筑（1992—1993）。这两个案子有着相似之处：两者的平面都是实用主义的设计，而且也没有预先决定要使用新材料。但是两者间存在的差异性更大。如果第一个利可乐建筑的议题是激进的古风主义，将建构视作形式的本质；那么在第二个设计时，建筑师似乎一直专注于探索材料的潜力和传统建造工法的程序。新的利可乐展馆为他们提供了一个实验室，用于测试工业系列化中将图像和符号在建筑上重组的机制。当建筑师在建构中使用工业材料时，建筑获得了一种意想不到的象征特性。由此，一个普通的幕墙获得了新的身份。丝网印花玻璃（serigraphed glass panes）充分暗示了已遗失的装饰艺术。通过一种图案的重复充满建筑的共鸣，让我们想起安迪·沃霍这样的艺术家以及他在大众文化中对艺术表达的追求。这种建筑突兀的造型象征，是不是与建筑师想确保工业化建筑不会失去传统建筑的特质这一明显的意图有关呢？安迪·沃霍是这个设计的灵感来源吗？答案无从而知。与此同时，我们可以说，丝网印花玻璃满足了一个建筑作品想要证明它"艺术意图"的愿望。建筑师完全没有隐藏工业化建造体系的普通性，所以我们也别放在心上了。

地消除任何可能的参考元素而建构的。因此，用以界定不同空间或房间的墙体几乎没有厚度，它们既不能作为边框也不能作为门。另一点是赫尔佐格与德梅隆重视材料接合的方法，这使我们联想到另外一位建筑师——路易斯·康（Louis Kahn），虽然在感性方面他同赫尔佐格与德梅隆似乎相去甚远，但材料的使用方法无疑都是他们工作中同样重要的部分。

46-49 利可乐工业大楼，米卢斯，法国
1992—1993

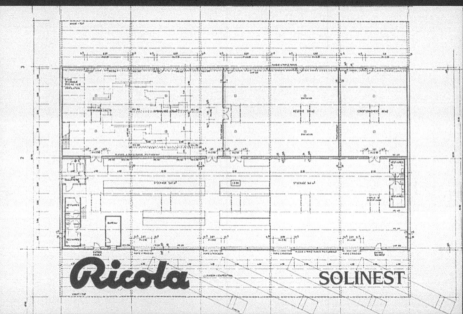

46-49 勃艮第大学学生公寓，
第戎，1990—1992

50-52
勃艮第大学学生公寓，
第戎，1990—1992

50-52

这又是一个可以展现赫尔佐格与德梅隆专业能力的案例。在第戎建造的学生公寓（Student Residence，1990—1992）让我们联想到 20 世纪上半叶那群瑞士杰出的建筑师，包括萨尔维斯伯格（Salvisberg）、莫思尔（Moser）、伯努利（Bernoulli）。SUVA 大厦的设计以效率著称，但却掩盖了其建筑上的成就，与之不同，第戎的设计展现出赫尔佐格与德梅隆在完成项目目标的同时，也不忘提出激进的方案。他们在极简主义美学上的追求达到了令人意想不到的成果，或许这才是他们在建筑设计领域所做出的更为重要的贡献。在第戎，混凝土框架与金属窗户的直接相碰，创造出一个明确的实用主义的建筑。学生公寓介于公共建筑与私人建筑之间。赫尔佐格与德梅隆通过明确学生公寓的功能，提出了一个具有说服力的建构。当同时满足了个人的私密性与社群生活的公共性时，没人会质疑这只是一座校园建筑。在这个建筑实践中，建筑师似乎只是通过建构的句法，以及用窗户减轻混凝土结构厚重感的方法，便轻易实现了想要的效果。

53-54 图书馆方案，
巴黎大学朱西厄校区，
1993

55-58 巴塞尔火车站信号塔，1994—1998

53-54

我们很容易将这个朱西厄校区的图书馆竞标方案（Library，1993）和布洛瓦文化中心联系起来。虽然其平面有一些有趣的地方，但更有意思的是，它还与西班牙的埃尔埃斯特里耶尔修道院（El Escorial）（西班牙在新卡斯提尔为腓力二世所建的修道院和宫殿）有相似之处。但我对这些杂乱的立面不感兴趣，在我看来这些立面有雷姆·库哈斯的痕迹，库哈斯是赫尔佐格与德梅隆早年间非常欣赏的建筑师。

55-58

火车站一向被定义为一个封闭的建筑，而巴塞尔铁路控制中心的委托项目是设计一座宏伟实体建筑的绝佳机会。赫尔佐格与德梅隆抓住了这个机会。巴塞尔火车站信号塔（Signal box, Basel railway station，1994—1998）体量巨大，让人想起那些仅是尺寸便让人惊叹的变电器。建筑师到底是如何精确地达到这个强有力的效果的？首先，他们接受了一个既定的条件：新建筑是用来放置铁道设备的，有着传统铁道建筑的体量尺度。然后，用铜片将整个钢筋混凝土内胆罩住。这种外饰面的包裹和传统家用电器

的包装操作没有太大不同。信号塔因此实现了对铜的升华。过去建筑师用铜这种材料来建造屋顶，现在它有了新的身份。将铜片附着在一个完整的实体表面上不是个简单平实的操作，也没法预测或预期。相反，根本没有先例。赫尔佐格与德梅隆以他们一贯的细致老练实施了这个项目。乍一看，这些铜片似乎遵循着一种统一的平行结构，但马上又发生扭转，形成一种微妙的变形。随着附有铜片的建筑的振动，给人们带来视觉上的错觉，令人联想到丝绸表面的反光。对极简主义美学的探寻，又一次让他们有机会探索出实体建构的新思路，同时引导他们进入过去他们所回避的领域，即建筑的符号象征。这都要归功于极简主义美学。在此，基本体尽力抛弃自己作为一个实体的全部特征，而只展示其中一个元素的材料特征。建筑是否能表现出铜的特质呢？赫尔佐格与德梅隆试图去实现。可惜的是，夜幕降临时，那些铜片无法将传统窗户的微光遮挡起来，实体失去了它的神秘感，只能等待曙光再次降临，才能变回真实的自己。无论如何，这个拥有出人意料的体量的建筑所具有的符号象征性力量会深深印刻在我们的脑海里。

59-65
多明纳斯酒庄，
杨特维尔，
加州，
1995—1997

59-65

多明纳斯酒庄（Dominus Winery，1995—1997）作为最具说服力的案例，证明了材料是建筑表现的工具。赫尔佐格与德梅隆建筑的基本体，现在是一种由石笼网砌成的巨石墙，这个最简单的平行六面体是疏离而非傲慢的，安静而非直率的。就像我们刚刚提到的火车站信号塔一样，这个建筑是对材料真正的赞美和颂扬。可以肯定的是，并非一种材料需要一种形式对应。我们在火车站信号塔里所看到的象征符号在这里是不适用的。这就是说，形式可以不存在、不显示，可以从建构中剔除出去。只有材料是存在的，只有材料有权利表达自己。这就是多明

纳斯酒庄所要告诉我们的，其最具象征性的特质就是创造了一种材料。对赫尔佐格与德梅隆来说，这个项目标志着他们事业的巅峰。这些填满石头的铁笼网仅在第一眼看上去时是石笼网。我们习惯于看到的石笼网是以不透明的元素整合而成的一个斜面，并不是半透明的元素。赫尔佐格与德梅隆觉察出石笼网恰恰需要这种半透明性，进而创造了一种新的建筑材料，因此应该被称为发明家。

赫尔佐格与德梅隆是在向土地这种最基本的材料致敬吗？还是向其对生命成长的重要性致敬呢？那些被束缚在铁笼网里的石头是否表现出了洞穴这种最原

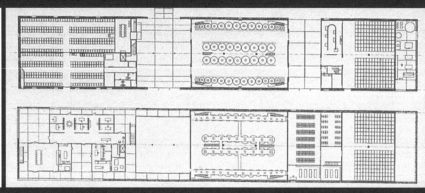

59-65
多明纳斯酒庄,
杨特维尔,加州,
1995—1997

始的酒窖形式呢？他们是想告诉我们建筑会呼吸吗？
或是说那些被禁锢的石头确保了对自然元素的保护，
同时也保证了生产优质葡萄酒所需要的健康空气？所
有的问题都与石笼网及其包含的材料有关。

　　我们意识到材料在这个项目中的重要性，但也
不能忽视它与周围环境及景观的对话。这种对话赋
予建构以意义。这里的景观正是帕纳山谷缓坡上葡
萄园的几何形态，新建造的建筑并没有改变原有的
景观。一条古老的小路穿过葡萄园，创造出不可思
议的空间，这种空间将加州人原有的内、外概念融
合起来。正是在这种空间内，人们第一次感知到石
笼网墙的"透明性"。当阳光渗透进来时，墙面的形
式状态得以完整呈现，从而创造出一个生动多变的
阴影面。这栋建筑的内部空间仿佛一个置身宇宙的
时钟，当我们身处其中时便能感受到时光的流逝，
并学会享受这种感觉。当我们发现赫尔佐格与德梅
隆在走道墙面的铁笼内放置了较大的石头时，便感

知出这是他们的刻意为之。伴随着时光流逝所产生
的阴影变化，最终造就了空间内的光景观。

　　如果说这个项目的魅力完全在于实体的石头与
界定它的轻巧结构之间的对话，那就太简单了。事
实上，这个建筑是先将自身实体的定义抛开，才重
获了圆满的状态。当赫尔佐格与德梅隆调整品酒室
内的木桌和酒桶水平面使它们水平相齐时，当我们
身处走廊感受到玻璃和金属的轻巧与铁笼里石头的
偶然共生时，便觉察到了这些。

66-67

德国伊伯斯魏德技术学校图书馆（Library，1994—
1997）并没有引人注目的表面。我们在多明纳斯酒庄偶
然发现，表面可以是既高效又美丽的，这里的表面是机
械性重复的丝网印花玻璃，这些图案实际上暗示着书与
文化。无论这个建筑是如何表达激进性的，是用相交的

66-67 伊伯斯魏德技术学校图书馆，
伊伯斯魏德，德国，1994—1997

水平面板，是用边缘最后一块面板的材料，还是用与面板有相同尺寸的开窗方式，这些手法都无法弥补某种程度的无聊或灵感的缺乏，因而图书馆不如多明纳斯酒庄深入人心。尽管这个建筑具有激进性，但其内在结构是传统的。我对仅仅用表面来控制建筑的设计手法表示疑虑，基本上是只做了表面，因此我们发现这个项目缺乏赫尔佐格与德梅隆其他作品里的独特性。

68-69

同样地，巴塞尔医药研究中心（Institut für Spital-pharmazie，1995—1998）值得我们学习的是开窗排列组合的巧妙处理。我想说的是在这个项目中，赫尔佐格与德梅隆努力寻找建筑中最有意思的表面设计的努力趋近尾声，他们已精力殆尽。值得高兴的是，我开篇提及赫尔佐格与德梅隆具有自我批判精神，这种精神将会出现在他们下一个项目的设计中。

68-69 医药研究中心
巴塞尔，
1995—1998

70-71

赫尔佐格与德梅隆希望能从公式化的设计中寻找到出路，这种愿望明显地体现在法国莱芒的鲁丁住宅（Rudin House，1996—1997）这个小型私人住宅项目中。建筑师选择了人们认为的最直接、原本的"标准住宅"的意象来呈现。斜屋顶、烟囱、窗户等似乎都是非城市居民对住宅的固有印象。对建筑师而言，这是个根本性的转折。如果他们曾经把材料当作建筑表达的百宝箱，现在他们似乎渴望重塑类型的观念，这样做的前提是最后保留下来的是意象而非结构。因此，建筑盛行的是"空"的概念，即摆脱符号属性的束缚。这可能使我想起库哈斯在里尔会议中心（the Lille convention center）是如何运用符号概念的。对这位荷兰建筑师而言，他极有可能创造出具有象征意义（即再次提到的符号）的综合性建筑。在他的一些设计作品中，形式决定了意象，整合了

功能，界定了流线，并解决了结构。在这个作品中，赫尔佐格和德梅隆表明，符号只有被记住时才具有意义。而且，随着符号的再现，形式和主体的分解也是不可避免的，并以不平衡和不寻常的方式显示出来，他们对此似乎很感兴趣。

当我们把最初的方案和已建成的项目相比较时就会发现，他们的意图从一开始就是明显的，虽然烟囱、屋顶、窗户等部位的处理略有不同，但是相似性更重要。他们的意图得到了极好的证明。从这点而言，这些作品的处理方式是一样的。但建筑师究竟想告诉我们什么呢？是一个纯粹的学术动作吗？也许他们在讽刺大众对建筑的看法？或者这个小项目有一个隐藏的目的，是要将罗西已复原的一种建筑做法"埋葬"？这个问题可能会在赫尔佐格和德梅隆之后的作品中得到解答。

72-73

赫尔佐格和德梅隆在寻找新的设计途径，完美的方盒子在利可乐行销办公大楼（Ricola marketing offices，1997—1999）中被完全抛弃了。他们转而探索由斜线和弯折组成的复杂平面的界面围合。设计时，直角被刻意抛弃，并采用玻璃装饰界面。任何一个研究图像的人，都会意识到玻璃反光特性的重要性，因此我们才会忘记实体的存在。此外，用大面积玻璃强调内部空间的几何形体和极简式设计手法，构建了由两个水平面叠加而成的居住空间。另一方面，随着项目的完成，屋顶平面也构成了直接而有效的对话，这让我们意识到最初场地不规则的轮廓，反而增加了光的反射。而体量就在无止境的反射和影像叠加中被分解了。这样的话，把建筑当作一个静止的实体来解读是不可能的。图像不断地被复制和分解，而建筑师似乎对不能穿透的实体世界并不感兴趣，他们感兴趣的是我们已经习惯了的虚拟氛围的"空间"系统。

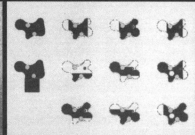

74-76
图书馆方案，
科特布斯科技大学，
德国，
1993

74-76

赫尔佐格和德梅隆抛弃方盒子，似乎也就导向了一个相对面：与生物学对话的真实世界。1993 年的科特布斯科技大学图书馆竞赛方案（Library）正是这样一个案例。他们这样解释："我们的竞赛方案基于两个并列的矩形。曾经在委托方要求开始最后的一次设计时，项目发生了改动，两个矩形建筑中的一个将被删除。"[1] 这是最主要的原因吗？赫尔佐格和德梅隆似乎否定这点："我们相信在战后的一般都市模式中，科特布斯这个城市需要更具雕塑感和标志性的、与众不同的建筑。"[2] 这个改变，不能仅仅归因于功能的因素。也许，建筑师发现了一个实验新设计语言的机会。这种展示原始方盒子形态转变的意象是极有说服力的，毋容置疑。最终成型的弯曲界面，似乎是因表皮的张力系统而达成的平衡状态。

开放的形态似乎成为边界的中心：这个围合而成的体量能容纳多功能用途，并有所分隔。建筑师的目的不在于建筑的表皮和实体的外壳，而是一种形式的探索，引导我们去理解，这个形式是一个有丰富的内在生活的边界。请注意玻璃幕墙是如何呈现出水平带状窗的，我们很清楚这源自柯布西耶的传统。一切都是连续性的！这种设计方案保留了赫尔佐格与德梅隆为人熟悉的语言探索，使我们对这两位仍算年轻的建筑师的将来有更多的期待。

1　El Croquis 109-110, double issue,"Herzog & de Meuron 1998—2002. La naturaleza del artificio"（Madrid, 2002）,p.210.
2　同上。

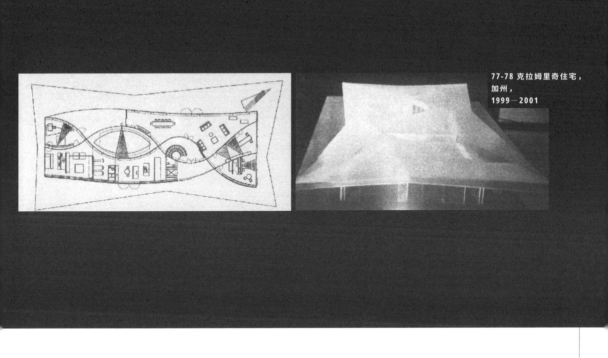

77-78

加州的克拉姆里奇住宅（Kramlich House，1999—2001）是一位影像艺术收藏家的居所，其平面是不规则的形状，两个长边是曲线，两个短边是平行的直线。赫尔佐格与德梅隆似乎倾向于探索如何使交错曲线图示构成平面实质。也就是说，他们正尝试将任何的形式转换成平面的能力，再一次，随意的形式体成为建筑生成的"种子"。但这个平面有些规定性的要求，为了生成有放映需求的特殊空间，需要屋顶和地面同时作用，从而再次促成不同形式系统间的对话。这三个层面之间的密切关联，构成一系列的流动空间和空隙系统，使房屋具有了连续性，这是世纪转换之际，我们能从柯布西耶、赖特和理查德·诺依特拉（Richard Neutra）等建筑师身上学到的很多东西。由此，地面层的流动性与地下室的垂直结构形成了对比。此外，形式感强的屋顶与房屋的两个曲面表皮相契合，强化了界面的多边性。由此，克拉姆里奇住宅似乎促进了流线型建筑的发展，适应了世纪末文化的不断变化，而这样的变化已成为生活的主导。交织的曲面似乎倾向于表达永恒的移动，因此否定了胡安·波契儿（Juan Borchers）所倡导的"建筑是一种'彻底静止'（radical immobility）的范式"，这或许也是赫尔佐格与德梅隆的其他建筑所追求的，比如他们最成功的一个案例——多明纳斯酒庄。

Photo credits

JAMES STIRLING
1-9: CCA
10: James Stirling
11-16: CCA
30, 34: Richard Einzig
49: John Donat
62: Peter Walser
66: John Donat

**ROBERT VENTURI AND
DENISE SCOTT BROWN**
1, 2, 5: Rolin R. La France
7: Mark Cohn
8: William Watkins
9, 10: Courtesy VSBA
11, 12:George Pohl
13: Rolin R. La France
14-18, 20-27: Courtesy VSBA
28, 29: Tom Bernard
30: Courtesy VSBA
31-33: Tom Bernard
34, 35: Courtesy VSBA
36: Tom Bernard
37: Courtesy VSBA
38-41: Tom Bernard
42: Matt Wargo
43: Courtesy VSBA
44: Matt Wargo
45, 46: Courtesy VSBA
47: © Susan Dirk/ Under The Light
48, 49: Matt Wargo
50: Courtesy VSBA
51: Matt Wargo
52: Phil Starling
53, 54: Courtesy VSBA
55: Matt Wargo
56: Courtesy VSBA
57: Matt Wargo
58-61: Courtesy VSBA
62: Panoptic Imaging
63-65: Courtesy VSBA

ALDO ROSSI
11: Robert Freno
19: Heinrich Helfenstein
20, 22-24: Roberto Schezen
25: Studio Aldo Rossi
26: Maria Ida Biggi
27: Peter Arnell
28: Studio Aldo Rossi
29: Roberto Schezen
32-35: Studio Aldo Rossi

41: José Charters
42: Robert Freno
43-45: Gianni Braghieri
46: Heinrich Helfenstein
47, 48: Robert Freno
49: George Tice
50: Robert Freno
51: Edouard Stackpole
52-54: Antonio Martinelli
56, 57: Roberto Schezen
67, 70-81: Studio Aldo Rossi

PETER EISENMAN
1-6, 7-13: Richard Frank (Five Architects)
23: Norman McGrath
24: Judith Turner
43-48: Courtesy Eisenman Architects
54: Jeff Goldberg/Esto
55-59: Courtesy Eisenman Architects
64: Jeff Goldberg/Esto
66: Dick Frank Studio
67: Jeff Goldberg/Esto
71, 72: Courtesy Eisenman Architects
76: Dick Frank Studio

ALVARO SIZA
2: Giovanni Chiaramonte
3, 7: Roberto Collovà
12: Giovanni Chiaramonte

版贸核渝字（2017）第229号

Theoretical Anxiety and Design Strategies in the Work of Eight Contemporary Architects
by Rafael Moneo
Copyright © 2004 by ACTAR,Barcelona,Spain
Published in agreement with Silvia Bastos,S.L.,Agencia Literaria,through The Grayhawk Agency.

图书在版编目（CIP）数据

哈佛大学的八堂建筑课 /（西）拉菲尔·莫内欧著；
重庆大学建筑城规学院翻译组译 . -- 重庆 : 重庆大学出版社，
2021.7
　　（万花筒）
　　书名原文 : Theoretical Anxiety and Design
Strategies in the Work of Eight Contemporary
Architects
　　ISBN 978-7-5689-2379-8

　　Ⅰ.①哈… Ⅱ.①拉… ②重… Ⅲ.①建筑文化 – 研
究 – 世界 Ⅳ.① TU-091

　　中国版本图书馆 CIP 数据核字（2020）第 141825 号

哈佛大学的八堂建筑课
Hafo Daxue De Batang Jianzhuke
[西] 拉菲尔·莫内欧
Rafael Moneo　著
重庆大学建筑城规学院翻译组　译

策划编辑　姚　颖　张　维　　　　装帧设计　typo_d
责任编辑　张　维　　　　　　　责任校对　姜　凤　责任印制　张　策

重庆大学出版社出版发行
出版人：饶帮华
社址：（401331）重庆市沙坪坝区大学城西路21号
网址：http://www.cqup.com.cn
印刷：天津图文方嘉印刷有限公司

开本：710mm×1000mm 1/16　印张：19.75　字数：528千
2021年7月第1版　2021年7月第1次印刷
ISBN 978-7-5689-2379-8　定价：129.00元